材料科学与工程专业
本科系列教材

复合阻尼材料

Fuhe Zuni Cailiao

张 林 主编

重庆大学出版社

内容提要

本书共 6 章,内容包括绪论、常见的阻尼材料基体、复合材料的增强填料、填料表界面性能及改性方法、复合材料的常用成型方法以及复合材料常用表征手段。各章均附有复习思考题以供学生复习。

本书可作为高等学校、职业高等学校机械类与材料类专业的教材,也可供从事机械设计、复合材料的设计、制造、科研人员学习参考。

图书在版编目(CIP)数据

复合阻尼材料 / 张林主编. -- 重庆 : 重庆大学出
版社,2023.4
材料科学与工程专业本科系列教材
ISBN 978-7-5689-3812-9

Ⅰ.①复… Ⅱ.①张… Ⅲ.①阻尼—复合材料—高等
学校—教材 Ⅳ.①TB33

中国国家版本馆 CIP 数据核字(2023)第 052433 号

复合阻尼材料

主 编 张 林
策划编辑:范 琪

责任编辑:李定群 版式设计:范 琪
责任校对:刘志刚 责任印制:张 策

*

重庆大学出版社出版发行
出版人:饶帮华
社址:重庆市沙坪坝区大学城西路 21 号
邮编:401331
电话:(023)88617190 88617185(中小学)
传真:(023)88617186 88617166
网址:http://www.cqup.com.cn
邮箱:fxk@ cqup.com.cn(营销中心)
全国新华书店经销
重庆市国丰印务有限责任公司印刷

*

开本:787mm×1092mm 1/16 印张:11 字数:277 千
2023 年 4 月第 1 版 2023 年 4 月第 1 次印刷
印数:1—1 000
ISBN 978-7-5689-3812-9 定价:45.00 元

前言

　　机械结构在外部载荷激励下形成的振动响应，不仅可产生噪声辐射，还能使机械结构产生疲劳损伤从而影响使用寿命，同时也会对仪器的使用灵敏度和精度造成不利影响。因此，如何有效地对机械结构进行减振一直是学术界和工程界的研究重点。阻尼材料具有的卓越减振属性，使其成为人们常用的一种有效减振手段。相比改变机械结构刚度和质量等属性的减振措施，阻尼材料具有不破坏机械结构形状、易于使用和成本较低等特点，是众多研究学者的关注对象，大量关于阻尼材料的研究已经进行。而复合阻尼材料同时具有结构属性和阻尼减振属性，已被广泛应用于减振降噪和抑制结构疲劳，复合阻尼材料的性能研究和使用已成为一门热门的学科。

　　本书根据机械类专业与材料类专业的教学计划与大纲，在《聚合物复合材料》和《复合材料基体与界面》的基础上，参考国内外有关资料与最新科研成果编写而成。本书系统地介绍了复合阻尼材料基体、填料、成型方法与表征手段等内容，既有理论性又有实用性，注重理论联系实际。

　　本书由成都理工大学张林任主编。其中，成都理工大学张林负责编写 1.1、1.3、1.4、3.2—3.5、第 5 章、第 6 章；成都理工大学任涛负责编写 1.2；成都理工大学周俊波负责编写 2.1、2.2；成都理工大学杨红娟负责编写 2.3、2.4；成都理工大学胡波负责编写 3.1；中国空气动力研究与发展中心的左孔成与绵阳师范大学的陈多礼负责编写第 4 章；成都理工大学宁倪负责全文的校对与初步排版。

　　由于编者水平及时间有限，书中有不尽完善之处，敬请读者批评指正。

编　者

2023 年 1 月

目录

第 **1** 章
绪 论

1.1 引 言

随着全球产业经济的快速发展,各国工业化进程呈现出加速发展势头。在传统的机械制造领域,工业产品性能的不断提升加大了对设备生产能力的要求,机械设备的自身质量水平将直接决定产品的最终质量。在交通运输行业,机械设备的稳定性与可靠性已成为影响产业健康发展的关键因素。载运量与运输效率的提升,有效推动了交通运输业的健康与规模发展,在降低运输成本、提高货物周转率方面发挥了积极有效的作用。轨道交通的发展为外向型经济的发展壮大提供了充分动力,极大提升了国民经济的发展速度,并显著提升了国家产业经济的综合竞争力。对于交通运输业而言,影响其整体运输效率的因素很多,对其运输效率的评估可通过运输能量损耗这一指标进行分析。不同运输方式在不同的运输距离条件下表现出特定的优势,根据需要科学选择才能提升运输效率水平。从我国发展战略与现实国情的角度来看,高速铁路这一运输形式表现出良好的发展势头,成为我国交通运输业的重要构成。

2013 年 9 月,习近平总书记正式提出了"一带一路"倡议。其出发点是将东亚与东南亚的发展优势有机融合,借助中亚卓越的地理位置优势,实现亚洲经济向欧洲国家的延伸,从而构建一种涵盖欧亚大陆的经济一体化区域,并同海上丝绸之路有机融合,共同组成一个横跨欧亚非大陆的完整经济闭环,全面带动大陆经济的快速发展。在以上发展倡议中,高速铁路的规划与建设是非常重要的一个环节。作为现有技术的最高代表,高速铁路的规模发展是产业发展的重要带动因素,为高新技术创新与产业转型升级奠定良好基础。在高速铁路的支持与推动下,交通运输效率不断提升,产品周转速度显著提高,为产品输出提供了强有力的保障。与此同时,高速铁路运输中的振动与噪声等问题也不断加剧,对环境造成了严重危害。目前,世界各国都对列车的噪声水平进行了严格限定,明确了不同列车在不同工作情况下的合理噪声范围(表 1.1)。但是,现有的铁路列车噪声标准大多针对普速及低速列车,而对高速列车的噪声标准却鲜有涉及,无法有效促进高速列车的健康发展。目前,世界各国对高速铁路的噪声控制主要有北美、欧盟和日本 3 种标准。一般情况下,声音分贝数为 75 dB 以上才会影响甚至损害人的听力。因此,国际上对高速列车相应的噪声标准限制在 65 ~ 75 dB(A)。2002 年 8 月,国际铁路联盟(International Union of Railways,UIC)标准规范对高速列车的技术标准进行了重新修订,其中明确指出了列车内容噪声的安全标准(表 1.2)。同时,UIC 对高速列车车外噪声的允许值进行了以下界定:在列车以 300 km/h 的速度行驶时,以线路为中心,水平延伸 25 m 及距轨面 3.5 m 处的等效噪声水平不得高于 91 dB。相较于 UIC 的噪声标准,日本标准更加严格。日本对高速列车的车内噪声规定详见表 1.3。对于车外噪声而言,其允许值具体为 60 dB(昼间)与 55 dB(夜间)。由上述内容可知,随着高速铁路技术的不断发展,高速铁路造成的噪声污染问题日益严重,噪声控制也成为世界各国环境保护与绿色发展的核心问题,也是我国高速铁路建设的关键所在。

表 1.1　AEIF 专家组对传统轨道车辆的噪声排放限值

运行条件	静止噪声限值	启动噪声限值	行进噪声限值
指标(单位)*	$L_{pAeq.T}$/dB(A)	$L_{pAF_{max}}$/dB(A)	速度 80 km/h,$L_{pAeq.T_p}$/dB(A)**
货运车厢	65	—	—
电气机车	75	82	85
柴油机车	75	86	85
电力动车组	68	82	81
柴油动车组	73	83	82
客车	75	—	80

注:* 标准为以铁轨为中心,向外延伸 7.5 m 区域的声级水平。

　　** T_p 含义为车辆通过某一定点的具体时间,计算公式为车身总长/运行平均速度。

表 1.2　UIC 规定的高速铁道车辆车内噪声限值

最高运行速度 /(km·h⁻¹)	明线区间运行/dB(A)			隧道内运行/dB(A)		
	客室中央	通过台	风挡	客室中央	通过台	风挡
300	68	80	82	75	85	87
250	65	75	80	73	82	85
静置	55	60	60	—	—	—

表 1.3　日本建设新干线或改造旧线路车外噪声要求

线路类型	要求
新建线路	昼间(7:00—22:00)为 60 dB(A)以下,夜间(22:00—次日 7:00)为 55 dB(A)以下,在必须重点保护的居住区,必须再降低分贝数
大规模改造线路	应比改造前的噪声值有所改善

　　现阶段国际上的噪声控制领域主要有主动控制与被动控制两种技术理念。其中,主动控制的核心思想是设计并调整控声元件的振动频率,令其与噪声频率反向从而发生抵消以控制

噪声。主动控制技术的局限性表现在对控声元件,也就是反向频率发生器的技术水平要求很高,同时可用频率也不够充分,无法全面应对和解决仪器设备运行过程中产生的各类噪声,局限性较大;被动控制的核心思想是对传播路径的控制与对噪声声源振动的有效抑制(分别借助声屏障或阻尼材料等方法实现)。上述两种被动控制思想表现出各自不同的优势,对于室内噪声的控制而言,阻尼材料的效果更加显著。以轨道交通行业为例,目前,世界上高速铁路运行所形成的噪声,主要来自轮轨摩擦与气动效应。而对上述两种噪声源的具体界定,国际上普遍认可以下标准:轮轨噪声的来源是车轮、钢轨与轨枕的力学作用,气动噪声的主要来源则是列车内供电及辅助系统运行所产生的气动噪声,如图1.1所示。对于气动噪声而言,在不同的运行速度条件下表现出显著差异。列车低速运行时,气动噪声的主要来源为辅助系统各项设备工作噪声,其频率一般保持在 600 ~ 1 000 Hz;当列车高速运行时,气动噪声的主要来源变为供电系统,噪声频率高达 2 000 Hz。因此,有效控制噪声来源构件的振动水平是控制噪声水平并避免构件过度疲劳的主要方法,而增加构件阻尼性能则是抑制构件振动、降低噪声影响且提高构件使用寿命的常用方法。

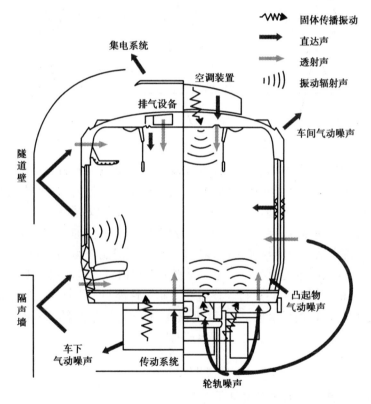

图 1.1 车内噪声分布情况

在控制与解决室内噪声方面,主要通过综合应用阻尼材料与隔声材料的方法实现。该方法的优势在于成本费用较低,并且可根据环境与需求的变化对阻尼结构进行调整,能有效抑制房屋、车厢等构件振动情况,从而降低构件振动频率,避免构件疲劳受损导致的安全风险。此外,通过隔声材料与阻尼材料的综合利用,能实现良好的减振降噪效果,有效降低噪声危害水平。在结构设计制造中,阻尼材料的应用十分广泛,对抑制室内内部噪声、改善室内环境方面发挥了积极有效的作用。

1.2　阻尼材料的定义

　　一个自由振动的固体,即使处于不与外界能量交换的理想环境,其振动的机械能也会由于分子间摩擦耗散而转化为热能,从而使振动逐渐停止。一个振动的机械系统,由于交变应力的作用,物体发生力学损耗与应变滞后,系统形成的振动能量因此发生损耗,这样的现象称为内耗或者阻尼。阻尼材料就是利用材料内部的各种相应阻尼机制,吸收机械振动能,并将机械能转化为其他形式能量耗散掉的材料。

　　基于以上定义,其充分发挥特定材料的振动能量消耗特性而降低系统振动水平从而抑制噪声的原理如图1.2所示。

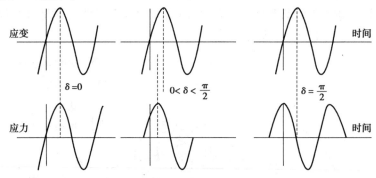

图 1.2　阻尼材料滞后机理示意图

　　所有材料在应力的作用下都会不同程度地发生应变反应。若材料的应变反应并不存在滞后问题,则表明该材料是典型的弹性体;若与应力相比,材料存在显著的应变滞后,且 δ 代表材料应力与应变的相位差角(即力学损耗角),则对材料有以下划分:若 $\delta=\pi/2$,材料可定义为理想黏性体;若 $0<\delta<\pi/2$,则材料归类为黏弹性体。黏弹性通常被认为是高分子材料的核心特性之一,呈现出黏性液体与弹性固体的综合性能,即能在运动状态下吸收损耗振动能量并一定程度地完成对能量的吸收与存储。材料的阻尼值可以说明材料对能量的损耗能力,一般以力学损耗角正切值($\tan\delta$)进行表述说明。阻尼性能与力学损耗之间呈现出显著关联,阻尼效果取决于材料能量损耗水平。$\tan\delta$(即损耗因子)与模量的量化关系为

$$E = E' + iE''$$

$$\tan\delta = \frac{E''}{E'}$$

　　上述公式中各个参数的具体含义如下:

　　E' 代表储能模量,部分环境等同于样式模量,其含义为特定应力下材料的能量储存性能;E'' 代表损耗模量,其含义为特定应力下系统能量的损耗水平。

1.3 阻尼行为的度量

1）自由衰减法

图 1.3 为自由振动的衰减曲线。材料最初受外力激发瞬间去除外力,其振动的振幅随着时间而衰减,振幅在 $x=Ae^{-nt}$ 与 $x=-Ae^{-nt}$ 之间逐次递减。阻尼性能优良的材料衰减速度快,ω_d 为衰减振动的角频率,振幅的对数缩减量 $\delta=\ln\dfrac{A_n}{A_{n+1}}$,则材料的阻尼可表示为

$$Q^{-1}=\frac{1}{\pi}\delta=\frac{1}{n\pi}\ln\frac{A_n}{A_{n+1}}$$

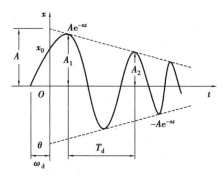

图 1.3 自由振动的衰减曲线

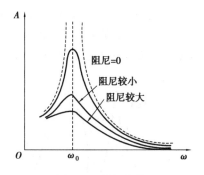

图 1.4 共振曲线

2）强迫共振法

物体在持续不断的交变激励作用下所产生的振动,称为受迫振动。受迫振动是工程中常见的现象,如图 1.4 所示。根据激励的来源可分为两类:一类是力激励,它可以是直接作用于机械运动部件上的简谐变化的外力;另一类是由交变的惯性力激励,如地基振动而引起的机构物的受迫振动。在得到系统的最大振幅的同时得到了相对应的系统有阻尼固有频率。其阻尼可表示为

$$Q^{-1}=\frac{\omega_2-\omega_1}{\omega_0}$$

式中 ω_0——共振角频率;

ω_1,ω_2——振幅下降到最大值的 $1/\sqrt{2}$ 时前后的角频率。

只需要在实验中测得共振曲线,即可求得阻尼值。显然,当采用共振法时,阻尼值精度随着 $\Delta\omega=\omega_2-\omega_1$ 的增加而提高。因此,在高阻尼情况下,采用共振法是较合理的。值得注意的是,振动频率与试样的几何尺寸有关,如圆柱体的振动频率与其长度有关。

3）振动梁法

这是一种典型的材料阻尼间接测定方法。该方法一般将阻尼材料与金属量结合成一种复合梁结构,示意图如图 1.5 所示。该复合梁的一端与夹具相固定,而另一端用激振力进行作用。此时,激振力传递到传感器,并由传感器接收并形成相应的频响函数关系图,进而获得该测试条件下的多阶模态共振频率(f_n)与半功率带宽,根据上述参数获得材料的损耗因子,

从而借助能量法获得材料相应的阻尼特性值。

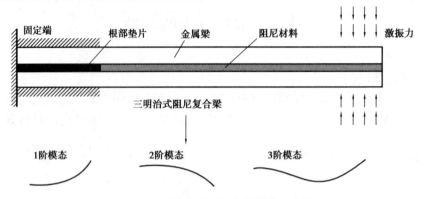

图 1.5　三明治式阻尼复合梁结构示意图

图 1.6 为激振力下复合梁相应的频响函数曲线图以及相应的材料损耗因子值关系图。可知,这个方法获得的损耗因子是离散分布的数值,只能在线性条件下表现出有效性,适用条件比较苛刻。然而这种方法较为简单,能比较直观地获得复合梁的减振特性水平。

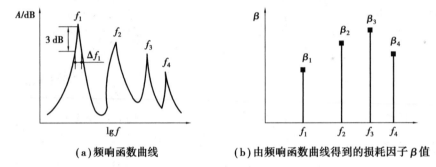

（a）频响函数曲线　　　　（b）由频响函数曲线得到的损耗因子 β 值

图 1.6　振动梁法测试数据

此外,需要指出的是,通过上述方法获得的数据结果仅能反映材料的阻尼特性或者复合梁的减振效果数据。

4）相位法

相位法的实现方法如图 1.7 所示。其中,P 代表激振力,M 代表振动质量。将测试传感器元件布置在样品与机架的接触区域,测试所得结果为振动系统施加于机架上的传递力 F。若测试样品为复刚度特性的弹簧,则分析公式为 $K'(1+\mathrm{j}\beta)$,则

$$K'(1+\mathrm{j}\beta)x = F$$

式中　x——振动系统的动位移。

设 $K'\beta = K''$,则

$$K'x + \mathrm{j}K''x = F\cos\alpha + \mathrm{j}F\sin\alpha = F' + \mathrm{j}F''$$

式中　K',K''——样品动刚度的实值与虚值;

　　　F',F''——传递力的实部与虚部,具体为相对于位移 x 的同相与异相内容。

因此,有

$$K' = \frac{F\cos\alpha}{x}, K'' = \frac{F\sin\alpha}{x}$$

式中　α——F 与 x 的相位角。

于是

$$\beta = \frac{K''}{K'} = \tan \alpha$$

根据上述公式,可得

$$E' = q_2 \cdot K'$$

式中　q_2——应力状态下的高分子材料形变因子。

若以剪切的方式完成试样的具体安装,此时有 $G' = q_1 \cdot K'$。根据上述公式可知,在明确振动位移 x 与传递力 F 之间的相位角 α 时,可得到相应的高分子材料损耗因子。该方法能获得更加精准的材料阻尼测试值,因此得到了较广泛的应用。需要注意的是,测试的频率因素较大时,难以获得振动位移与传递力之间的相位角数值,因此会影响测试结果的准确性。此外,该测试方法的有效频率范围较小,一般在 0.01 ~ 100 Hz 的频率范围内比较可靠。现阶段,该技术的代表应用设备为 DMA 动态热机械分析仪,能将测试的可靠频率范围扩大到 1 000 Hz。在特定的频率条件下,根据设备所测定的 DMA 曲线,能获得任意温度参数下材料的阻尼值及系统的实时模量。具体内容如图 1.7 所示。

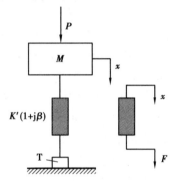

图 1.7　相位法测试示意图(其中,T 为测力传感器)

1.4　复合材料阻尼产生的机理

阻尼产生的机理与材料有关,合金材料的阻尼机理与高分子材料的有所区别。

1.4.1　阻尼与金属结构的关系

1)弛豫过程与点缺陷

在应力作用下,合金与金属存在弛豫过程。弛豫过程的持续时间是材料的本征常数,并决定了这些弛豫过程的特点。因此,只要改变振动频率来测量阻尼的变化,就可在不同条件下找到一系列满足 $\omega \tau = 1$ 关系的阻尼峰,形成一个和光谱相似的对弹性应力波的吸收谱。这些阻尼峰的总和称为该材料的弛豫谱。

若弛豫过程是通过原子扩散来进行的,则弛豫时间 τ 应与温度有关,并遵从阿伦尼乌斯(Arrhenius)方程

$$\tau = \tau_0 e^{H/RT} = \frac{1}{\omega_0} e^{H/RT}$$

式中　H——扩散激活能；

　　　R——气体常数；

　　　τ_0——决定材料的常数；

　　　ω_0——试探频率；

　　　T——绝对温度。

此关系式的存在对阻尼的实验研究非常有利，因为改变频率测量阻尼在技术上是困难的。利用阿伦尼乌斯方程，则用改变温度，也可得到改变 ω 的同样效果。因为 Q^{-1} 依从 $\omega\tau$ 乘积，所以测出 Q^{-1}-T 曲线就与 Q^{-1}-$\ln(\omega\tau)$ 曲线特征一致。对两个不同频率(ω_1 和 ω_2)的曲线，巅峰温度不同，设为 T_1 和 T_2，且因巅峰处有 $\omega_1\tau_1=\omega_2\tau_2=1$，从阿伦尼乌斯方程可得激活能的表达式为

$$H=\frac{RT_1T_2}{T_2-T_1}\cdot\ln\frac{\omega_2}{\omega_1}$$

或

$$H=\frac{2.3T_1T_2\lg\frac{\omega_1}{\omega_2}}{T_2-T_1}$$

在外加应力作用下，点缺陷处在应力场中时，会发生重新排布，从而在原有应变的基础上引起附加应变，从而消耗能量，引起内耗(阻尼)效应。

①斯诺克(Snock)峰——体心立方晶体中间隙原子引起的阻尼。

在铁、钽、钒、铬、铌、钼、钨等体心立方金属中含有碳、氮、氧等间隙原子时，间隙原子在外应力场作用下发生再分布而在室温附近呈现的斯诺克峰。

②齐纳(Zener)峰——置换原子引起的阻尼。

在置换型体心立方、面心立方、密排六角晶体点阵中，异类原子对在应力场下的再分布，而在 400～500 ℃处呈现的阻尼峰。近年来的研究发现，空位有时也会形成阻尼峰。

③洛辛(Rozin)峰——面心立方晶体中间隙原子引起的阻尼。

在交变应力的作用下，面心立方晶体中间隙原子产生微扩散出现应力感生有序，从而产生阻尼。

2)线缺陷产生阻尼效应机理

对于面心立方金属、体心立方金属、六方金属以及离子晶体材料中，大约在该金属狄拜温度的 1/3 处有一个很高的阻尼峰。在冷加工状态，博尔多尼第一次系统地测量了由 4 K 到室温范围内面心立方金属(Cu,Ag,Al,Pb)的阻尼，发现了上述现象，因此这种阻尼被称为博尔多尼(Bordoni)峰。

(a)最低能量位置的位错　　　　(b)位错上的凸起

图 1.8　"弯结对"机制示意

对博尔多尼峰解释比较成功的理论是 Seeger 理论，他认为博尔多尼峰是由与沿着平行与

晶体中密排方向的位错运动有关的弛豫过程所引起的。图 1.8 中,实线代表晶格密排方向能量最低位置,即佩尔斯(Peierls)能谷。处于其中的位错在热激活的帮助下,可形成由一对弯结组成的小凸起。在没有外应力时,这一对弯结由于吸引而消失,但在给定的外应力作用下,弯结对就有一定的临界距离 d,即低于此值时,弯结对仍要相互吸引而消失;高于此值时,弯结对就相互分开,从而产生了位错沿垂直自身方向的运动,扩大了滑移面,并给出位错应变,阻尼的产生就归之于这些凸起部分的形成,故这理论又称弯结对理论。

因此,在给定温度下,它的产生相应于一定频率 ν,当外加振动频率与此频率相等时,阻尼便达极大值,故形成上述临界凸起的能量 H 即为阻尼激活能。利用反应率理论计算得到弛豫阻尼峰值的上限为

$$Q_{max}^{-1} \approx \frac{N_0 L^3}{24}$$

式中　N_0——单位体积中对弛豫过程有贡献的位错线段数目;

　　　L——平均位错线长度。

位错阻尼是由外应力作用下的位错运动所致,有两种类型:

①与振幅无关的共振型阻尼,由杂质原子在位错线上钉扎造成了位错线振动成为阻尼源。位错不脱钉。

②与振幅有关的静滞后型阻尼;位错已经脱钉,但仍为位错网络所固结。

在实验过程中,上述两种阻尼往往不能分开。例如,在应力振幅增加的过程中,当振幅小时看到的阻尼是共振型的;当振幅超过某一数值时,在原有的共振型阻尼中又会看到叠加上的静滞后型阻尼。在中、低温度下,不管是否出现阻尼峰,位错阻尼都有贡献,因而这种阻尼也称背景阻尼。

位错阻尼可根据 K-G-L(Koehler-Granato-Lücke)理论进行解释。根据 K-G-L 理论所提出的模型,设想在长度 L 的位错线两端为溶质原子和点缺陷钉扎,如图 1.9 所示。在低交变应力的作用下,杂质原子之间有一段长度为 L_C 的位错便产生振动。应力增加则位错线的弯曲加剧,当外力增加到足够大时,位错从杂质原子处解脱出来,只剩下 L_N 位错网络结点处钉扎。在位错从杂质原子处脱钉之前产生的阻尼与振幅无关,当位错从杂质原子脱钉之后,便产生了与振幅有关的阻尼。

设与振幅无关的缩减量用 Δ_I 表示,与振幅相关的缩减量部分用 Δ_H 表示,如图 1.10 所示,则总的缩减量为

$$\Delta = \Delta_I + \Delta_H$$

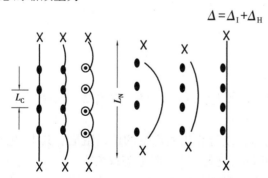
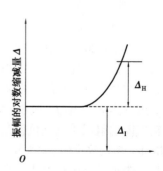

图 1.9　在加载与去载过程中位错弦的"弓出"、　　图 1.10　位错内耗与应变振幅关系示意图
　　　　脱钉、缩回及钉扎过程示意图

①与振幅无关的阻尼 Δ_I(也称背景阻尼)。

在低频下 $\omega \ll \omega_0$,位错弦产生弛豫型阻尼,考虑一般情况下溶质原子沿位错线的分布函数,可得

$$\Delta_I = \frac{120\omega\Omega B}{\pi^2 C}\Lambda L^4$$

其中

$$\frac{1}{L} = \frac{1}{L_N} + \frac{1}{L_C}$$

式中　Λ——位错密度;

　　　L——平均钉扎长度;

　　　ω——振动角频率;

　　　b——柏氏矢量;

　　　B——阻尼系数;

　　　Ω——考虑滑移面上分解应力小于外加纵向应力而引入的取向因子。

张小农等也写出了位错阻尼表达式

$$\Delta_I = \frac{\lambda BL^4\omega}{36Gb^2}$$

式中　ω——振动角频率;

　　　G——剪切模量;

　　　b——柏氏矢量;

　　　B——常量。

②与振幅有关的阻尼。

根据 K-G-L 模型 Q_H^{-1} 是位错段脱钉、回缩过程中的静滞后现象引起的。考虑脱钉前后位错段长度分布函数的变化,可得与振幅相关的阻尼为

$$\Delta_H = A_1 \frac{\Lambda L_N^3}{\varepsilon_0 L_C^2}\exp\left(-\frac{A_2}{\varepsilon_0 L_C}\right)$$

式中　$A_1 = \Omega A_2/\pi^2$;

　　　$A_2 = K\eta b$;

　　　K——与产生脱钉所需应力有关的因子;

　　　η——溶质溶剂原子错配参数;

　　　ε_0——应力振幅;

　　　L_C——平均最小钉扎长度;

　　　L_N——最大钉扎或位错网络的长度。

公式可解释为 Δ_H 随变量的增加而开始增大后又减小,随点缺陷增多而减小(L_C 减小)以及随温度升高而增大(L_C 减小)等实验规律。

位错气团的阻尼模型是位错与各种点缺陷交互作用所产生的位错阻尼。其中,包括形变峰(即 Köster 峰)、淬火峰、加氢峰、Hasignti 峰以及低频背景阻尼等现象。

在位错阻尼的气团模型中(图 1.11),首先考虑一根沿 x 方向长为 l 的位错段,两端为位错网络结点所固定,滑移面为 XY 平面。在切应力 σ,位错线张力 γ 及其产生的回复力 $\gamma\frac{\partial y}{\partial t}$,

铜气团阻尼 $-B\dfrac{\partial^2 y}{\partial x^2}$（其中，$B$ 为阻尼系数）的共同作用下，位错的运动方程写为

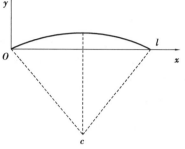

$$\sigma b+\gamma\frac{\partial^2 y}{\partial x^2}-B\frac{\partial y}{\partial t}=o$$

在小应力下测量阻尼时，上式可得出阻尼公式

$$Q^{-1}=\frac{\alpha\Lambda l^2}{4}\cdot\frac{\omega\tau}{1+\omega^2\tau^2}$$

$$\tau=\frac{l^2}{8\gamma}B=n\frac{l^2}{8\gamma}\cdot\frac{kT}{D}$$

图 1.11　位错气团模型示意图

式中　α——几何因子；

D——扩散系数；

n——一个单位长位错线上的溶质原子数；

其他的参量如上所述。

3）面缺陷产生阻尼效应机理

晶界作为材料内部的一种缺陷，在适当的条件下就会成为内耗源。

一般来说，晶界内耗有以下 3 种来源：

①晶界滑移。在较高温度下出现，在出现内耗峰的温度下（温度谱），弹性模量也开始显著下降。以上两种内耗为滞弹性型。

②晶界散射。由晶界对弹性波散射所致，其衰减系数与频率四次方和晶粒平均尺寸三次方成正比，这种内耗属黏滞型。

③晶界的热弹性效应。应变不均匀使得有热流通过晶界造成了内耗。其弛豫时间 τ 正比于（d^2/D），其中 d 为晶粒平均大小，D 为热扩散系数。

晶界内耗是我国科学家葛庭燧院士开创的一个研究领域。葛庭燧于 1947 年首先在多晶纯铝中发现了晶界内耗峰。他提出晶界内耗峰是由周期性应力作用下晶界的黏滞性滑动引起的，由于材料内部结构因素（如晶界角）的约束，晶界滑动的距离是受到限制的；研究发现，多晶铝的阻尼性能要好于单晶铝，且阻尼性能与频率有关，一般在低频下表现得更明显。

此外，晶界阻尼对温度十分敏感。随温度的升高，阻尼值增大，通常在高温下，晶界表现出良好的阻尼特性，但此时材料的物理、力学性能较差，故晶界高温阻尼峰（即葛峰）通常无法应用；但其低温阻尼背景可以用来改善较低温度下材料的阻尼性能，常用公式来描述晶界产生的阻尼性能，即

$$Q^{-1}=Af^{-n}\exp\left(\frac{-nH}{kT}\right)$$

式中　A,n——与材料显微组织相关的常数；

H——松弛焓；

k——玻尔兹曼常数。

低频（$f<10$ Hz）时，对许多常用的金属与合金，$n=0.2\sim0.5$。

葛庭燧提出的无序原子群模型对于晶界弛豫和晶界黏滞滑动的解释为：在外加的切应力的作用下，当温度足够高时，无序原子群内的原子将要发生应力诱导的扩散型原子重新排列，

这种重新排列将使得无序原子群内的一些原子移动到具有较低能量的新的平衡位置,从而引起局域切变,而两个相邻晶粒也由于这种局域切变而发生宏观的相对滑动。同时,在各个无序原子群之间的好区内也发生相对应的弹性形变,从而邻接晶体的相对滑动是各个局域切变的总和加上好区内的弹性形变,这种滞弹性形变引起所观测的内耗和滞弹性效应,而晶界的滑动率在小应力的作用下就表现牛顿滞弹性(牛顿黏滞规律只是说明加到它上面的切应力要随着时间的推移而发生弛豫,并且它的滑动速率与所加的切应力成正比),但无序原子群晶界模型不适合解释温度在 $T_0 \approx 0.4\,T_m$ 以下的晶界滑移现象。

界面阻尼通常是指由于相界面的移动引起应力松弛的结果。Schoeck 利用 Eshelby 夹杂理论研究了合金中沉淀相与基体界面结构对合金阻尼性能的影响,发现半共格或共格界面促进合金的阻尼。Lavernia 等将上述理论扩展到复合材料中,引起了对增强体和基体合金之间的界面产生阻尼的广泛研究。

复合材料中低温下结合良好的界面,随温度的升高将减弱结合强度,并在一定应力作用下,可产生微滑移运动,从而消耗振动能量,提高阻尼性能。这种界面微滑移产生阻尼将随温度的升高而增加,并逐渐成为复合材料中的主要阻尼源。

对弱界面结合情况,界面对阻尼的贡献用界面滑移模型分析:当受到循环载荷时,增强体和界面之间开始滑动,滑动摩擦消耗机械能,从而引起阻尼效应。对于颗粒增强复合材料而言,界面滑移导致的阻尼上限值近似为

$$\eta_I = \frac{3\pi}{2} \frac{\mu\sigma_r(\varepsilon_0 - \varepsilon_{cr})}{\frac{\sigma_0^2}{E_c}} V_P$$

式中　μ——陶瓷颗粒和金属基体之间的摩擦系数;

　　　σ_r——所施加应力振幅 σ_0 在界面径向的分量;

　　　ε_0——σ_0 对应的应变振幅;

　　　ε_{cr}——摩擦能量散失开始时临界界面剪切应力对应的临界界面应变;

　　　E_c——复合材料的弹性模量。

对较弱的结合界面,ε_{cr} 与 ε_0 相比很小,故公式可改写为

$$\eta_I = \frac{3\pi}{2} \frac{\mu\sigma_r}{\sigma_0} V_P$$

事实上,上述公式模型成立的前提是试样受残余热应力或单向应力。而在实际测量条件下,试样往往受扭转或弯曲作用,应力分布并不均匀。因此,上式对实际情况需要给予修正,在原有公式中引入修正因子 C,公式变为

$$\eta_I = \frac{3\pi}{2} C\mu k V_P$$

当采用 DMA 进行测试时,考虑应变的对称分布,C 常取值为 0.5。

对于较强结合界面来说,在高温时基体合金相对于增强体(陶瓷相)变得更软了,界面的阻尼效果变得更显著。由界面附近的位错导致的界面弛豫和滞弹性应变会增加阻尼,此种效应正比于沉淀相的形状、体积含量和沉淀相与基体合金界面处局部应力值。可用方程来预计界面对阻尼的贡献,即

$$Q^{-1} = \frac{1}{p_{13}^2} \frac{8(1-\nu)}{3\pi(2-\nu)} \frac{1}{V} \sum a_i^3 (p_{13}^{-2})_i$$

式中　　Q^{-1}——阻尼性能；

　　　　p_{13}——外部剪切应力；

　　　　ν——泊松比；

　　　　V——样品的体积；

　　　　a_i——扁平圆球的半径。

$(p_{13}^{-2})_i$ 是矢量 p_{13} 在可弛豫平面分量的平方。粗略计算可假定所有颗粒的半径一样，且界面处的应力集中因子都相同，取作 1.5，则表达式变为

$$Q^{-1} = \frac{4.5(1-\nu)}{\pi^2(2-\nu)}V_P$$

式中　　$V_P = \sum \dfrac{4\pi a_i^3}{3}$ —— 颗粒的体积分数。

由界面阻尼的表达式可知，界面阻尼正比于增强体的体积分数，但也可看出这只是近似的估计值，因没有考虑实际温度和频率的影响；另外，界面对阻尼开始贡献时，其结合的强度已下降，因而在阻尼性能提高的同时，必然带来刚度和强度上的损失。

关于孪晶界面内耗机制，玻卡特（Burkart）和瑞德（Read）曾经用点缺陷和共格界面的交互作用来解释。他们认为，在适当应力作用下可以使点缺陷脱开界面，如果温度很低，点缺陷扩散很慢，可认为基本留在原位不动。当外力去除后由于点缺陷的吸引，界面很快回到原位，因而表现出"橡皮性质"。若温度足够高，点缺陷很快跟上，使移动后的界面很快稳定在新的位置上，则引起的形变就不能恢复，表现为范性，在橡皮性质转为范性的温度范围内，应出现界面拖着点缺陷运动所引起的弛豫型内耗。

对 Fe-Ni 和 Fe-Mn 合金马氏体相变阻尼的研究表明，在降温进行马氏体相变及升温进行逆相变的温度范围内都出现一个内耗峰。白尔柯（Belko）等提出，在相变温区内存在着激活能谱，相变速率受核心的热激活过程控制。随着温度的变化，对应于相变时点阵重构的驱动力增大，从而降低新相形核的激活能，导致激活新的核心。施加给试样的交变应力与原子位移方向一致时发生相变，对长大相做功，从而产生阻尼。

马氏体相变内耗的表达式为

$$Q^{-1} = \frac{G\beta\alpha^2 \dot{m}}{\omega kT}$$

式中　　G——母相的切变模量；

　　　　$\dot{m}$——单位时间内相变产物的相应体积，$\dot{m} = \dfrac{\mathrm{d}m}{\mathrm{d}t} = V\int \dot{N}(U)\mathrm{d}U$；

　　　　ω——交变应力的角频率。

磁弹性内耗有以下 3 种来源：

①宏观涡流损耗。在振动应力作用下，形成所致磁性变化产生了感生涡流；与这种涡流伴生的磁致伸缩随涡流向振动体内部扩散，造成了应变滞后。这种内耗在高度磁化状态下随样品厚度的增加而减小，在低磁化状态下与厚度无关，属滞弹性型内耗。

②微观涡流损耗。在振动应力作用下，应力所致的择优取向效应造成了畴壁的往复运动，由此产生的涡流称为微观涡流。这种内耗随磁导率的增加而加大，属黏性型内耗。

③与磁机械滞后有关的损耗（也称磁弹性阻尼）。在应力作用下，伴随应变的发展而产生

的磁畴运动,导致产生附加磁场,从而由磁致伸缩效应造成了附加应变。这种在铁磁性物质中与 ΔE 效应紧密相关的内耗往往是磁弹性内耗的主要来源,属静滞后型内耗。

这 3 种磁弹性内耗的共同特点是与磁化状态有关。当物体被磁化到饱和状态时,它们均为零。

电子阻尼分为以下两类:

①传导电子的超声吸收,超声波的传播伴随着晶体点阵的振动,引起电场的变化,造成传导电子流,这种电子流的能量来自对振动的吸收。这种内耗属黏性型,它与频率平方成正比,在 50～100 K 的低温下明显。

②磁声几何共振、量子振荡和回旋共振。这 3 种内耗都属阻尼共振型,它们均与外磁场下由于洛仑兹力而对费米面处的传导电子的作用有关。这种内耗也只有在低温下明显。

1.4.2　高分子材料的阻尼机理

1)聚合物分子链运动

对非晶态高聚物,按照温度可分为 3 种力学状态,即玻璃态、高弹态和黏流态。这是内部分子运动状态不同所导致的不同宏观表现。在玻璃态下,因温度低,分子运动能量低,克服不了分子主链内旋转位垒,链段处于冻结状态,运动较为困难,通常那些较小单元(如侧基、支链及小链节)能产生运动,而不能使聚合物从一种构象转变到另一种构象,力学性能与小分子的玻璃相似。当聚合物此时受交变力时,因链段处于冻结状态,只能使主链键长、键角发生微小改变(改变太大会破坏共价键,使聚合物破坏)。从宏观性能上来说,此时受交变力时形变不大,形变与应力呈线性关系,外力除去后形变能立刻回复,符合普弹性,则

$$\varepsilon_1 = \frac{\sigma}{E_1}$$

式中　σ——应力;

　　　E_1——普弹性模量。

聚合物此时产生的能量几乎全部恢复,内耗很低,阻尼性能欠佳,只有在很低的频率下才能表现出一定的阻尼特性。

当温度升高到一定程度,分子热运动能量增大,分子移动虽仍不可能,但分子热运动能量已能克服内旋转位垒,链段运动得以激发,主链中单键内旋转可改变链段构象,甚至使部分链段产生滑移。此时,高聚物进入高弹态。聚合物此时受交变力时,分子链可通过单键内旋转及链段构象的改变以适应外力变化。通常当聚合物在高弹态时,较小的外力能引起较大的形变,就链段运动来讲,它处于液体状体,就整个分子链来说,呈现固体性质。因此,此聚集态既表现出液体性质,又表现出固体性质,具有双重性质。这种形变量比普弹形变大,形变与时间成指数关系,即

$$\varepsilon_2 = \frac{\sigma\left(1 - e^{-\frac{t}{\tau}}\right)}{E_2}$$

式中　ε_2——高弹形变;

　　　τ——松弛时间。

链段运动黏度与高弹模量决定了其值的大小。当除去外力时,高弹形变是逐渐恢复的。恢复过程中,链段运动产生摩擦,但因链段运动相对自由,故而产生的内耗相对较小,阻尼性

能不足。此力学状态下只有提高振动频率,阻尼性能才能有所体现。

在玻璃态与高弹态的过渡区域为处于玻璃化温度下的黏弹态区域,此时聚合物受交变应力作用时,出现明显的形变滞后于应力,即滞后现象。此现象是链段运动跟不上外力变化产生的(图1.12),滞后现象形成的是一个滞后环,滞后环所围面积越大,内耗越多,表明阻尼能力越大。此黏滞阻尼可通过数学公式进行表示,见表1.4。

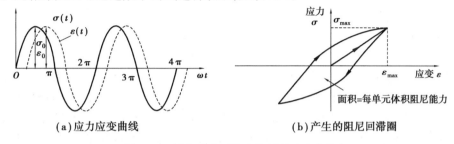

(a)应力应变曲线　　　　　　　(b)产生的阻尼回滞圈

图1.12 周期载荷下聚合物材料响应曲线

表1.4 阻尼特性

阻尼类型	运动方程	阻尼能力	品质系数 Q
黏滞阻尼(线性)	$\ddot{x} + h\dot{x}/(m\omega) + \omega^2 x = 0$	$2\pi\beta\omega A^2 m$	$\dfrac{\omega}{2\beta}$
黏滞阻尼(非线性)	$\ddot{x} + c_h A\,\mathrm{sgn}(\dot{x}) + \omega^2 x = 0$	$4c_h A^2 m$	$\dfrac{\pi\omega^2}{4c_h}$
库仑阻尼(摩擦阻尼)	$\ddot{x} + \dfrac{f}{m}\mathrm{sgn}(\dot{x}) + \omega^2 x = 0$	$4fA$	$\dfrac{\pi m\omega^2 A}{4f}$

注:x—位移量;$\dot{x}$—速度;$\ddot{x}$—加速度;h—常数;m—质量;ω—振动角频率;β—损耗系数;A—振幅;c_h—黏滞系数;f—自然频率;α—热膨胀系数;κ—热导率;ρ—密度;sgn—符号函数。

图1.12中,$\sigma(t)=\sigma_0\sin\omega t$;$\varepsilon(t)=\varepsilon_0\sin(\omega t-\delta)$。其中,$\sigma(t)$是某处应力随时间的变化;$\sigma_0$是该处的最大应力;$\omega$是外力变化角频率;$t$是时间;$\varepsilon(t)$是某处应变随时间的变化;$\varepsilon_0$是形变最大值;$\delta$是形变落后于应力的相位差。

在此区域,内耗的功是以热能的形式散发出去的,进入黏性成分转换为热能的能量与材料损耗模量成正比。单位时间内振动能转换为热的大小可通过下述公式表示。

$$H = W_\eta f = \frac{1}{2}\omega\varepsilon^2 G'' = \frac{1}{2}\omega^2\varepsilon^2\eta$$

式中 ε——应变振幅;

G''——剪切损耗模量;

η——阻尼材料损耗因子。

由此可知,生成的热量与剪切损耗模量以及损耗因子成正比,这也是阻尼材料性能常通过这两个指标来表征的缘故。

当材料处于黏流态时,聚合物能产生高弹形变,而且能形成黏性很大的黏性流动,此黏性流动所表现出的阻尼能力远远大于玻璃化温度区域分子链间因内摩擦所形成的,因为此时聚合物模量很低,基本不具备最低力学性能要求。

2）界面性能

对于固体高分子而言,其表面与界面主要分为 3 类,即与空气接触的高分子材料表面、高分子共混物组分间的相界面以及高分子与填料等形成的复合材料界面。其中,第二种界面对材料性能影响很大。界面相通常具有一定厚度,其微观结构与性质主要取决于组分的结构与性质以及制备工艺,但性质又不同于两者。当聚合物基体中含有填料时,其阻尼性能不仅取决于聚合物基体,还与填料有关,如填料的粒径、形状、阻尼特性以及复合界面的性质。一般高分子纤维复合材料,主要指的是树脂基纤维复合材料。树脂基体通常具有较高力学性能,但阻尼能力较差,如环氧树脂不经改性,损耗因子小于 0.01。为了使该类材料具有较好的阻尼效果,常在树脂基体中加入纤维材料。通过纤维的阻尼属性以及树脂与纤维形成的界面,树脂基纤维复合材料的阻尼性能得到改善。通过理论计算以及实验发现依据纤维与基体界面结合情况,界面可分为理想界面、强界面和弱界面 3 种。通常认为,强界面结合难以在破坏过程中有额外的能量耗散;而处于弱界面时(界面结合力弱),因在纤维与基体的界面处易于产生内部摩擦,尽管对力学性能不利,但能产生较大摩擦内耗而有利于阻尼性能的提高。为了获得弱结合界面,必须尽量减少纤维与基体发生化学反应的程度,如纤维与基体界面相的原子排列、分子构型和化学成分等方面。内部摩擦方程式见表 1.4 中库仑阻尼特性。

目前,研究得较多的是树脂基纤维复合材料,而关于弹性体纤维阻尼材料的报道却很少。但通常认为,随着纤维含量增多,纤维在弹性体中主要起补强效果,其阻尼性能往往会下降。这可能是因纤维阻尼属性以及界面摩擦所产生的摩擦内耗远远低于弹性体基体的阻尼,故而纤维的加入严重阻碍了弹性体分子链的运动,只起到增强作用,使材料呈现刚性的特点。因此,只有当聚合基体阻尼能力欠佳的情况下,纤维与界面的摩擦耗散能可能才会对阻尼贡献较大;当聚合物基体阻尼能力较强时,界面摩擦所产生的阻尼效果不仅可忽略不计,甚至对复合材料的阻尼性能产生不利影响。

3）氢键效应

在阻尼材料的制备领域,有机小分子杂化体系是一种较为新颖的材料体系,这种产品表现出了良好的阻尼特性,成为目前阻尼材料研究的热点课题。该技术理念一般是将有机小分子添加到聚合物中,并根据需要发挥增塑、稳定或硫化功能,从而以较小的添加量(通常不高于 20%)实现了对聚合物特性的显著改良。有机小分子一般表现为下面的分子结构特征,其特点是高位阻、带有极性基团,容易在基体内部形成分子间氢键,图 1.13、图 1.14 为具有该结构特点的有机小分子。

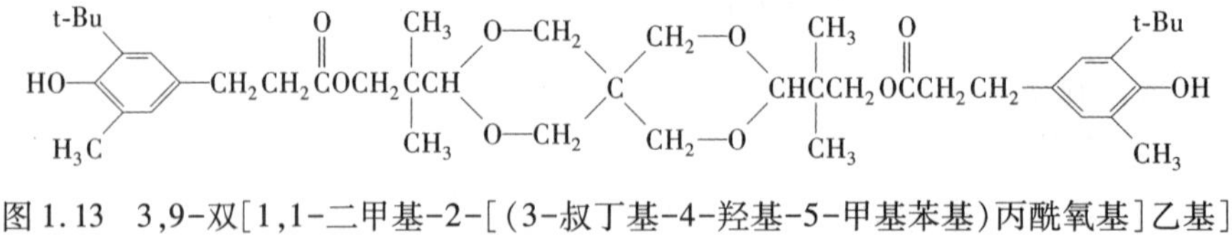

图 1.13　3,9-双[1,1-二甲基-2-[(3-叔丁基-4-羟基-5-甲基苯基)丙酰氧基]乙基]
-2,4,8,10-四氧杂螺[5.5]十一烷(AO-80)

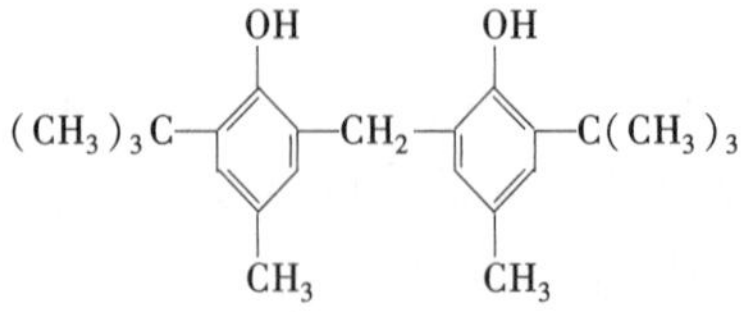

图 1.14　2,2′-亚甲基双-(4-甲基-6-叔丁基苯酚)(AO-2246)

当将大比例的位阻酚类/位阻胺类有机小分子添加到聚合物时,可得到高性能的阻尼材料,其阻尼性能远高于传统的阻尼材料。新旧阻尼材料的阻尼差异如图 1.15 所示。

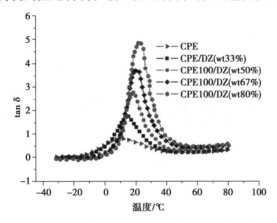

图 1.15 CPE/DZ 共混物损耗角正切与温度的关系曲线图($f=100$ Hz)

上述新型阻尼材料具体以小分子的杂化为理论基础,其具体实现理念为:将特定体积、极性与形状的小分子官能团大规模添加到具备极性侧基的聚合物时,在特定的工艺处理技术下,形成一种结构均匀的新型小分子聚合物,并在可逆氢键作用的影响下呈现出显著的聚合物与小分子团的杂化效应。新生成的聚合物在外力作用下,聚合物与小分子之间的氢键会发生断裂并重新生成,同时吸收大量振动能量并产生大量热能,从而使复合聚合物表现出良好的阻尼特性,并且可通过对小分子添加物比重的调整来改变聚合物的阻尼峰值与温域特性,从而针对不同应用环境呈现出与之相符的阻尼特性。基于小分子杂化技术的复合阻尼材料表现出良好的降噪与减振特性,并且成本低廉、制备简单,因此呈现出良好的应用前景与市场前景。

思考题

1. 举例说明什么是阻尼材料,简述阻尼材料的特点。
2. 如何评价材料的阻尼性能? 可采用什么方法进行表征?
3. 影响材料阻尼性能有哪些因素?

第**2**章
常见的阻尼材料基体

几十年间,材料科学以极高的速度发展。材料科学的发展史是与人类科学技术的发展史相互渗透、密切相关的。纵观近几十年材料发展的历史,材料科学发展体系愈加完善,新材料可以从分子层面进行合成以及材料改性得到,并且也可以根据分子结构来研制特定功能的材料。

但在实际应用中,单一材料难以满足一些实际应用场合的要求,复合材料因此出现。它是由两种或两种以上的拥有不同特性的增强材料和基体材料通过物理以及化学反应制成具有特定形状的整体材料,以此改变单一材料的性能弱点,甚至生成原材料未曾拥有的新性能。复合材料中,增强材料与基体材料通过两者之间的界面粘连成一个整体,基体材料通过剪应力的形式向增强材料传递载荷使其免于外界环境的干扰。在纤维增强复合材料中,基体材料处在各个增强材料之间使其彼此分开,因此即使个别纤维发生断裂,裂纹在基体材料阻隔下也不会向其他纤维扩展。此外,基体材料还极大地决定了复合材料的剪切性能、耐热性能、压缩性能、拉伸性能及抗腐蚀性能。因此,研究和探索基体材料的组成、性能和作用显得尤为重要。

复合材料要求基体材料以及增强材料之间的黏结性十分严格。针对纤维增强复合材料,要求基体材料以及增强纤维的表面含有羰基、羟基、羧基以及其他极性基团,通过这些基团在复合时的化学反应或范德华作用使基体与纤维之间形成一个完整的界面。此外,其弹性模量和断裂伸长率应与纤维相匹配。作为纤维增强复合材料基体的另一个要求,需要考虑的是,虽然纤维是复合材料的主要承载部分,但基体材料的弹性模量对复合材料的纵向(纤维方向)拉伸和压缩性能有很大影响。因此,有时纵向抗压强度被用作评估基体性能的指标。断裂伸长率的匹配对充分发挥纤维拉伸性能的优异特性尤为重要。只有当基体的断裂伸长率大于纤维时,才能在纤维或基体与纤维之间的界面上发生断裂,从而使纤维增强复合材料显示出强大的承载能力和良好的韧性。复合材料的耐湿热性能很大程度上取决于基体材料的耐湿热性能。例如,空间飞行器结构在湿热环境中的性能变化和耐久性的问题是关系飞行器结构效率、安全性和可靠性的重要研究课题。因此,在这方面,要求基体能在高温和潮湿环境中发挥有效作用。

此外,基体还应具有良好的工艺性能,这是一个涉及许多因素的实用指标,如基体系统中各组分之间的相容性、流动性、成型性等。

聚合物、金属、陶瓷及碳基体是作为复合材料的主要基体。复合材料根据基体材料,可分为聚合物基复合材料、金属基复合材料、陶瓷基复合材料及碳基复合材料等。聚合物基体还可分为热固性树脂基体和热塑性树脂基体。热固性树脂基体主要分为酚醛树脂、环氧树脂、有机硅树脂等;热塑性树脂基体主要分为聚烯烃、聚酰胺、聚甲醛、聚碳酸酯等。金属基体是一些常用的镁、铝、钛等轻金属与合金。基体选择应根据不同基体的耐热性,选择环境温度满足要求的基体。

2.1　热固性树脂基体

目前,聚合物的种类数量已极大地超过了天然有机高分子,并且材料科学的不断发展,其品种以及数量都在不断提升。这里介绍热固性树脂基体。

2.1.1　不饱和聚酯树脂

由二元或多元醇与二元或多元酸缩合而成的主链上带有酯键的高分子化合物的,总称为聚酯。它也可由同时带有羟基以及羧基的分子物质制得。当前,工业生产中的主要产品有聚酯纤维(涤纶)、不饱和聚酯树脂和醇酸树脂。

不饱和树脂由于具有引发交联的行为所以为热固性树脂的一种,是由不饱和二元羧酸(酸酐)、饱和二元羧酸(酸酐)与多元醇缩聚形成的线型高分子化合物。同时,由于不饱和聚酯的分子主链含有酯键 $\mathrm{\left[C\!-\!O\right]}$(顶部有 O 双键)以及不饱和双键 $\mathrm{\left[CH\!=\!CH\right]}$。因此,它存在着典型的酯键不饱和双键特性。其结构为

$$\mathrm{H\!\!-\!\!\left[O\!-\!G\!-\!O\!-\!\overset{O}{\overset{\|}{C}}\!-\!R\!-\!\overset{O}{\overset{\|}{C}}\right]_x\!\!\left[O\!-\!G\!-\!O\!-\!\overset{O}{\overset{\|}{C}}\!-\!\overset{H}{\underset{H}{C}}\!\!=\!\!\overset{H}{\underset{H}{C}}\!-\!\overset{O}{\overset{\|}{C}}\right]_y\!\!-\!\!OH}$$

式中　G,R——二元醇和饱和二元酸中的二价烷基或芳基。

聚合度通过 x 与 y 表示。

由上式可知,由于其线型结构,不饱和聚酯也称线型不饱和聚酯。

不饱和聚酯链含有不饱和双键,因此可在加热、光照、高能辐射及引发剂的作用下与交联单体共聚,并交联固化成三维网络结构。交联前后不饱和聚氨酯的性能可能发生很大的变化,这取决于以下两个因素:一是二元酸的类型和数量;二是二元醇类型。

1)二元酸

虽然不饱和聚酯链中的双键由不饱和二羧酸提供,但不饱和二甲酸和饱和二羧酸的混合酸组成用于不饱和聚酯的工业合成,以调整双键的含量。后者还可降低聚酯的结晶度,增加与交联单体苯乙烯的相容性。

(1)不饱和二元酸

顺丁烯二酸酐(顺酐)和反丁烯二酸是应用在工业领域中的不饱和酸,但由于顺酐的熔点低,反应时缩水量更少、价格低廉,使其大范围应用在工业领域中。

在顺酐的缩聚过程中,其顺式双键会转化成反式双键,但并不完全转化。但是,在不饱和聚酯树脂的固化过程中,反式双键相对于顺式双键更加活泼,从而有利于进一步发生固化反应,并且反式双键含量的多少会相对影响树脂固化的性能。而顺式双键的异构化程度与缩聚反应的温度、二元醇的类型以及最终聚酯的酸值等因素密切相关。

由于分子中固有的反式双键,反式丁烯二酸使不饱和聚酯具有更快的固化速度、更高的固化程度,并且聚酯分子链的排列更加规则。因此,固化后的产品具有较高的热变形温度和良好的物理、机械和耐腐蚀性。

此外,还可选用其他的不饱和二元酸,见表2.1。

表2.1　用于不饱和聚酯合成的其他不饱和二元酸

二元酸	分子式	相对分子质量	熔点/℃
顺丁烯二酸	HOOC—CH =CH—COOH	116	130.5
氯代顺丁烯二酸	HOOC—CCl =CH—COOH	150	—
次甲基丁二酸(衣康酸)	CH_2 =C(COOH) CH_2 COOH	130	161(分解)
顺式甲基丁烯二酸(柠康酸)	HOOC—C(CH_3)=CHCOOH	130	161(分解)
反式甲基丁烯二酸(中康酸)	HOOC—C(CH_3)=CHCOOH	130	—

(2)饱和二元酸

产生不饱和聚酯树脂时,加入饱和二元酸共缩聚可调节双键的密度,增加树脂的韧性,降低不饱和聚酯的结晶倾向,提高其在乙烯基交联体中的溶解度。

常用的饱和二元酸是邻苯二甲酸酐。邻苯二甲酸酐用于典型的刚性树脂中,使树脂在固化后具有一定的韧性。在混合酸组分中,邻苯二甲酸酐还可降低聚酯的结晶倾向,并且由于芳香环结构,与交联单体苯乙烯具有良好的相容性。

间苯二甲酸固化树脂具有更好的机械强度、韧性、耐热性及耐腐蚀性。这种聚酯的黏度很高,允许苯乙烯比高于普通邻苯二甲酸酐型聚酯,但对固化树脂的性能没有显著影响。间苯二甲酸型不饱和聚酯树脂大部分用来制备胶衣(gel coating)树脂。

对具有特殊性能的不饱和聚酯,可选择其他芳香族二元酸。例如,由对苯二甲酸制成的不饱和聚酯在固化后具有很高的拉伸强度。耐热不饱和聚酯可通过使用内部亚甲基四氢邻苯二甲酸酐来制备,提高了固化树脂的热稳定性和热变形温度。由四氢邻苯二甲酸制成的不饱和聚酯可提高固化树脂的表面黏度,而自熄灭的不饱和聚酯可由六氯亚甲基四氢邻苯二甲酸(HET酸)制成。

如果选择己二酸和癸二酸等脂肪酸,则较长的柔性脂肪链被引入聚酯的分子结构中,这增加了分子链中不饱和双键之间的距离,并导致固化树脂的韧性增加。

表2.2中列出一些常用的饱和二元酸。

表 2.2　常用的饱和二元酸

二元酸	分子式	相对分子质量	熔点/℃
苯酐		148	131
间苯二甲酸		166	330
对苯二甲酸		166	
纳迪克酸酐（NA）		CCH_2　164	165
四氢苯酐（THPA）		152	102～103
氯茵酸酐（HET）		371	239
六氢苯酐（HPA）		154	35～36
乙二酸	$HOOC(CH_2)_4COOH$	145	152
癸二酸	$HOOC(CH_2)_8COOH$	202	133

（3）不饱和酸和饱和酸的比例

以由顺酐、苯酐和丙二醇缩聚而成的通用不饱和聚酯为例,其中顺酐和苯酐是等摩尔比投料的。若顺酐/苯酐的摩尔比增加,则会使最终树脂的凝胶时间、折射率和黏度下降,而固化树脂的耐热性提高,以及一般的耐溶剂、耐腐蚀性能也提高。若顺酐/苯酐的摩尔比降低,则由此制成的聚酯树脂将最终固化不良,制品的力学强度下降。因此,为了合成特殊性能要求的聚酯,可适当地增加顺酐/苯酐的比例。

2）二元醇

二元醇主要合成不饱和聚酯。一元醇用作分子链长控制剂,多元醇可得到高相对分子质量、高熔点的支化的聚酯。

最常见的二元醇是1,2-丙二醇,由于丙二醇的分子结构中存在不对称的甲基,因此获得的聚酯结晶倾向较低,与交联剂苯乙烯有优良的相容性。树脂固化后具有优良的物理与化学性能。

乙二醇具有对称结构,由乙二醇制得的不饱和聚酯有极高的结晶倾向,与苯乙烯的相容性较差。为此,通常需要对不饱和聚酯的端羟基进行酰化,以达到降低结晶倾向,改善与苯乙烯的相容性的目的,提高固化物的耐水性及电性能。如在乙二醇中添加一定量的丙二醇,也能破坏其对称性,从而降低结晶倾向,使所得的聚酯和苯乙烯混溶性良好,而且固化后的树脂在硬度及热变形温度方面也较单纯用乙二醇所制得的树脂好。

分子链中带醚键的一缩二乙二醇或一缩二丙二醇,可制备基本上无结晶的聚酯,并使不饱和聚酯的柔性增加。然而分子链中的醚键增加了不饱和聚酯的亲水性,固化树脂的耐水性降低。

在二元醇中加入少量的多元醇（如季戊四醇）,使制得的聚酯带有支链,从而提高固化树脂的耐热性与硬度。但是,加入百分之几的季戊四醇代替二元醇就使聚酯的黏度有很大增加,易于凝胶。

用2,2′-二甲基丙二醇（新戊二醇）制得的不饱和聚酯具有较高的耐热性、耐腐蚀性和表面硬度。

由二酚基丙烷与环氧丙烷的加成物——二酚基丙烷二丙二醇醚

$$HO-CH-CH_2-O-\underset{CH_3}{\overset{CH_3}{\text{（苯环）}}}C-\text{（苯环）}-O-CH_2-CH-OH$$

制备得到的不饱和聚酯具有优良的耐腐蚀性,特别是具有优良的耐碱性。但是,这种相对分子质量较大的二元醇必须同时与丙二醇或乙二醇混合使用,因为单独用它制得的不饱和聚酯固化速度太慢。表2.3为部分国产不饱和聚酯树脂的品种及主要技术指标。

表2.3　国产不饱和聚酯树脂的品种及主要技术指标

生产厂家	牌号	主要成分	主要技术指标	性能	用途
常州建材253厂	189	乙二醇、苯酐、顺酐、醋酐	酸值20~28 固含量50%~65% 凝胶时间8~16 min	刚性	船舶
	191	丙二醇、苯酐、顺酐	酸值28~36 固含量61%~67% 凝胶时间15~25 min	刚性	半透明制品

续表

生产厂家	牌号	主要成分	主要技术指标	性　能	用　途
常州建材 253 厂	196	丙二醇、一缩二乙二醇、苯酐、顺酐	酸值 17 ~ 25 固含量 64% ~ 70% 凝胶时间 8 ~ 16 min	半刚性	车身、罩壳、安全帽
	197	乙二醇、顺酐、双酚 A 与环氧丙烷加成物、环氧树脂	酸值 9 ~ 17 固含量 47% ~ 53% 凝胶时间 15 ~ 25 min	耐化学药品	防化工腐蚀
	198	丙二醇、苯酐、顺酐	酸值 20 ~ 28 固含量 61% ~ 67% 凝胶时间 10 ~ 20 min	耐热、刚性	中等耐热层合板及浇筑件
	199	丙二醇、间苯二甲酸酐、反丁烯二酸	酸值 21 ~ 29 固含量 58% ~ 64% 凝胶时间 10 ~ 20 min	耐热、刚性	120 ℃以下耐热电绝缘制品
上海新华树脂厂	303	乙二醇、一缩二乙二醇、苯酐、顺酐	酸值<50	半刚性	汽车车身、罩壳
	309	二缩三乙二醇、苯酐、甲基丙烯酸	酸值<40 聚酯含量≥96% 聚合速度 1 ~ 3 min 密度(25 ℃) 1. 13 ~ 1. 22 g/cm³	低黏度	黏结剂、玻璃钢
	3193	乙二醇、苯酐、顺酐、乙二酸	酸值<40 黏度 90 ~ 95 s 聚合速度 50 ~ 80 s	韧性	船舶、电机、化工
天津合成材料厂	3061	丙二醇、环己醇、一缩二乙二醇、苯酐、顺酐	酸值<40 凝胶时间 5 ~ 9 min	半刚性	汽车车身、罩壳
	6471	丙二醇、内次甲基四氢邻苯二甲酸酐、顺酐	酸值<40 凝胶时间 5 ~ 9 min	刚性、黏结性强	韧性耐热制品

3)不饱和聚酯树脂的固化

（1）交联剂的选择

不饱和聚酯分子中存在着不饱和双键,其交联反应在交联剂或热的条件下发生,成为具有不溶性和不熔性结构的固化产物。不饱和聚酯树脂是由不饱和聚酯和烯类交联单体组成的溶液。因此,交联单体的类型和数量对固化树脂的性能有很大的影响。这里的烯类单体既是交联剂又是溶剂。固化树脂的性能不仅与聚酯树脂本身的化学结构有关,还与所选交联剂的结构和用量有关。同时,交联剂的选择和用量也直接影响树脂的技术性能。

通常交联剂有以下要求:高沸点、低黏度、可溶解树脂呈均匀溶液,能溶解引发剂、促进剂及染料;无毒,反应活性大,能与树脂共聚成均匀的共聚物,共聚物反应能在室温或较低温度下进行。

常用的烯类单体有以下6种:

①苯乙烯。

苯乙烯是一种低黏度液体,与不饱和聚酯具有良好的混溶性,能很好地溶解引发剂及促进剂。苯乙烯的双键活性很大,容易与聚酯中的不饱和双键发生共聚,生成均匀的共聚物。苯乙烯是目前在不饱和聚酯中用量最大的一种交联剂。

苯乙烯的缺点是沸点低(145 ℃),易于挥发,有毒性,对人体有害。

苯乙烯用量一般为20% ~ 50%,其用量对顺酐/苯酐不饱和聚酯树脂性能的影响见表2.4。

表2.4 苯乙烯用量对不饱和聚酯树脂固化产物性能的影响

顺酐/苯酚 (摩尔比)	苯乙烯 含量/%	固化时最高 放热温度/℃	抗弯强度 /MPa	抗拉强度 /MPa	热变形温度 /℃	伸长率 /%	25 ℃,14 h后 的吸水率/%
40/60	20	323	145	57.6	147	1.2	0.17
40/60	30	347	113	55.6	158	1.31	0.21
40/60	40	349	100	64.0	172	1.73	0.17
40/60	50	340	110	66.8	176	1.85	0.17
50/50	20	340	140	57.0	158	1.3	0.19
50/50	30	380	134	58.3	194	1.32	0.23
50/50	40	392	120	64.7	201	1.7	0.21
50/50	50	396	105	56.2	199	1.7	0.20
60/40	20	356	134	56.2	169	—	0.23
60/40	30	400	121	60.5	219	1.38	0.25
60/40	40	407	125	50.6	226	1.46	0.25
60/40	50	404	124	46.5	225	1.23	0.28

选择一定用量的苯乙烯是十分重要的。苯乙烯的含量既不能过多,也不能太少。过多,会导致树脂溶液黏度太小,不便应用;太少,则会导致黏度太大,不便于施工,同时由于苯乙烯含量太少,树脂固化不够完全,影响树脂固化后的软化温度。

②乙烯基甲苯。

乙烯基甲苯是邻位占60%和对位占40%的异构混合物。它的工艺性能与苯乙烯类似,比苯乙烯固化时收缩率低。用乙烯基甲苯固化树脂时的体积收缩率比用苯乙烯固化树脂时的体积收缩率要低约4%。同时,由于乙烯基甲苯的沸点高,挥发性相应较低,对人体的危害性也较苯乙烯为小,产品的柔软性较好。

③二乙烯基苯。

二乙烯基苯非常活泼,它与聚酯的混合物在室温时就易于聚合,常与等量的苯乙烯并用,可得到相对稳定的不饱和聚酯树脂,然而它比单独用苯乙烯的活性要大得多。

二乙烯基苯苯环上有两个乙烯基取代基,因此用它交联固化的树脂有较高的交联密度。它的硬度与耐热性都比苯乙烯交联固化的树脂好,它同时还具有较好的耐酯类、氯代烃及酮类等溶剂的性能。其缺点是固化物脆性大。

④甲基丙烯酸甲酯。

甲基丙烯酸甲酯的特点是折射率较低,接近玻璃纤维的折射率,因此具有较好的透光性及耐气候性。同时,用甲基丙烯酸甲酯作交联剂的树脂黏度较小,有利于提高对玻璃纤维的浸润速度。其缺点是沸点低(100~101 ℃),挥发性大,有难闻的臭味,尤其是它与顺酐型不饱和聚酯共聚时自聚倾向大,因而形成的固化产物网络结构疏松,交联度低,使制品不够刚硬,故一般应与苯乙烯混合使用为宜。

⑤邻苯二甲酸二丙烯酯。

邻苯二甲酸二丙烯酯的优点是沸点高、挥发性小、毒性低。其缺点是黏度较大。邻苯二甲酸二丙烯酯的反应活性比乙烯类单体及丙烯酸类单体要低,即使在有催化剂存在的情况下,也不能使不饱和聚酯树脂室温固化。由于它的固化产物热变形温度高,介电性好,耐老化性能比用苯乙烯的好,因此可用于耐热性能要求高的制品。又因用邻苯二甲酸二丙烯酯作交联剂,固化时放热峰低和体积收缩率小,故又适于大型制件的成型。

⑥三聚氰酸三丙烯酯。

三聚氰酸三丙烯酯的固化产物具有很高的耐热性(200 ℃以上)和力学强度。但是,这类单体的黏度太大,使用不便;同时,操作时刺激性很大;固化时放出大量热,不利于厚制件的成型。

(2)引发剂

引发剂是能使单体分子或含双键的线型高分子活化而成为游离基并进行连锁聚合反应的物质。不饱和聚酯树脂的固化就是服从游离基反应机理的。制备纤维增强复合材料时,通常是将不饱和聚酯树脂配以适当的有机过氧化物引发剂之后,浸渍纤维,经适当的温度加热和一定时间的作用,把树脂和纤维紧紧地黏结在一起,成为一个坚硬的复合材料整体。在这一过程中,纤维的物理状态前后没有变化,而树脂则从黏流态转变成为坚硬的固态。这个过程称为不饱和聚酯树脂的固化。显然,这个固化过程是服从游离基连锁反应历程的。它的固化除温度条件以外,最重要的是正确选择适当的有机过氧化物引发剂。一般来讲,单靠加热也可使不饱和聚酯树脂固化,但存在两个缺点:一是反应诱导期长,而反应一旦开始则放热量大,难以控制;二是反应开始后速度很快,黏度突然增大,反应不易完全。因此,不饱和聚酯树脂的固化,通常采用下列两种途径:一是加入引发剂并加热固化,可有效地控制反应速度,最终固化可趋于完全,固化产物性能稳定;二是同时加入引发剂和促进剂在室温下固化,并可满足各种固化工艺的要求。引发剂一般为有机过氧化物。有机过氧化物的通式为:R—O—O—H或 R—O—O—R,可看成具有不同有机取代基的过氧化氢的衍生物。R 基团可以是烷基、芳基、酰基、碳酸酯基等。目前,在不饱和聚酯树脂中常用的有机过氧化物主要有以下 5 类:

①R—O—O—H 烷基(或芳基)过氧化氢。例如,异丙苯过氧化氢

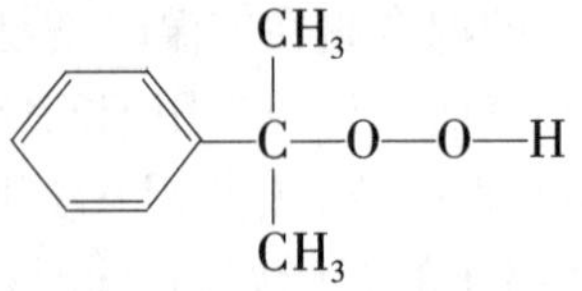

②R—O—O—R 过氧化二烷基(或芳基)。例如,过氧化叔丁基

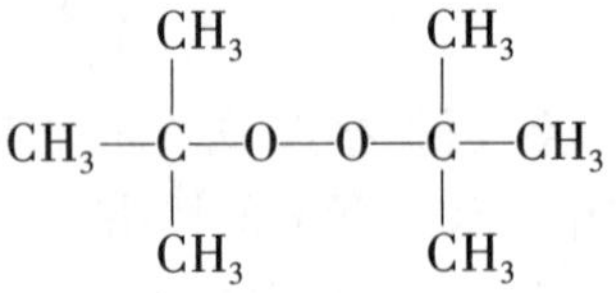

过氧化二异丙苯

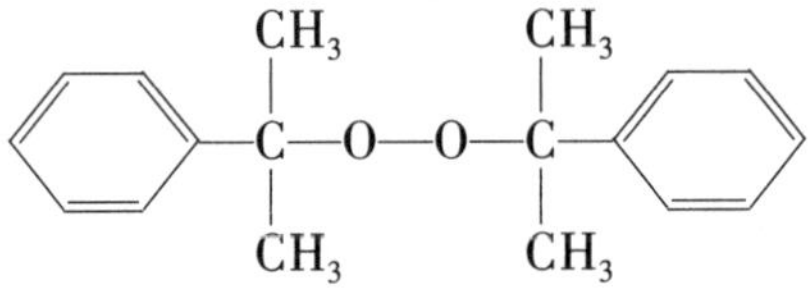

③R—C(=O)—O—C(=O)—R 过氧化二酰基。例如,过氧化二苯甲酰

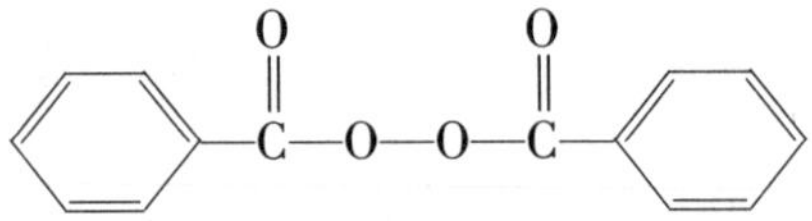

④R—C(=O)—O—O—R′过酸酯。例如,过苯甲酸叔丁酯

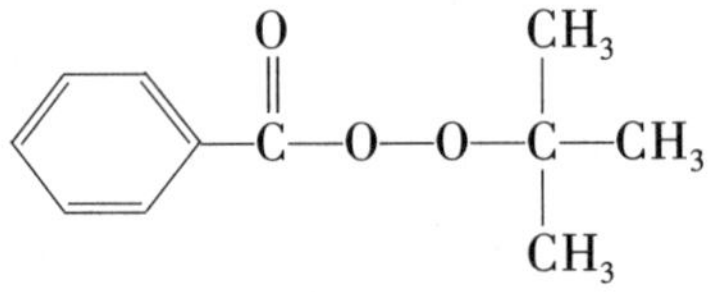

⑤R—O—C(=O)—O—O—C(=O)—O—R过碳酸二酯。例如,过碳酸二异丙酯

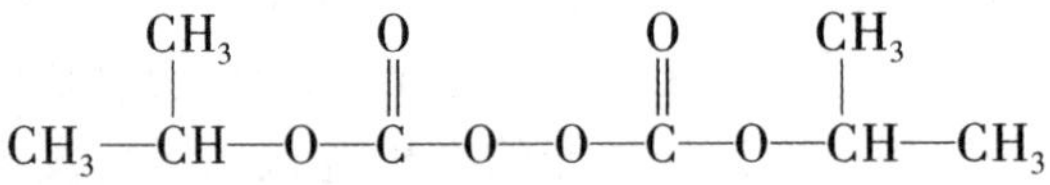

还有酮过氧化物,它实际上是一种过氧化物的混合物,其中包含有一羟基氢过氧化物、一羟基过氧化物、二羟基过氧化物。例如,过氧化甲乙酮和过氧化环己酮等。

通常过氧化物的特性用临界温度和半衰期来表示。临界温度是指有机过氧化物具有引发活性的最低温度。在此温度下,过氧化物开始以可观察的速度分解形成游离基,从而引发不饱和聚酯树脂以可观察的速度进行固化。从理论上讲,温度的高低只决定有机过氧化物形成游离基的多少,而并不表示在临界温度以下不能形成游离基。但是,从工艺的角度来考虑,在临界温度以下,有机过氧化物的分解速度太慢,形成的游离基浓度太低,不足以引起游离基聚合反应,这在工艺上讲是毫无意义的。因此,只有超过某一温度后,有机过氧化物才具有引发活性,这一温度就是临界温度。一般来说,工艺上都是在有机过氧化物的临界温度以上的

温度条件下使用的。

半衰期是指在给定温度条件下,有机过氧化物分解一半所需要的时间。它常用来评价过氧化物活性的大小。表 2.5 为常用过氧化物的特性。

表 2.5　常用过氧化物的特性

名　称	物态	有效成分含量/%	临界温度/℃	半衰期		活化能/(kJ·mol⁻¹)	活化氧含量/%
				温度/℃	时间/h		
叔丁基过氧化氢	液	72	110	130	520	—	12.7
				145	120		
				160	29		
				172	10		
异丙苯过氧化氢	液	74	100	115	470	125.6	7.7
				130	113		
				145	29		
				160	9		
过氧化二叔丁基	液	98～99	100	100	218	146.3	10.8
				115	34		
				126	10		
				130	6.4		
过氧化二异丙苯	固	90～95	120	115	12	170.0	5.5
				130	1.8		
				145	0.3		
过氧化二苯甲酰	固糊	96～98 50(二丁酯)	70	70	13	125.6	6.4 3.3
				85	2.1		
				100	0.4		
过氧化二月桂酰	固	98	60～70	60	13	128.5	3.9
				70	3.4		
				85	0.5		
过苯甲酸叔丁酯	液	98	90	100	18	145.3	8.1
				115	3.1		
				130	0.55		
过氧化环己酮 (混合物)	固糊	95 50(二丁酯)	88	85	20	—	12.0 7.0
				100	3.8		
				115	1.0		

续表

名　称	物态	有效成分含量/%	临界温度/℃	半衰期		活化能/(kJ·mol⁻¹)	活化氧含量/%
				温度/℃	时间/h		
过氧化甲乙酮（混合物）	液	60（二甲酯）50（二甲酯）	80	85	81	119.3	11.0 9.1
				100	16		
				115	3.6		

　　为了安全和方便，通常用邻苯二甲酸二丁酯等增塑剂将有机过氧化物调制成一定浓度的糊状物。使用时，再加入树脂中。目前，常用的引发剂牌号及组成见表2.6。

表2.6　常用引发剂牌号及组成

牌　号	组　成	用量*（质量分）	适用条件
1#引发剂	50%过氧化二苯甲酰的邻苯二甲酸二丁酯糊	2～3	热固化100～140 ℃/1～10 min，与促进剂配合冷固化
2#引发剂	50%过氧化环己酮的邻苯二甲酸丁酯糊	4	与促进剂配合冷固化
3#引发剂	60%过氧化甲乙酮的邻苯二甲酸二丁酯溶液	2	与促进剂配合冷固化

注：＊以100份数值为基准。

（3）促进剂

　　虽然有不少有机过氧化物的临界温度低于60 ℃，但这些过氧化物因本身的不稳定性而没有工业使用价值。目前，固化不饱和聚酯树脂用的有机过氧化物的临界温度都在60 ℃以上。对固化温度要求在室温时，这些过氧化物就不能满足此要求。加入促进剂后，就可使有机过氧化物的分解温度降到室温以下。促进剂的种类有很多，并各有其适用性。对过氧化物有效的促进剂有二甲基苯胺、二乙基苯胺及二甲基对甲苯胺等。对氢过氧化物有效的促进剂大都是具有变价的金属皂，如环烷酸钴、萘酸钴等。对过氧化物和氢过氧化物两者都有效的促进剂有十二烷基硫醇等。这类促进剂目前还没有被应用于实际。

　　为了操作方便，计量准确，常用苯乙烯将促进剂配成较稀的溶液。目前，这种促进剂与引发剂和聚酯树脂配套供应。其牌号及组成见表2.7。

表2.7　促进剂的牌号及组成

牌　号	组　成	用量*（质量分）	适用条件
1#促进剂	10%二甲苯胺的乙烯溶液	1～4	与1#引发剂配合使用有快速冷却固化作用
2#促进剂	8%～10%萘酸钴的苯乙烯溶液	1～2.5	与2#或3#引发剂配合，供冷固化使用

注：＊以100份数值为基准。

　　树脂的固化速度与引发剂和促进剂的用量有关。过氧化二苯甲酰-二甲基苯胺系统对不饱和聚酯固化速度影响见表2.8。

表 2.8　过氧化二苯甲酰-二甲基苯胺系统对不饱和聚酯固化速度的影响

过氧化二苯甲酰含量 /%	2.0	1.0	0.5	0.25	0.20	0.15	1.0	1.0	1.0	1.0	1.0
二甲基苯胺含量 /%	0.20	0.20	0.20	0.20	0.20	0.20	0.4	0.3	0.2	0.1	0.05
30 ℃下凝胶时间 /min	4.5	7.5	12.0	21.0	25.5	34.0	4.0	5.5	8.0	16.0	35.0
24 ℃下放热峰 /℃	165	152	135	102	93	—	152	152	152	146	121

引发剂、促进剂品种及用量的选择，不仅可使不饱和聚酯树脂在室温及高温下固化，而且可根据不同工艺方法的具体要求以及制品的大小等条件，有效地控制树脂的各项工艺性能。例如，模压工艺用的模压料，要求在室温下长期存放，即树脂在室温条件下交联固化很慢。但是，在高温下，即成型温度下又要能很快地交联固化。对于不饱和聚酯树脂来讲，这种要求容易解决，在树脂中只加过氧化二苯甲酰，不加促进剂就行了。又如，凝胶时间的长短对不同室温下复合材料制品的施工起着决定性的作用。凝胶化时间可用改变促进剂用量的办法来调节，但不允许用改变引发剂用量的办法来调节，否则会导致制品的固化不良。

配胶时，引发剂和促进剂不允许直接混合，以免引起爆炸。一般先将引发剂加到树脂中搅拌后，再加入促进剂搅拌均匀即可使用。

（4）有机过氧化物的协同效应

近年来，不饱和聚酯树脂预浸料（prepreg）、料团模塑料（BMC）、片状模塑料（SMC）、连续生产管道和棒状等复合材料的出现，使不饱和聚酯树脂制品的生产由手工间歇式转向自动化、机械化和连续化生产，大大减轻了劳动强度，提高了劳动生产率和制品的性能。在这些成型工艺中，都要求不饱和聚酯树脂引发剂体系具有长的适用期，但能快速凝胶和固化，或能快速凝胶而有长的固化时间。这时，单组分过氧化物引发剂体系就不能达到上述要求，必须采用由两种或两种以上引发剂组成的复合引发剂体系。

当由两种或两种以上的引发剂组成复合引发剂体系时，这种体系的引发活性大致出现以下 3 种情况：

①复合引发剂体系中的各引发剂之间出现协同效应，使引发剂的活性增加。常用的这类复合引发体系为

$$\begin{bmatrix} 过氧化二辛酰 \\ 过氧化二苯甲酰 \end{bmatrix} \quad \begin{bmatrix} 过异丁酸叔丁酯 \\ 过氧化二苯甲酰 \end{bmatrix} \quad \begin{bmatrix} 过氧化甲乙酮 \\ 过氧化二苯甲酰 \end{bmatrix}$$

$$\begin{bmatrix} 过氧化二乙酰 \\ 过氧化甲乙酮 \end{bmatrix} \quad \begin{bmatrix} 叔丁基过氧化氢 \\ 过氧化二叔丁基 \end{bmatrix} \quad \begin{bmatrix} 叔丁基过氧化氢 \\ 过乙酸叔丁酯 \end{bmatrix}$$

②复合引发剂体系中的各引发剂之间略具协同效应，使得引发体系具有一定的引发活性。常用的这类复合引发体系为

$$\begin{bmatrix} 过氧化二苯甲酰 \\ 过氧化二异丙苯 \end{bmatrix} \quad \begin{bmatrix} 过氧化二苯甲酰 \\ 过苯甲酸叔丁酯 \end{bmatrix} \quad \begin{bmatrix} 过异丁酸叔丁酯 \\ 过氧化二辛酰 \end{bmatrix}$$

$$\begin{bmatrix} 过异丁酸叔丁酯 \\ 过氧化二月桂酰 \end{bmatrix} \quad \begin{bmatrix} 过氧化甲乙酮 \\ 过乙酸叔丁酯 \end{bmatrix} \quad \begin{bmatrix} 过氧化环己酮 \\ 过苯甲酸叔丁酯 \end{bmatrix}$$

$$\begin{bmatrix} 过氧化二月桂酰 \\ 过乙酸叔丁酯 \\ 过氧化二叔丁基 \end{bmatrix} \quad \begin{bmatrix} 过氧化二乙酰 \\ 过苯甲酸叔丁酯 \\ 叔丁基过氧化氢 \end{bmatrix}$$

③复合体系中的一个组分对另一组分有抑制作用,使引发剂的引发活性降低。常用的这类引发剂为

$$\begin{bmatrix} 过氧化环己酮 \\ 2,5-二甲基己烷-2,5-二过氧化氢 \end{bmatrix} \quad \begin{bmatrix} 过氧化环己酮 \\ 过氧化二叔丁基 \end{bmatrix}$$

$$\begin{bmatrix} 过氧化二苯甲酰 \\ 2,5-二甲基己烷-2,5-二过氧化氢 \end{bmatrix} \quad \begin{bmatrix} 过氧化环己酮 \\ 叔丁基过氧化氢 \end{bmatrix}$$

$$\begin{bmatrix} 过氧化甲乙酮 \\ 叔丁基过氧化氢 \end{bmatrix} \quad \begin{bmatrix} 过氧化甲乙酮 \\ 2,5-二甲基己烷-2,5-二过氧化氢 \end{bmatrix}$$

$$\begin{bmatrix} 过氧化二辛酰 \\ 2,5-二甲基己烷-2,5-二过氧化氢 \end{bmatrix} \quad \begin{bmatrix} 过氧化二乙酰 \\ 叔丁基过氧化氢 \end{bmatrix}$$

(5)不饱和聚酯固化的特点

黏流态树脂体系发生交联反应而转变成不溶不熔的具有体型网络的固态树脂的全过程,称为树脂的固化。不饱和聚酯树脂的固化过程可分为 3 个阶段,即凝胶阶段、硬化阶段和完全固化阶段。凝胶阶段是指从黏流态的树脂到失去流动性形成半固体的凝胶状态,这一阶段时间对复合材料制品的成型工艺起着决定性的作用,是固化过程中最重要的阶段。影响凝胶时间的因素很多,大致归纳,主要有以下 4 点:

①阻聚剂、引发剂和促进剂加入量的影响。

微量的阻聚剂能阻止树脂的聚合反应发生,甚至会使树脂完全不固化。引发剂和促进剂加入量越少,凝胶时间就越长,若用量不足会导致固化不良。三者对凝胶时间的影响见表2.9。

表 2.9　阻聚剂、引发剂和促进剂对凝胶时间的影响

温度/℃	单纯树脂	树脂+组聚剂(0.01 份对苯二酚)	树脂+0.01 份对苯二酚+1 份过氧化二苯甲酰	树脂+0.01 份对苯二酚+1 份过氧化二苯甲酰+0.5 份二甲基苯胺
20	14 d	1 d	7 d	15 min
100	30 min	5 h	5 min	2 min

②环境温度和湿度的影响。

一般来说,温度越低,凝胶时间就越长。湿度过高也会延长凝胶时间,甚至造成固化不良。

③树脂体积的影响。

树脂体积越大越不容易散热,凝胶时间也就越短。

④交联剂蒸发损失的影响。

在树脂中,必须有足够数量的交联剂,才能使树脂固化完全。因此,在薄制品成型时,为避免交联剂过多损失,最好使树脂的凝胶时间短一些。

上述 4 点就是在不饱和聚酯树脂固化过程中影响凝胶时间的主要因素。

对于硬化阶段来说,是从树脂开始凝胶到一定硬度,能把制品从模具上取下为止的一段时间。

完全固化阶段如果是在室温下进行,这段时间可能要几天至几星期。完全固化通常都是在室温下进行,并用后处理的方法来加速,如在 80 ℃ 的温度下保温 3 h 等。但在后处理之前,在室温下至少要放置 24 h,这段时间越长,制品吸水率越小,性能也越好。后处理的温度和时间关系如图 2.1 所示。

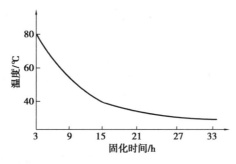

图 2.1　聚酯树脂后处理温度和时间曲线

4)其他类型的不饱和聚酯树脂

其他类型的不饱和聚酯树脂还有二酚基丙烷型不饱和聚酯树脂、乙烯基酯树脂、邻苯二甲酸二烯丙基酯树脂等。

二酚基丙烷型不饱和聚酯树脂是由二酚基丙烷与环氧丙烷的合成物(又称 D-33 单体)代替部分二元醇,再通过与二元酸的缩聚反应而合成的。由于在不饱和聚酯的分子链中引进了二酚基丙烷的链节,因此使这类树脂固化后具有优良的耐腐蚀性能以及耐热性。

乙烯基酯树脂是 20 世纪 60 年代发展起来的一类新型热固性树脂。其特点是聚合物中具有端基或侧基不饱和双键。合成方法主要是通过不饱和酸与低相对分子质量聚合物分子链中的活性点进行反应,引进不饱和双键。常用的骨架聚合物为环氧树脂,常用的不饱和酸为丙烯酸、甲基丙烯酸或丁烯酸等。乙烯基酯型不饱和聚酯树脂的分子结构为

由于可选用一系列不同的低相对分子质量聚合物作为骨架与一系列不同类型的不饱和酸进行反应,因此可合成一系列不同类型的这类树脂。用环氧树脂作为骨架聚合物制得的乙烯基酯树脂,综合了环氧树脂与不饱和聚酯树脂两者的优点。树脂固化后的性能类似于环氧树脂,比聚酯树脂好得多。它的工艺性能与固化性能类似于聚酯树脂,改进了环氧树脂低温

31

固化时的操作性。这类树脂另一个突出的优点是耐腐蚀性能优良,耐酸性超过胺固化环氧树脂,耐碱性超过酸固化环氧树脂及不饱和聚酯树脂。它同时具有良好的韧性及对玻璃纤维的浸润性。

丙基酯型是由邻苯二甲酸二烯丙基酯或间苯二甲酸二烯丙酯在过氧化物引发剂存在下,通过加聚反应合成。另外,在不饱和聚酯树脂中添加热塑性树脂以改善其固化收缩率,是一种新型的不饱和聚酯树脂。这种新型的不饱和聚酯树脂不仅可减少片状模塑料成型时的裂纹,还可使制品表面光滑,尺寸稳定。常用的热塑性树脂有聚甲基丙烯酸甲酯、聚苯乙烯及其共聚物、聚己酸丙酯及改性聚氨酯等。

在提高韧性方面,通常采用聚合物共混的方法。例如,用聚氨酯与不饱和聚酯共混,制成的产品强度高,韧性好,而且还可降低树脂中苯乙烯的含量,适合于多种成型方法;用末端含有羟基的不饱和聚酯与二异氰酸酯反应得到的树脂,其韧性比普通不饱和聚酯提高 2～3 倍,热变形温度提高 10～20 ℃。

提高不饱和聚酯树脂的耐热性一直是重要的研究课题。例如,日本昭和高分子公司研制的酚醛型乙烯酯树脂,固化产物的热变形温度达 220 ℃,用它制成的纤维复合材料在 170～180 ℃下仍能保持 60% 以上的弯曲强度和弹性模量。

2.1.2 环氧树脂

环氧树脂是一类品种繁多、不断发展的合成树脂。它们的合成起始于 20 世纪 30 年代,而于 40 年代后期开始工业化,至 20 世纪 70 年代相继发展了许多新型的环氧树脂品种,近年品种、产量逐年增长。由于环氧树脂及其固化体系具有一系列优异的性能,可用于黏合剂、涂料、焊剂和纤维增强复合材料的基体树脂等。因此,它广泛应用于机械、电机、化工、航空航天、船舶、汽车、建筑等工业部门。

环氧树脂是指分子中含有两个或两个以上环氧基团 —CH—CH— 的线型有机高分子化合物。除个别外,它们的相对分子质量都不高。环氧树脂可与多种类型的固化剂发生交联反应而形成具有不溶不熔性质的三维网状聚合物。环氧树脂具有较强的黏结性能、力学性能优良,耐化学药品性、耐气候性、电绝缘性好以及尺寸稳定等特点,它已成为聚合物基复合材料的主要基体之一。

1)环氧树脂的特性

①具有多样化的形式。各种树脂、固化剂、改性剂体系几乎可适应各种应用要求,其范围可从极低的黏度到高熔点固体。

②黏附力强。由于环氧树脂中固有的极性羟基和醚键的存在,其对各种物质具有突出的黏附力。

③收缩率低。环氧树脂和所用的固化剂的反应是通过直接合成来进行的,没有水或其他挥发性副产物放出。环氧树脂与酚醛、聚酯树脂相比,在其固化过程中只显示出很低的收缩性(小于2%)。

④力学性能。固化后的环氧树脂体系具有优良的力学性能。

⑤化学稳定性。通常固化后的环氧树脂体系具有优良的耐碱性、耐酸性和耐溶剂性,像固化环氧树脂体系的大部分性能一样,化学稳定性取决于所选用的树脂和固化剂。适当地选

用环氧树脂和固化剂,可使其具有特殊的化学稳定性能。

⑥电绝缘性能。固化后的环氧树脂体系在宽广的频率和温度范围内具有良好的电绝缘性能。它们是一种具有高介电性能、耐表面漏电、耐电弧的优良绝缘材料。

⑦尺寸稳定性。上述许多性能的综合,使固化环氧树脂体系具有突出的尺寸稳定性和耐久性。

⑧耐霉菌。固化环氧树脂体系耐大多数霉菌,可在苛刻的热带条件下使用。

环氧树脂的主要缺点是它的成本要高于聚酯树脂和酚醛树脂,在使用某些树脂和固化剂时毒性较大。

2)环氧树脂的类型

环氧树脂的品种有很多,根据其分子结构,大体可分为以下五大类型:

①缩水甘油醚类

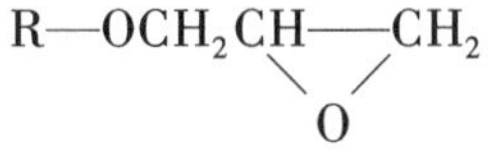
R—OCH2CH—CH2
O

②缩水甘油酯类

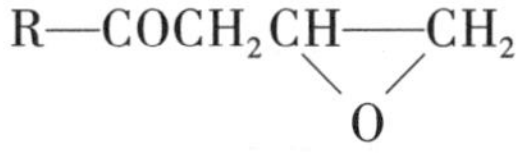
R—COCH2CH—CH2
O

③缩水甘油胺类

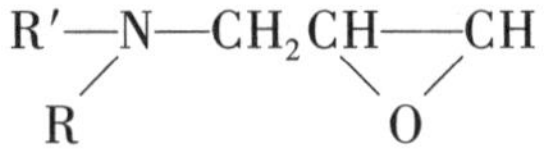
R′—N—CH2CH—CH
R
O

④线型脂肪族类

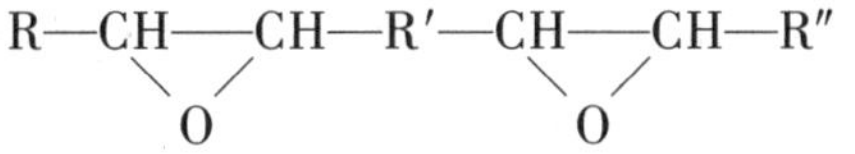
R—CH—CH—R′—CH—CH—R″
O
O

⑤脂环族类

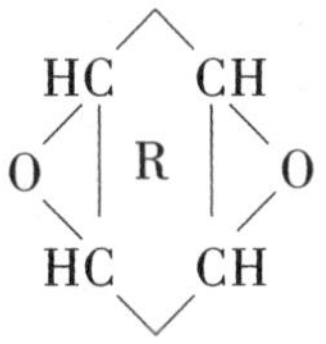
HC
CH
O
R
O
HC
CH

上述①—③类环氧树脂由环氧氯丙烷与含有活泼氢原子的化合物,如酚类、醇类、有机羧酸类、胺类等缩聚而成。④和⑤类环氧树脂由带双键的烯烃,用过醋酸或在低温下用过氧化氢进行环氧化而成。

3)环氧树脂的分类、型号及命名

(1)分类和代号

环氧树脂按组成物质不同而分类,并分别给以代号,见表2.10。

(2)型号

①环氧树脂以一个或两个汉语拼音字母与两位阿拉伯数字作为型号,以表示类别及品种。

②型号的第一位表示采用的主要物质的名称,取其主要组成物质汉语拼音的第一个字母,其他型号与该型号字母若相同则加取第二个字母,以此类推。

表 2.10　环氧树脂的分类和代号

代号	环氧树脂类别	代号	环氧树脂类别
E	二酚基丙烷型环氧树脂	N	酚酞环氧树脂
EG	有机硅改性二酚基丙烷型环氧树脂	S	四酚基环氧树脂
ET	有机钛改性二酚基丙烷型环氧树脂	J	间苯二酚环氧树脂
EX	溴改性二酚基丙烷型环氧树脂	A	三聚氰酸环氧树脂
EL	氯改性二酚基丙烷型环氧树脂	R	二氯化双环戊二烯环氧树脂
Ei	二酚基丙烷侧链型环氧树脂	Y	二氯化乙烯基环己烯环氧树脂
F	酚醛多环氧树脂	YJ	二甲基代二氯化乙烯基环己烯环氧树脂
B	丙三醇环氧树脂	D	环氧化聚丁环氧树脂
L	有机磷环氧树脂	W	二氧化双环戊烯基醚树脂
H	3,4-环氧基-6-甲基环己烷甲酸 3′,4-环氧基-6′-甲基环己烷甲酯	Zg	脂肪酸甘油酯
G	硅环氧树脂	Ig	脂环族缩水甘油酯

③第二位组成中若有改性物质,则也用汉语拼音字母表示,若未有改性物质则加一标记"-"。

④第三和第四位是标志该产品的主要性能值:环氧值的算术平均值。例如,某一牌号环氧脂,系二酚基丙烷为主要组成物质,其环氧值指标为 0.48 ~ 0.54 当量/100 g,则其算术平均值为 0.51,该树脂的全称为"E-51 环氧树脂"。

复合材料工业上产量最大的环氧树脂品种是上述第一类缩水甘油醚型环氧树脂,而其中主要是由二酚基丙烷(简称"双酚 A")与环氧氯丙烷缩聚而成的二酚基丙烷型环氧树脂(简称"双酚 A 型环氧树脂")。近年来出现的脂环族环氧树脂是一类重要的品种,这类环氧树脂不仅品种多,而且大多具有独特的性能,如黏度低、固化体系具有较高的热稳定性、较高的耐气候性、较高的力学性能及电绝缘性。

4)缩水甘醚型环氧树脂

(1)双酚 A 型环氧树脂

双酚 A 型环氧树脂是环氧氯丙烷与双酚 A(二酚基丙烷)在碱性催化剂作用下生成的产物。其结构式为

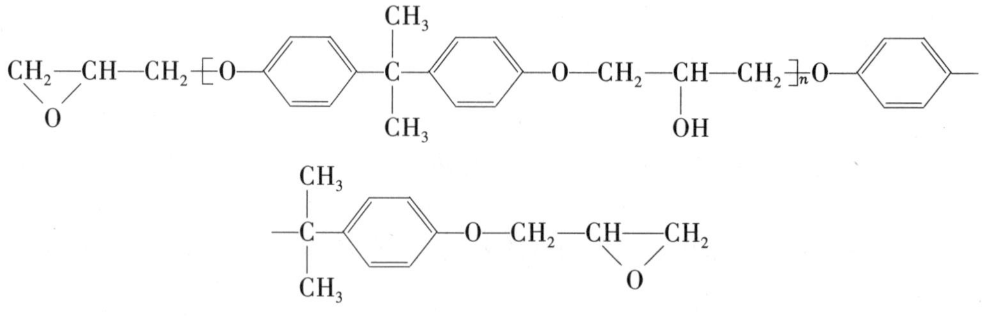

式中,$n = 0 \sim 19$,平均相对分子质量为 $300 \sim 7\,000$;当 $n = 0$ 时,树脂为琥珀色的低分子黏性液体;当 $n \geqslant 2$ 时,为高相对分子质量的脆性固体。相对分子质量在 $300 \sim 700$,软化点小于 50 ℃ 的,称为低相对分子质量树脂(或软树脂);相对分子质量在 1 000 以上,软化点大于 60 的,称为高相对分子质量树脂(或硬树脂)。前者主要应用于胶接、层压、浇注等方面,后者主要应用于油漆等方面。表 2.11 为几种国产双酚 A 型环氧树脂的牌号及规格。

表 2.11　国产双酚 A 型环氧树脂的牌号及规格

同一牌号	原牌号	平均相对分子质量	环氧值	环氧当量	软化点/℃
E51	618	$350 \sim 400$	$0.48 \sim 0.59$	$175 \sim 210$	<2.5 Pa·s
E44	6101	450	$0.40 \sim 0.47$	$225 \sim 290$	$14 \sim 22$
E42	634	—	$0.38 \sim 0.45$	—	$21 \sim 27$
E20	601	$900 \sim 1\,000$	$0.18 \sim 0.22$	$450 \sim 525$	$64 \sim 76$
E12	602	1 400	$0.09 \sim 0.15$	$870 \sim 1\,025$	$85 \sim 95$

表 2.11 中,环氧值、环氧当量是从不同角度描述环氧树脂所含环氧基多少的物理量,在环氧树脂的各个指标中是很重要的一项。根据这项指标,可计算固化环氧树脂时所必需的固化剂用量。

环氧值是指每 100 g 树脂中所含环氧基的克当量数。例如,相对分子质量为 340,每个分子含 2 个环氧基的环氧树脂,它的环氧值为 $\frac{2}{340} \times 100 = 0.59$。环氧值的倒数乘以 100,则称为环氧当量。环氧当量的含义是:含有 1 g 当量环氧基的环氧树脂的克数。例如,环氧值为 0.59 的环氧树脂,其环氧当量为 170。双酚 A 型环氧树脂的一般性能见表 2.12。

表 2.12　双酚 A 型环氧树脂的一般性能

性　能	无填料	玻璃纤维填料	性　能	无填料	玻璃纤维填料
密度/(g·cm^{-3})	1.15	$1.8 \sim 2.0$	体积电阻率/(Ω·cm)	1.5×10^{13}	3.08×10^{15}
伸长率/%	9.5	21.4	击穿强度	$15.7 \sim 17.0$	14.2
拉伸强度/kPa	215.6	392	切介电损耗角正切(50 Hz)	$0.002 \sim 0.010$	—
缺口冲击强度/(N·cm^{-1})	$49 \sim 106.82$	$78.4 \sim 147$			

这类环氧树脂的用量虽然很大,但因耐热性差,故不能在较高的环境温度下使用。

(2)酚醛多环氧树脂

酚醛多环氧树脂包括有苯酚甲醛型、邻甲酚甲醛型和三混甲酚甲醛型多环氧树脂。它与双酚 A 型环氧树脂相比,在线型分子中含有两个以上的环氧基,因此固化后产物的交联密度大,具有优良的热稳定性、力学强度、电绝缘性、耐水性和耐腐蚀性。它是由线型酚醛树脂与环氧氯丙烷缩聚而成的。合成可分为一步法和二步法两种。一步法是在线型酚醛树脂生成

后将树脂分离出,再与环氧氯丙烷进行环氧化反应。现以苯酚甲醛多环氧树脂为例,其合成化学反应式为

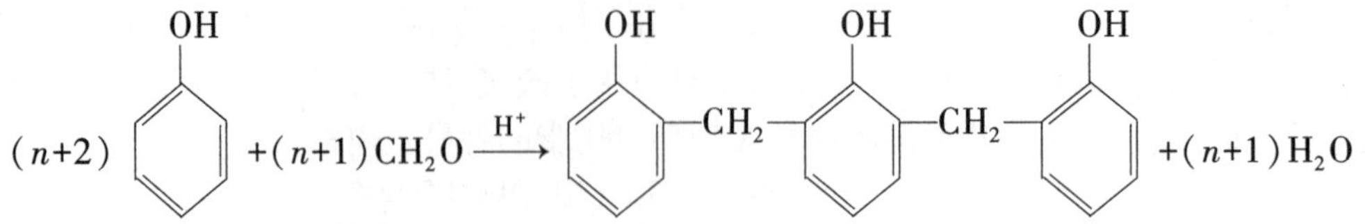

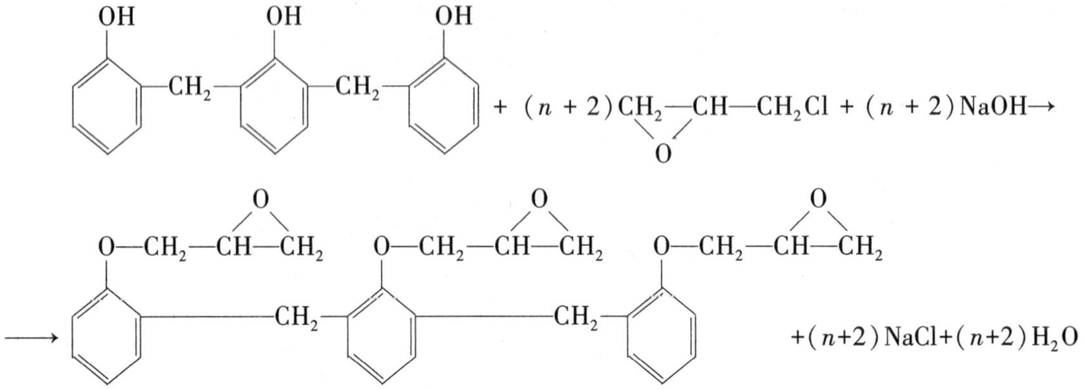

线型酚醛树脂的聚合度 n 约等于 1.6,经环氧化后,线型树脂分子中大致含有 3.6 个环氧基。这类树脂国产牌号有 F-44 (644) 和 F-46 (648);国外有 DEN438 等。

(3)双酚 S 型环氧树脂

双酚 S 型环氧树脂即 4,4'-二羟基二苯砜双缩水甘油醚,由环氧氯丙烷与 4,4'-二羟基二苯砜(双酚 S)反应而成。其分子结构式为

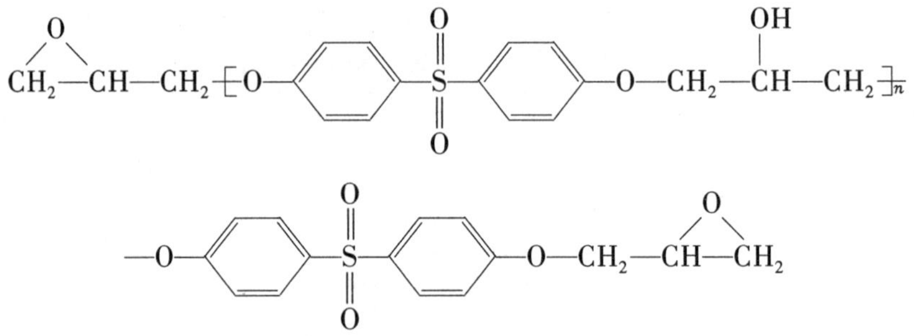

双酚 S 型环氧树脂有结晶和无定形两种形态。结晶型树脂的熔点为 167 ℃,环氧值 0.54,无定型树脂的软化温度约 94 ℃,环氧值 0.33。

(4)其他的多羟基酚类缩水甘油醚型环氧树脂

①间苯二酚型环氧树脂。

这类树脂黏度低,加工工艺性能好。它是由间苯二酚与环氧氯丙烷缩聚而成的具有两个环氧基的树脂。其化学反应式为

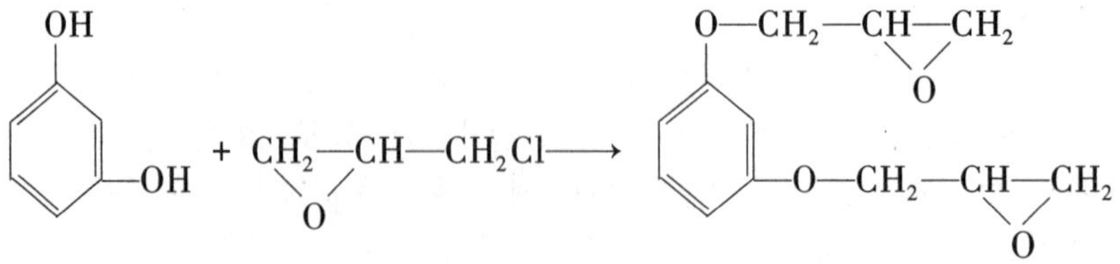

36

②间苯二酚-甲醛型环氧树脂。

这类树脂具有 4 个环氧基,固化物的热变形温度可达 300 ℃,耐浓硝酸性优良。它是由低相对分子质量的间苯二酚-甲醛树脂与环氧氯丙烷缩聚而成的。其分子结构式为

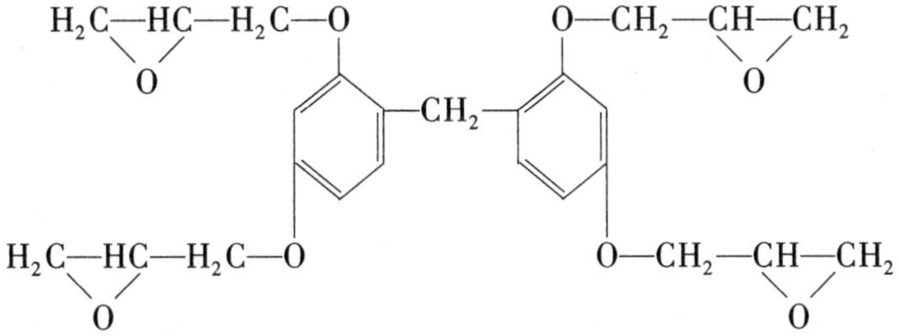

③三羟苯基甲烷型环氧树脂。

三羟苯基甲烷型环氧树脂的分子结构式为

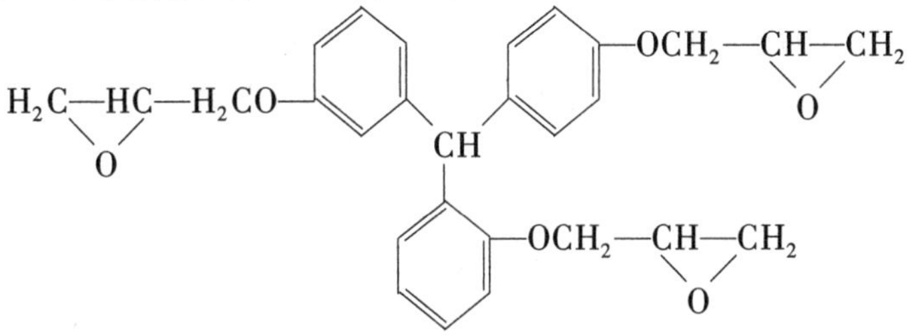

这类树脂固化物的热变形温度可为 260 ℃ 以上,具有良好的韧性和湿热强度,可耐长期高温氧化。

④四溴二酚基丙烷型环氧树脂。

四溴二酚基丙烷型环氧树脂是由四溴二酚基丙烷 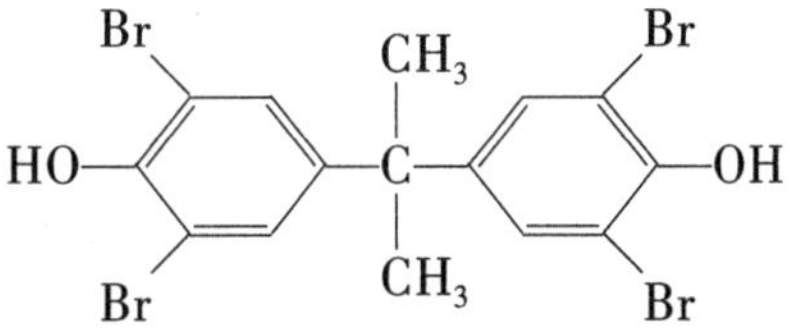 与

环氧氯丙烷缩聚而成的,主要用作耐焰环氧树脂。它在常温下是固体,常与二酚基丙烷型环氧树脂混合使用。

⑤四酚基乙烷型环氧树脂。

这类树脂具有较高的热变形温度和良好的化学稳定性。它是由四酚基乙烷与环氧氯丙烷缩聚而成的具有 4 个环氧基团的树脂。其化学反应式为

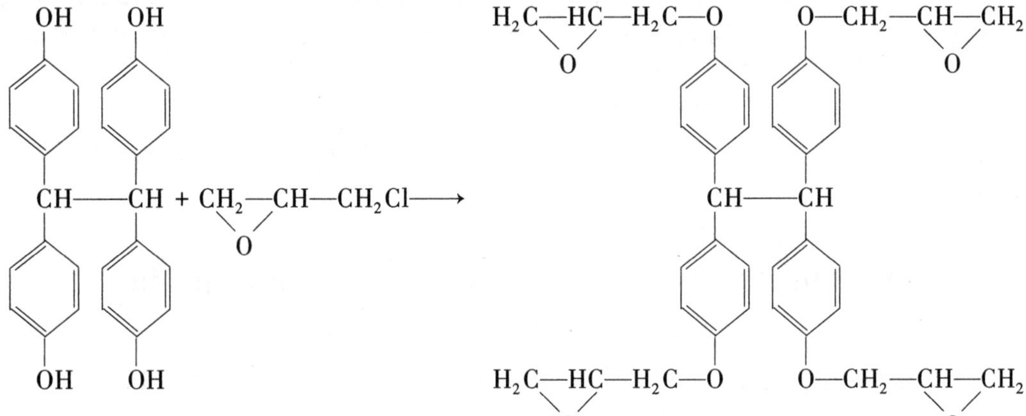

37

5）缩水甘油酯类环氧树脂

缩水甘油酯类环氧树脂是由环氧氯丙烷与有机酸在碱性催化剂存在下,生成的氯化醇脱去氯化氢所得的产物。其化学反应式为

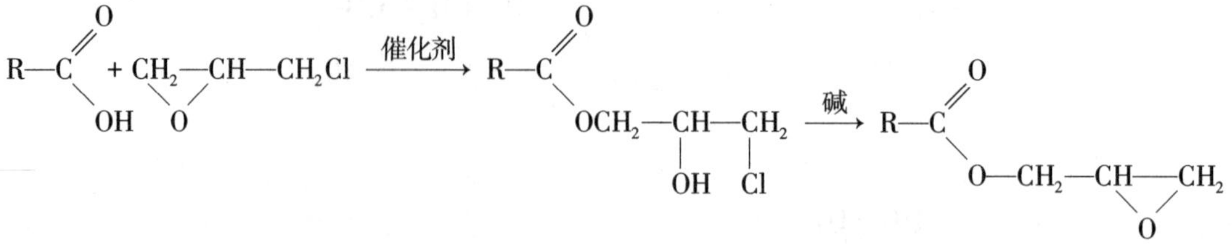

缩水甘油酯类环氧树脂与双酚 A 型环氧树脂相比,具有较低的黏度,加工工艺性好;反应活性高;固化物的力学性能好,电绝缘性,尤其是耐漏电痕迹性好;黏合力比通用环氧树脂高;具有良好的耐超低温性,在 $-253 \sim -196$ ℃的超低温下,仍具有比其他类型环氧树脂高的黏结强度;同时,还具有较好的表面光泽度,透光性、耐气候性也很好。

常见的缩水甘油酯类环氧树脂有邻苯二甲酸双缩水甘油酯。其分子结构式为

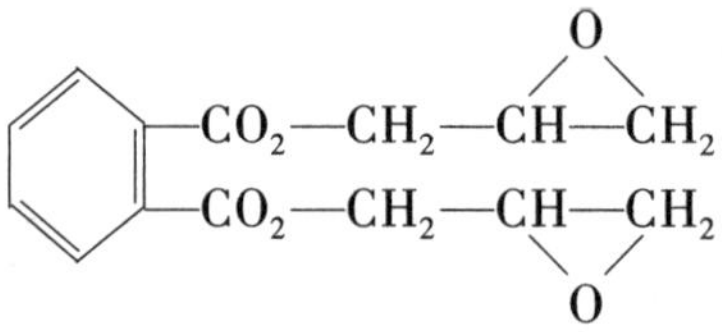

这种环氧树脂为浅色透明的液体,259 ℃时的黏度为 0.8 Pa·s,环氧值为 0.6 ~ 0.65。

还有四氢邻苯二甲酸双缩水甘油酯。其分子结构式为

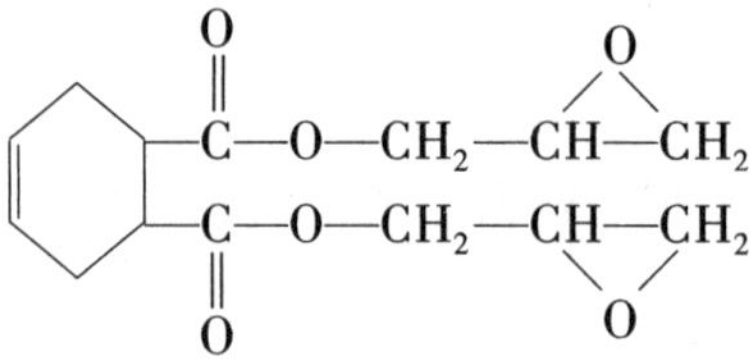

这种环氧树脂为黏稠液体,环氧值为 0.62 ~ 0.65。

缩水甘油酯类环氧树脂一般用胺类固化剂固化,与固化剂的反应类似于缩水甘油醚类环氧树脂。

6）缩水甘油胺类环氧树脂

缩水甘油胺类环氧树脂是由环氧氯丙烷与脂肪族或芳香族伯胺或仲胺类化合物反应而成的环氧树脂。这类树脂的特点是多官能度、环氧当量高、交联密度大、耐热性可显著提高。其主要缺点是脆性较大。常用的有以下 3 种。

（1）四缩水甘油甲基二苯胺环氧树脂

四缩水甘油甲基二苯胺环氧树脂是由 4,4′-二氨基二苯甲烷与环氧氯丙烷反应合成的。其分子结构式为

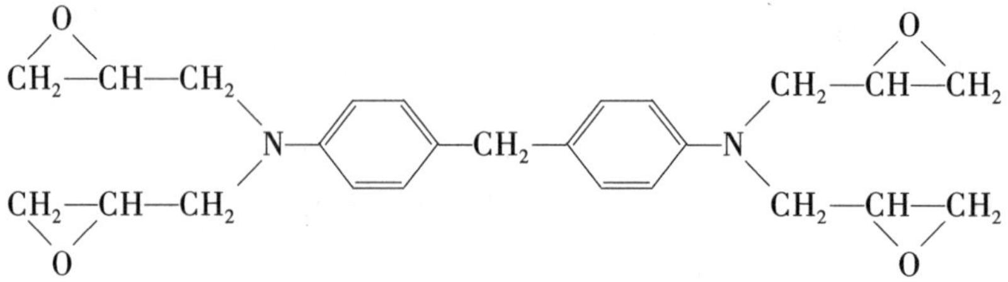

此树脂在室温及高温下均有良好的黏结强度,固化物具有较低的电阻。

（2）三缩水甘油对氨基苯酚环氧树脂

三缩水甘油对氨基苯酚环氧树脂是由双氨基苯酚与环氧氯丙烷反应而得的产物。其分子结构式为

$$
\begin{array}{c}
\mathrm{CH_2\!-\!CH\!-\!CH_2\!-\!O} \\[-2pt]
\underset{\mathrm{O}}{\diagdown\diagup} \\
\mathrm{CH_2\!-\!CH\!-\!CH_2\!-\!O} \\[-2pt]
\underset{\mathrm{O}}{\diagdown\diagup}
\end{array}
\;\mathrm{N}\!-\!\!\langle\bigcirc\rangle\!-\!O\!-\!CH_2\!-\!\underset{\underset{\mathrm{O}}{}}{CH}\!-\!CH_2
$$

此树脂在常温下为棕色液体,黏度小,25 ℃时为 1.6～2.3 Pa·s,环氧值为 0.85～0.95。它可作为高温碳化的烧蚀材料,耐 γ 射线的环氧玻璃纤维增强塑料。

（3）三聚氰酸环氧树脂

三聚氰酸环氧树脂是由三聚氰酸和环氧氯丙烷在催化剂存在下进行缩合,再以氢氧化钠进行闭环反应而得的。其分子结构式为

$$
\mathrm{O\!-\!CH_2\!-\!CH\!-\!CH_2}\;(\text{三氮杂苯环})\;\mathrm{CH_2\!-\!CH\!-\!CH_2\!-\!O\!-\!C}\quad\mathrm{C\!-\!O\!-\!CH_2\!-\!CH\!-\!CH_2}
$$

由于在三聚氰酸环氧树脂中含有 3 个环氧基团,因此固化后结构紧密,具有优异的耐高温性能。由于分子本体为三氮杂苯环,因此具有良好的化学稳定性,以及优良的耐紫外光性、耐气候性和耐油性。由于分子中含 14% 的氮,遇火有自熄性,并有良好的耐电弧性。

7）线型脂肪族环氧树脂

这类树脂的特点是在分子结构中既无苯核,也无脂环结构。仅有脂肪链,环氧基与脂肪链相连。其通式为

$$
\mathrm{R\!-\!\underset{\underset{\mathrm{O}}{}}{CH}\!-\!CH\!-\!R'\!-\!\underset{\underset{\mathrm{O}}{}}{CH}\!-\!CH\!-\!R''}
$$

由于这类树脂的脂肪链是与环氧基直接相连的,因此柔韧性比较好,但耐热性较差。

（1）聚丁二烯环氧树脂（2000#环氧树脂）

聚丁二烯环氧树脂是由低相对分子质量的聚丁二烯树脂分子中的双键经环氧化而得的。在它的分子结构中既有环氧基也有双键、羟基和酯基侧链。其分子结构式为

$$
\left[\begin{array}{c}
\mathrm{CH_2\!-\!CH\!-\!CH\!-\!CH_2\!-\!CH_2\!-\!CH\!-\!CH_2\!-\!CH_2\!-\!CH_2\!-\!CH\!-\!CH_2\!-\!CH} \\
\mathrm{OH}\quad\mathrm{O}\qquad\qquad\mathrm{O}\qquad\qquad\mathrm{CH}\quad\mathrm{CH}\quad\mathrm{CH} \\
\mathrm{C\!=\!O}\qquad\qquad\qquad\qquad\mathrm{O}\quad\mathrm{CH_2}\quad\mathrm{O} \\
\mathrm{CH_3}\qquad\qquad\qquad\mathrm{CH_2}\qquad\qquad\mathrm{CH_2}
\end{array}\right]_n
$$

聚丁二烯环氧树脂是浅黄色黏稠液体,黏度为 0.8～2.0 Pa·s,环氧值 0.162～0.186。由于其分子具有长的脂肪链节,因此固化后产品具有很好的曲挠性。它采用酸酐类和胺类固

化剂,对酸酐的反应活性稍大于脂肪胺类。同时,又因分子结构中含有双键,可用过氧化物引发交联,以提高交联密度。选用不同的配方和固化条件,可得到具有韧性、高延伸率的弹性体或具有高热变形温度的刚性体。这种树脂的固化产物具有良好的电绝缘性,尤其在高温下电性能变化不大,具有良好的黏结性、耐气候性以及高冲击韧性,但固化后产物收缩率较大。

(2)二缩水甘油醚

二缩水甘油醚由环氧氯丙烷按下述反应进行制备:

①环氧氯丙烷水解制成一氯丙二醇

$$CH_2\!-\!CH\!-\!CH_2Cl + H_2O \xrightarrow{(H^+)} CH_2\!-\!CH\!-\!CH_2Cl$$
$$O \qquad\qquad OH\ \ OH$$

②一氯丙二醇与环氧氯丙烷进行开环醚化反应

$$CH_2\!-\!CH\!-\!CH_2Cl + CH_2\!-\!CH\!-\!CH_2Cl \xrightarrow{BF_3\cdot 乙醚} CH_2\!-\!CH\!-\!CH_2\!-\!O\!-\!CH_2\!-\!CH\!-\!CH_2$$
$$OH\ \ OH \qquad O \qquad\qquad Cl\ \ OH \qquad\qquad OH\ \ Cl$$

③二-(氯丙烷)醚脱氯化氢合环生成二缩水甘油醚

$$CH_2\!-\!CH\!-\!CH_2\!-\!O\!-\!CH_2\!-\!CH\!-\!CH_2 + 2NaOH \rightarrow CH_2\!-\!CH\!-\!CH_2\!-\!O\!-\!CH_2\!-\!CH\!-\!CH_2 +$$
$$Cl\ \ OH \qquad\qquad OH\ \ Cl \qquad\qquad O \qquad\qquad\qquad O$$

$2NaCl+2H_2O$

二缩水甘油醚又称600号稀释剂。在制备二缩水甘油醚的过程中,由于环氧氯丙烷过量,因此反应中会生成一部分高沸点的多缩水甘油醚,称为630号稀释剂。600号及630号稀释剂的特性见表2.13。

表2.13 二缩水甘油醚与多缩水甘油醚的特性

性 能	600 号	630 号
外观	无色透明液体	深黄至棕色黏稠液体
相对密度	1.123 ~ 1.124	1.20 ~ 1.28
折射率	1.448 9 ~ 1.455 3	1.465 ~ 1.482
黏度(25 ℃)/(Pa·s)	(4 ~ 6)×10⁻³	(0.4 ~ 1.2)×10⁻¹
环氧基含量	>50%	>50%

600号稀释剂主要用来降低二酚基丙烷型环氧树脂黏度,延长适用期,用量较少时,不会降低树脂固化物的高温性能。630号多缩水甘油醚做环氧树脂稀释剂,在制造大型模具及大部件浇铸时,不仅能起到稀释剂作用,而且还能增加树脂的韧性。

8)脂环族环氧树脂

脂环族环氧树脂是由脂环族烯烃的双键经环氧化制得的。它们的分子结构与双酚A型环氧树脂及其他环氧树脂有很大差异。前者的环氧基都直接连接在脂环上,后者的环氧基都是以环氧丙基醚连接在苯核或脂肪烃上。

脂环族环氧树脂的固化物具有下列一些特点:较高的抗拉强度和抗压强度;长期暴置在高温条件下仍能保持良好的力学性能和电性能;耐电弧性好;耐紫外光老化性能及耐气候性

较好。

（1）二氧化双环戊二烯

二氧化双环戊二烯的国产牌号为6207（或R-122）。它是由双环戊二烯用过醋酸氧化而制得的。其化学反应式为

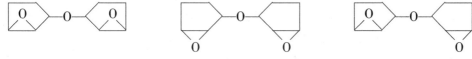

二氧化双环戊二烯的相对分子质量为164.2，是一种白色结晶粉末。相对密度为1.33，熔点>1 859 ℃，环氧当量82。与双酚A型环氧树脂相比，它的环氧基直接连接在酯环上，因此固化后得到脂环紧密的刚性高分子结构，具有很高的耐热性，其热变形温度可达300 ℃。此外，该树脂中不含苯环，不受紫外线影响，故具有优越的耐气候性。同时，因不含有其他极性基团，故介电性能也非常优异。

其缺点是固化产物脆性较大，树脂的黏合力不够高。

通常这种树脂用胺类难以固化，多采用酸酐类固化剂。由于树脂中无羟基存在。因此，用酸酐固化时，必须加入少量的多元醇起引发作用。例如，用顺酐固化时，需加入少量的甘油作引发剂。

二氧化双环戊二烯虽然是高熔点的固体粉末，但它与固化剂混合加热到609 ℃以下时，形成黏度只有0.1 Pa·s左右的液体，不但使用期长、便于操作，而且与填料有很好的润湿性。由于存在这些工艺上的特点和优异的性能，因此其得到了广泛的应用。例如，作高温下使用的浇铸料、胶黏剂和玻璃纤维增强复合材料等。

（2）二氧化双环戊基醚

二氧化双环戊基醚是由双环戊二烯为原料，经裂解、加氯化氢、水解醚化及环氧化反应过程制得的。它是3个异构体的混合物，即

| 反式异构体 | 顺式异构体 | 顺反式异构体 |

由于这3种异构体的性能差别不大，因此一般在工业上不加分离，可直接应用。

二氧化双环戊基醚多采用二元酸酐（如顺酐、马来酸酐等）和多元芳香胺类（如间苯二胺、4,4-二氨基二苯基甲烷等）进行固化。配制后的胶液黏度低，使用期长，工艺性能好。其固化产物的特点是强度高，耐老化性优良，韧性好（延伸率为6%～7%），耐热性高（热变形温度高达235 ℃）。由于这些特点，二氧化双环戊基醚树脂特别适用于纤维增强结构材料，深水耐压和耐温结构（如潜艇、导弹等），绝缘材料，以及高温高压的缠绕、浇铸、密封、胶接及耐腐蚀涂料等。其缺点是刺激性大。用间苯二胺（用量为树脂量的28%）固化的二氧化双环戊基醚树脂/玻璃纤维复合材料的性能见表2.14。

表2.14　二氧化双环戊基醚树脂/玻璃纤维复合材料的性能

| 弯曲强度/MPa | 487.0 | 冲击强度/(kg·cm·cm^{-2}) | 125 |
| 拉伸强度/MPa | 371.6 | 马丁耐热/℃ | 275 |

9）新型环氧树脂

用于宇航等高科技领域的先进复合材料应具有良好的耐热性。如何提高耐热性，是开发高性能环氧树脂的重要课题。目前，常用的方法如合成多官能度环氧树脂，在环氧骨架中引入萘环等刚性基团以及环氧树脂与其他耐热性树脂如双马来酰亚胺树脂混用等。例如，四官能度环氧树脂（BPTGE）

由于分子结构中不含亲水性的氮原子，因此吸水性低、耐热性好。

在环氧树脂分子主链或侧基上引入硅氧烷，对提高树脂的耐热性也有一定的效果。例如，用含羟基或烷氧基的聚甲基硅氧烷作改性剂，所得改性环氧树脂的热分解温度提高100 ℃左右，吸水率降低，耐腐蚀性显著增强。

提高环氧树脂的韧性也是研究热点之一。增韧的主要途径有使用增韧剂、改进固化剂、用有机硅及橡胶改性、聚合物结构柔性化等。显然，单纯通过环氧树脂的分子设计很难使耐热性和强韧性同时得到提高，即环氧树脂增韧的同时往往给耐热性带来不良影响。随着高分子相容性理论与技术的进步，现在已能做到控制环氧树脂与热塑性树脂共混物的相界面形态，这样就有可能利用高分子共混技术来改进环氧树脂的脆性，提高固化产物的韧性和黏结强度。

10）环氧树脂的固化剂

环氧树脂本身是热塑性的线型结构，不能直接使用，必须再向树脂中加入第二组分，在一定的温度条件下进行交联固化反应，生成体型网状结构的高聚物之后才能使用。这个第二组分则称为固化剂。用于环氧树脂的固化剂虽然种类繁多，但大体上可分为两类：一类是可与环氧树脂进行合成，并通过逐步聚合反应的历程使它交联成体型网状结构。这类固化剂又称反应性固化剂，一般都含有活泼的氢原子，在反应过程中伴有氢原子的转移，如多元伯胺、多元羧酸、多元硫醇及多元酚等。另一类是催化性的固化剂，它可引发树脂分子中的环氧基按阳离子或阴离子聚合的历程进行固化反应，如叔胺、三氟化硼络合物等。两类固化剂都是通过树脂分子结构中具有的环氧基或仲羟基的反应完成固化过程的。

环氧树脂固化剂的品种繁多，各有其特点。因此，采用不同的固化剂，可使环氧树脂的操作工艺性及固化产物的性能产生巨大的差别。充分地了解固化剂的特性，合理地选用固化剂是环氧树脂使用中十分重要的问题。选择固化剂应考虑制品的性能要求，更重要的应尽可能地满足操作工艺上的要求，如允许的固化温度、与树脂的互溶性、胶液黏度与使用期以及毒性等。

（1）多元胺类固化剂

多元脂肪胺和芳香胺类固化剂，用得比较普遍。伯胺与环氧树脂的反应一般认为是连接在伯胺氮原子上的氢原子和环氧基团反应，转变成仲胺。其化学反应式为

$$R-NH_2 + \overset{CH_2-CH}{\underset{O}{\diagdown}} \sim \longrightarrow R-\underset{H}{\overset{|}{N}}-CH_2-\underset{OH}{\overset{|}{CH}} \sim$$

仲胺再与另一个环氧基反应生成叔胺。其化学反应式为

$$R-\underset{H}{\overset{|}{N}}-CH_2-\underset{OH}{\overset{|}{CH}} \sim + \overset{CH_2-CH}{\underset{O}{\diagdown}} \sim \longrightarrow RN \overset{CH_2-\underset{OH}{\overset{|}{CH}} \sim}{\underset{CH_2-\underset{OH}{\overset{|}{CH}} \sim}{}}$$

伯胺与环氧树脂通过上述逐步聚合反应历程交联成复杂的体型高聚物。伯胺与仲胺类固化剂用量的计算,是根据胺基上的一个活泼氢和树脂的一个环氧基反应来考虑的。一般可计算为

$$每 100 \text{ g} 树脂所需要胺的克数 = \frac{有机胺的相对分子质量}{有机胺的活泼氢数} \times 树脂的环氧值$$

实际上,由于胺相对分子质量的大小、反应能力和挥发性的不同,计算结果往往比实际用量少。因此,计算后应通过复合材料的性能测试进行修正,一般要高于计算量 10%。

例 2.1　环氧值为 0.4 的双酚 A 型环氧树脂,用乙二胺作为固化剂,求每 100 g 环氧树脂需要添加多少克固化剂?

解　乙二胺的相对分子质量为 60,含 4 个活泼氢,故

$$每 100 \text{ g} 树脂所需要胺的克数 = 60/4 \times 0.4 = 6$$

即每 100 g 环氧树脂需要添加 6 g 乙二胺固化剂。

常用的胺类固化剂的性能、固化条件及参考用量见表 2.15。

表 2.15　常用的胺类固化剂

名称	化学式结构	胺当量	固化条件	沸点/℃	性　能	参考用量/%
乙二胺	$H_2NCH_2CH_2NH_2$	15.0	25 ℃/7 d; 80 ℃/3 h	116	有刺激性臭味,固化反应放热量大,试用期短,固化后树脂力学强度和热变形温度都较低	6~8
二乙撑三胺	$H_2NCH_2CH_2NHCH_2NH_2$	20.6	25 ℃/7 d; 100 ℃/300 min	208	有刺激性,反应热大,试用期短,固化后的树脂耐化学药品性较好	8~10
三乙撑四胺	$H_2N(CH_2CH_2NH)_3$ $CH_2CH_2NH_2$	24.6	25 ℃/7 d; 100 ℃/30 min	266	毒性较二乙撑三胺低	10~12
四乙撑五胺	$H_2N(CH_2CH_2NH)_3$ $CH_2CH_2NH_2$	27.6	25 ℃/7 d; 100 ℃/30 min	340	性能近于三乙撑四胺	12~15
多乙撑多胺	$H_2N(CH_2CH_2NH)_n$ $CH_2CH_2NH_2$		25 ℃/7 d; 100 ℃/30 min			14~16

脂肪族胺类是较常用的室温固化剂。它的固化速度快,反应时放出的热量又能促进树脂与固化剂反应。但是,这类固化剂对人体有刺激作用,固化产物较脆且耐热性差,在复合材料方面应用不多。

芳香族胺类固化剂的分子中含有稳定的苯环结构,反应活性较差,需要在加热条件下固化,但固化产物的热变形温度较高,耐化学药品性、电性能和机械性能等较好。

叔胺类化合物除可单独作为固化剂使用外,还可用作多元胺、聚酰胺树脂及酸酐等固化剂的固化反应促进剂。叔胺对固化反应的促进作用与其分子结构中的电子云密度和分子长度有关。氮原子上的电子云密度越大,分子长度越短,其促进效果就越显著。

胺类固化剂多为液体,毒性和腐蚀性较大。目前,有 β-羟乙基乙二胺等胺类低毒固化剂。脂肪族多胺与环氧乙烷、丙烯腈等反应制得的加成物,由于相对分子质量增大,挥发性降低,毒性变小。

(2)酸酐类固化剂

酸酐类固化剂是环氧树脂加工工艺中仅次于胺类的最重要的一类固化剂。与胺类相比,酸酐固化的缩水甘油醚类环氧树脂具有色泽浅,良好的力学与电性能,以及更高的热稳定性等优点。树脂-酸酐混合物具有黏度低、适用期长、低挥发性及毒性较低的特点,加热固化时体系的收缩率和放热效应也较低。其不足之处是为了获得合适的性能需要在较高温度下保持较长的固化周期,但这一缺点可借加入适当的催化剂来克服。

用酸酐固化的环氧树脂其热变形温度较高,耐辐射性和耐酸性均优于胺类固化剂的树脂。固化温度一般需要高于 150 ℃。

用酸酐类固化剂时,一对酸酐开环只能与一个环氧基反应。因此,100 g 环氧树脂所需要的酸酐用量(g)可计算为

$$酸酐用量 = K \times 环氧值 \times \frac{酸酐相对分子质量}{酸酐基数}$$

$$= K \times 环氧值 \times 酸酐当量$$

式中　K——常数,因酸酐的种类不同而异。对一般的酸酐 $K = 0.8 \sim 0.9$;卤化了的酸酐 $K = 0.6$;使用叔胺作催化剂时 $K = 1.0$;

$$酸酐当量 = \frac{酸酐相对分子质量}{酸酐基数}$$

由于酸酐的熔点较高,使用时需要加热熔融或将某些酸酐制成低熔点混合物。因此,与多元胺类固化剂相比,用酸酐配制的环氧树脂适用期较长,热变形温度较高,力学性能也好。

酸酐类固化剂的品种很多,下面介绍 5 种在环氧树脂中比较常用的酸酐固化剂。

①邻苯二甲酸酐(简称"苯酐",PA)。

苯酐是最早用于环氧树脂的固化剂,为一种白色固体,相对分子质量为 148,熔点 128 ℃。作为固化剂时,其放热量少,放热温度低,适用期长,操作简便,固化产物的耐热性及耐老化性能都较好,可用于大型浇铸件、层压件等。一般用量为树脂质量的 30% ~50%。这主要是考虑配胶时苯酐易于析出和升华,因此用量要略高些。固化温度为 150 ~170 ℃,固化时间为4 ~24 h。其固化树脂的机械强度高,耐酸性强,耐碱性较差,热变形温度在 100 ℃ 以上。

②顺丁烯二酸酐(简称"顺酐",MA)。

顺酐的相对分子质量为 98.06,相对密度 1.509,熔点 53 ℃,是一种白色晶体。一般用量

为树脂质量的 30% ~40%,混合物的适用期长,室温下可放置 2~3 d,固化放热温度低,固化产物的耐热性好,但脆性较大,所以通常要和增韧剂一起使用,或与其他酸酐混合使用。含有不饱和双键的顺丁烯二酸酐作为环氧化聚丁二烯树脂固化剂时,可起到改善固化物耐热性的作用,如同时使用过氧化物能将热变形温度由 120 ℃提高到 200 ℃。

③均苯四甲酸二酐(PMDA)。

均苯四甲酸二酐为白色结晶体,相对分子质量 218,熔点 286 ℃。均苯四甲酸二酐与环氧树脂的反应活性强,但因熔点高,在室温下不易与树脂混合。加入环氧树脂中的方法有以下 4 种:

a. 先把均苯四甲酸二酐在高温下溶于树脂,再用第二个酸酐(辅助酸酐)来降低其活性。

b. 先将均苯四甲酸二酐溶于溶剂中(如丙酮),再混入环氧树脂。

c. 将均苯四甲酸二酐在室温下悬浮液体环氧树脂中,此时其颗粒大小必须小于 10 μm。

d. 将均苯四甲酸二酐与二元醇反应生成以下结构的酸酐,再混入环氧树脂。

此固化产物的交联密度大,抗压强度、耐化学药品性及热稳定性优良,热变形温度约 280 ℃,高于其他酸酐固化的树脂,但抗张和弯曲强度较低。

④四氢苯酐(THPA)。

四氢苯酐不易升华,价格比苯酐便宜,固化物的色泽比较浅。它与树脂混合时的温度必须在 80~100 ℃,低于 70 ℃时四氢苯酐就会析出。四氢苯酐的熔点在 102~103 ℃,是一种低毒固化剂,用量为树脂的 57%。

⑤六氢苯酐(HHPA)。

六氢苯酐是低熔点(35~36 ℃)的蜡状固体,在 50 ℃时就易与环氧树脂混溶。它与液体双酚 A 型环氧树脂混合后,混合物的黏度低,适用期长,固化时放热小,能在较短的时间内完成固化。固化物的色泽很浅,耐热性、电性能以及化学稳定性较好。它的活性较低,常与催化剂苄基二甲胺或 2,4,6-三(二甲基甲酚)(DMP-30)混合使用。

(3)阴离子及阳离子型固化剂

前面讲述的一类反应性固化剂主要通过逐步聚合的历程使环氧树脂固化。这类物质大多含有活泼氢,通过固化剂本身使各个树脂分子交联成体型结构的聚合物。而阴离子及阳离子型固化剂是催化性固化剂,它们仅仅起到固化反应的催化作用,这类物质主要是引发树脂分子中环氧基的开环聚合反应,从而交联成体型结构的聚合物。由于树脂分子间的直接相互反应,使固化后的体型结构聚合物基本具有聚醚的结构。这类固化剂的用量主要凭经验,由实验来决定。选择的依据主要是考虑获得最佳综合性能和工艺操作性能间的平衡。常用的是路易斯碱(按阴离子聚合反应的过程)和路易斯酸(按阳离子聚合反应的历程),它们可单独用作固化剂,也可用作多元胺或聚酰胺类或酸酐类固化体系的催化剂。

①阴离子型固化剂。

这类固化剂中常用的是叔胺类,如苄基二甲胺、DMP-10(邻羟基苄基二甲胺)和 DMP-30[2,4,6-三(二甲胺基甲基)酚]等。它们属于路易斯碱,氮原子的外层有一对未共享的电子对,因此具有亲核性质,是电子给予体。单官能团的仲胺(如咪唑类化合物)当它们的活泼氢和氧基反应后,也具有催化作用。

苄基二甲胺用量为 6% ~10%,适用期 1~4 h,室温固化约 6 d;DMP-10 和 DMP-30 的酚羟基显著地加速树脂固化速度。用量 5% ~10%,适用期 30 min~1 h,放热量高,体系固化速度快(25 ℃一昼夜)。2-甲基咪唑和2-乙基-4-甲基咪唑是近年来发展起来的一类固化剂。其毒性小、配料容易,适用期长,黏度小,固化简便,固化物电性能和力学性能良好。用量3% ~ 4%,其交联反应可同时通过仲胺基上的活泼氢和叔胺的催化引发作用,较其他催化型固化剂有较快的固化速度和固化程度。

②阳离子型固化剂。

路易斯酸($AlCl_3$,$ZnCl_2$,$SnCl_4$,BF_3 等)是电子接受体。这类固化剂中用得最多的是三氟化硼。它是一种有腐蚀的气体,能使环氧树脂在室温下以极快的速度聚合(仅数十秒钟)。三氟化硼不能单独用作固化剂,因反应太剧烈,树脂凝胶太快,无法操作。为了获得在实际情况下可以操作的体系,常用三氟化硼和胺类(脂肪族胺或芳香族胺)或醚类(乙醚)的络合物,各种三氟化硼胺络合物的特性见表2.16。工业上常用的是三氟化硼-乙胺络合物。它是结晶物质(熔点87 ℃),在室温下非常稳定,离解温度约90 ℃。三氟化硼-乙胺络合物非常亲水,在湿空气中极易水解成不能再作固化剂的黏稠液体。它可直接与热的树脂(约85 ℃)相溶。也可将它溶解在带羟基的载体中(如二元醇、糠醇等),再用这种溶液作为固化剂。在使用三氟化硼-乙胺络合物时要注意避免使用石棉、云母及某些碱性填料。

表2.16 各种三氟化硼胺络合物的特性

三氟化硼-胺络合物中的胺类	外观	熔点/℃	三氟化硼含量/%	室温下试用期
苯胺	淡黄色	250	42.2	8 h
邻甲苯胺	绿色	250	38.8	7~8 d
N-甲基苯胺	淡绿色	85	38.8	5~6 d
N-乙基苯胺	淡绿色	48	36.0	3~4 d
N,N-二乙基苯胺	淡绿色	—	31.3	7~8 d
乙胺	白色	87	59.5	数月
哌啶	黄色	78	44.4	数月
苄胺	白色	138~139	35.9	3~4 周

(4)树脂类固化剂

含有活性基团—NH—,—CH₂OH,—SH, —C(=O)—OH,—OH 等的线型合成树脂低聚物,都可作环氧树脂的固化剂。因使用的合成树脂种类不同,故可对环氧树脂固化物的一些性能起到改善作用。常用的是一些线型合成树脂低聚物有苯胺甲醛树脂、酚醛树脂、聚酰胺树脂、聚硫橡胶、呋喃树脂及聚氨酯树脂等。

①酚醛树脂。

线型酚醛树脂和热固性酚醛树脂都可作为环氧树脂的固化剂。固化时,酚醛树脂中的酚羟基与环氧基反应式为

46

酚醛树脂中的羟甲基与环氧树脂中的羟基及环氧基反应式为

$$\sim CH_2OH + HO\!-\!\overset{|}{\underset{|}{CH}}\!-\!\longrightarrow\; \sim CH_2\!-\!O\!-\!\overset{|}{\underset{|}{CH}} + H_2O$$

$$\sim CH_2OH + H_2C\!-\!\underset{\displaystyle O}{\underset{\diagdown\ \diagup}{CH\!-}}\longrightarrow\; -CH_2\!-\!O\!-\!CH_2\!-\!\overset{|}{\underset{\displaystyle OH}{CH}}\!-$$

最后树脂体系交联成具有复杂三维网状结构的固化产物。

在热塑性酚醛树脂与环氧树脂的复合物中,如果不添加促进剂,复合物在常温下有数月的适用期,但固化速度比较慢。添加促进剂就会大大加速固化反应的进行,?也缩短。由于有较长的适用期,并且固化物的电性能好,耐热冲击性?结、浇注及层压等方面得到广泛的应用。热固性酚醛树脂与环氧树脂?用期可达一周,刺激性小,易成型加工,故普遍应用于各种复合材料的成?压及模压等。热固性酚醛树脂的用量为环氧树脂40% ~ 50%,在160 ℃下?到完全固化的产物。由于在加热条件下酚醛树脂本身也发生交联反应,?质,因此其固化产物的致密性及机械性能不如酸酐固化体系。

②聚酰胺树脂。

与多元胺类化合物相似,低相对分子质量聚酰胺树脂中的胺基也可与环氧基反应形成交联结构。目前,国内生产用作环氧树脂固化剂的聚酰胺树脂,有 650(胺值 200)、651(胺值 400)等牌号。低相对分子质量聚酰胺在室温下黏度较大,为了降低其黏度,可加入少量的活性稀释剂。聚酰胺作为固化剂的用量可以很大,一般为环氧树脂的 40% ~ 200%。这类固化剂的使用期短,它与脂肪族多胺一样,在低温下也容易进行反应,挥发性与毒性很小。固化物具有韧性,低温性能好,收缩小及尺寸稳定性好,但耐热性、耐湿热性及耐溶剂性能差。

(5)其他固化剂

除上述介绍的固化剂之外,还有一些固化剂,它们使环氧树脂固化的过程可能不限于某一种反应历程,而真正的反应过程尚不清楚。属于这类固化剂的有双氰胺、含硼化合物、金属盐类及多异氰酸酯类等。

在这一类固化剂中最重要的是双氰胺,它对双酚 A 型环氧树脂特别适宜。由于它在高于145 ~ 165 ℃时快速分解,很难与环氧树脂混溶。因此,一般是先溶于溶剂中(如二甲基甲酰胺、二甲基乙酰胺、丙酮与水混合物等),再与树脂混溶。用量约为 4%,适用期 6 个月以上,超过 145 ~ 165 ℃时就会快速固化。固化反应可为叔胺(如苄基二甲胺)等催化。固化产物具有优良的物理力学性能与电性能。

11)环氧树脂的其他辅助剂

为了改进环氧树脂的工艺性能和固化产物的物理力学性能以及降低成本,除固化剂之外,往往还需要在树脂体系中加入适量的其他辅助剂,如稀释剂、增塑剂和增韧剂等。

稀释剂主要是用来降低环氧树脂黏度的,在浇铸时使树脂有较好的渗透性,在黏合及层压时使树脂有较好的浸润性。此外,选择适当的稀释剂还有利于控制环氧树脂与固化剂的反应热,延长树脂—固化剂体系的适用期,还可增加树脂与固化剂体系中填料的用量及改善树脂体系的工艺性能等。稀释剂有非活性稀释剂和活性稀释剂。非活性稀释剂不能与环氧树脂及固化剂进行反应,纯属物理混入过程,仅仅达到降低黏度的目的。活性稀释剂在其化合物分子结构里含有活性环氧基或其他活性基团,能与环氧树脂及固化剂反应。常用的非活性稀释剂有邻苯二甲酸二丁酯、甲苯、乙醇、丙酮等,它们不参与固化反应,并在树脂固化过程中挥发掉,所以容易使固化产物的结构致密性变差,影响质量。活性稀释剂如环氧丙烷丁基醚、环氧丙烷苯基醚、二缩水甘油醚等,它们直接参与树脂的固化反应,固化后成为产物的一部分。

另外,为了提高固化产物的抗冲击性、降低脆性以及改进抗弯曲性等,通常要向树脂-固化剂体系中加入被称为增韧剂的组分。增韧剂能够改善固化物的抗冲击强度及耐热冲击性能,提高黏合剂的剥离强度,减少固化时的反应热及收缩性。但是,随着增韧剂的加入,对固化物的某些力学性能、电性能、化学稳定性特别是耐溶剂性和耐热性会产生不良影响。增韧剂有两种:一种是与环氧树脂相容性良好,但不参加固化反应过程的非活性增韧剂;另一种是在分子链上含有活性基团,能参与固化反应的活性增韧剂。非活性增韧剂主要是聚氯乙烯用的增塑剂及磷酸、亚磷酸酯类的。它们不参与固化反应,只起减小交联密度、削弱固化树脂刚性的作用,但同时会影响固化产物的强度和耐热性。活性增韧剂多为含有活性基团的柔性高分子化合物,它们直接参与固化反应,可改善产物的韧性,常用的如丁腈橡胶、丁苯橡胶、低相对分子质量聚酰胺等。

在环氧树脂中,常加入的增塑剂有邻苯二甲酸酯类以及磷酸酯类,用量一般为 $5\% \sim 20\%$。

在环氧树脂中,使用的增强剂一般为纤维类,主要为玻璃纤维及其织物。此外,还有碳纤维、芳纶纤维以及金属纤维等。填充剂一般为无机矿物粉类,如石英粉、滑石粉、碳酸钙、云母粉、高岭土及钛白粉等。

2.1.3　聚氨酯

聚氨酯是指分子结构中含有许多重复的氨基甲酸酯基团($-\text{NH}-\overset{\overset{\displaystyle O}{\|}}{C}-O-$)的一类聚合物,全称聚氨基甲酸酯,英文名称为 polyurethane,简称 PU。聚氨酯根据其组成的不同,可制成线型分子的热塑性聚氨酯,也可制成体型分子的热固性聚氨酯。前者主要用于弹性体、涂料、胶黏剂、合成革等,后者主要用于制造各种软质、半硬质、硬质泡沫塑料。

聚氨酯于 1937 年由德国科学家首先研制成功,于 1939 年开始工业化生产。其制造方法是异氰酸酯和含活泼氢的化合物(如醇、胺、羧酸、水等)反应,生成具有氨基甲酸酯基团的化合物。其中,以异氰酸酯与多元醇的反应为制造 PU 的基本反应。其反应式为

$$n\text{OCN}-\text{R}-\text{NCO}+n\text{HO}-\text{R}'-\text{OH}\longrightarrow (\text{OCHN}-\text{R}-\text{NHCOO}-\text{R}'-\text{O})_n$$

反应属逐步加成聚合,反应过程中没有低分子副产物生成。例如,异氰酸酯或多元醇之一具有 3 个以上的官能团,则生成立体网状结构。

异氰酸酯遇水会迅速反应并放出 CO_2,这是制造发泡材料的基本反应

$$\sim\!\!\sim\!\!\sim \text{RNCO}+\text{H}_2\text{O}\longrightarrow [\sim\!\!\sim\!\!\sim \text{RNH}-\text{COOH}]\longrightarrow \sim\!\!\sim\!\!\sim \text{RNH}_2+\text{CO}_2\uparrow$$

1)合成聚氨酯的基本原料

合成聚氨酯的基本原料为异氰酸酯、多元醇、催化剂及扩链剂等,见表 2.17。

表 2.17　聚胺酯的主要合成原料

种　类		名　称	主要用途
异氰酸酯		甲苯二异氰酸酯(TDI)	软质泡沫材料
		二苯基甲烷二异氰酸酯(MDI)	涂料、胶黏剂、RIM、半硬质泡沫塑料、硬质泡沫塑料
		对苯基多亚甲基多异氰酸酯(PAPI)	硬质泡沫材料、混炼、浇筑制品
		六亚甲基二异氰酸酯(HDI)	非黄变聚氨酯
		萘二异氰酸酯(NDI)	弹性体
多元醇	聚醚多元醇	聚丙二醇(PPG)	通用
		聚四氢呋喃(PTMG)	弹性体
	聚酯多元醇	缩合型(二元酸与二元醇、三元醇缩合)	弹性体、涂料、胶黏剂
		内酯型(ε-己内酯与多元醇开环缩合)	弹性体、涂料
催化剂		二月桂酸二丁基锡、辛酸亚锡	—
		三乙烯二胺、N-烷基吗啡啉	—
扩链剂		乙二醇、丙二醇、丁二醇、己二醇	—
		二苯基甲烷二胺、二氯二苯基甲烷二胺	—

（1）异氰酸酯

异氰酸酯一般含有两个或两个以上的异氰酸基团,异氰酸基团很活泼,可与醇、胺、羧酸、水等发生反应。目前,聚氨酯产品中主要使用的异氰酸酯为甲苯二异氰酸酯(TDI)、二苯基甲烷二异氰酸酯(MDI)和对苯基多亚甲基多异氰酸酯(PAPI)。TDI 主要用于软质泡沫塑料;MDI 可用于半硬质、硬质泡沫塑料及胶黏剂等;PAPI 由于含有三官能度,可用于热固性的硬质泡沫塑料、混炼及浇注制品。

（2）多元醇

多元醇构成聚氨酯结构中的弹性部分,常用的有聚醚多元醇和聚酯多元醇。多元醇在聚氨酯中的含量决定聚氨酯树脂的软硬程度、柔顺性和刚性。聚醚多元醇为多元醇、多元胺或其他含有活泼氢的有机化合物与氧化烯烃开环聚合而成,具有弹性大、黏度低等优点。这类多元醇用得比较多,特别是应用于软质泡沫塑料和反应注射成型(RIM)产品中。聚酯多元醇是以各种有机多元酸和多元醇通过酯化反应而得到的。二元酸与二元醇合成的线型聚酯多元醇主要用于软质聚氨酯,二元酸与三元醇合成的支链型聚酯多元醇主要用于硬质聚氨酯。由于聚酯多元醇的黏度大,不如聚醚型应用广泛。

（3）催化剂

在聚氨酯的聚合过程中还需加入催化剂,以加速聚合过程,一般有胺类和锡类两种。常用的胺类有三乙烯二胺、N-烷基吗啡啉等,锡类有二月桂酸二丁基锡、辛酸亚锡等。

（4）扩链剂

常用的扩链剂是低相对分子质量的二元醇和二元胺。它们与异氰酸酯反应生成聚合物中的硬段。常用的扩链剂有乙二醇、二醇、丁二醇、己二醇等。二元胺一般都采用芳香族二元胺，如二苯基甲烷二胺、二氯二苯基甲烷二胺等。由于乙二胺反应过快，一般不采用。

其他的添加剂还有发泡剂（如水、液态二氧化碳、戊烷、氢氟烃等）、泡沫稳定剂（用于泡沫制品，如水溶性聚醚硅氧烷等）、阻燃剂、增塑剂、表面活性剂、填充剂、脱模剂等。聚氨酯树脂在具体制备时，首先合成预聚体，然后在使用时进行扩链反应，形成软泡、硬泡、弹性体、涂料、黏合剂及密封胶等。

2）聚氨酯泡沫塑料

聚氨酯泡沫塑料是聚氨酯树脂的主要产品，占聚氨酯产品总量的80%以上。根据所用原料的不同，可分为聚醚型和聚酯型泡沫塑料；根据制品性能的不同，可分为软质、半硬质、硬质泡沫塑料。

软质泡沫塑料就是通常所说的海绵，开孔率达95%，密度为 $0.02 \sim 0.04 \ g/cm^3$，具有轻度交联结构，拉伸强度约为 $0.15 \ MPa$，而且韧性好、回弹快、吸声性好。目前，软质泡沫塑料的产品占所有泡沫塑料产品的60%以上。软质泡沫塑料是以 TDI 和二官能团或三官能团的聚醚多元醇为主要原料，利用异氰酸酯与水反应生成的 CO_2 作为发泡剂，其生产方法有连续式块状法及模塑法。连续式块状法是将反应物料分别计量混合后在连续运转的运输带上进行反应、发泡，形成宽 2 m、高 1 m 的连续泡沫材料，熟化后切片即得制品。模塑法是把反应物料计量混合后冲模，发泡成型后即得产品。软质泡沫塑料主要用于家具用品、织物衬里、防振包装材料等。

半硬质泡沫塑料的主要原料为 TDI 或 MDI，以及 3～4 官能团的聚醚多元醇，发泡剂为水和物理发泡剂。半硬质泡沫塑料有普通型和结皮型两类，其交联密度大于软质泡沫塑料。普通型的开孔率为90%，密度为 $0.06 \sim 0.15 \ g/cm^3$，回弹性较好。结皮型的在发泡时可形成 $0.5 \sim 3 \ mm$ 厚的表皮，密度为 $0.55 \sim 0.80 \ g/cm^3$。其耐磨性与橡胶相似，是较好的隔热、吸声、减振材料。

硬质泡沫塑料的主要原料为 MDI 以及 3～8 官能团的聚醚多元醇，发泡剂为水及物理发泡剂。硬质泡沫塑料具有高度交联结构，基本为闭孔结构，密度为 $0.03 \sim 0.05 \ g/cm^3$，并有良好的吸声性，热导率低，为 $0.008 \sim 0.025 \ W/(m \cdot K)$，为一种优质绝热保温材料。

硬质泡沫塑料的成型加工可采用预聚体法、半预聚体法和一步法。对绝热保温材料，可用注射发泡成型和现场喷涂成型；对结构材料，则可用反应注射成型（RIM）或增强反应注射成型（RRIM）。

反应注射成型和增强反应注射成型是一种新型成型加工工艺。它是把多元醇、交联剂、催化剂、发泡剂等作为 A 组分，而 B 组分通常仅由 MDI 构成。A，B 两组分通过高压或低压反应浇注机，在很短时间内进行计量、混合、注入，在复杂的模具内发泡而成。若在 A 组分中加入增强材料，则称为增强反应注射成型（RRIM）。

增强反应注射成型中由于加入了增强材料如玻璃纤维、碳纤维、石棉纤维及晶须等，可改善聚氨酯的耐热性、刚度、拉伸强度、尺寸稳定性等，提高聚氨酯泡沫塑料的使用性能。例如，采用含5%～10%玻璃纤维增强的 RRIM 聚氨酯制造的汽车保险杠和仪表板，其制件质量和尺寸稳定性都得到了提高。

硬质泡沫塑料可用作绝热制冷材料，如冰箱、冷藏柜、保温材料；还可用于桌子、门框及窗框等。因具有可刨、可锯、可钉等特点，故称聚氨酯合成木材。

3）聚氨酯弹性体

聚氨酯弹性体具有优异的弹性，其模量介于橡胶与塑料之间，具有耐油、耐磨耗、耐撕裂、耐化学腐蚀、耐射线辐射等优点，同时还具有黏结性好、吸振能力强等优异性能，近年来有很大的发展。

聚氨酯弹性体主要有混炼型（MPU）、浇注型（CPU）和热塑型（TPU）。

①混炼型聚氨酯弹性体可采用与天然橡胶相同的加工方法制成各种制品。硫化是通过化学键进行交联的硫化成型工艺，硫化剂可以是过氧化物（如 DCP）、硫黄和多异氰酸酯；也可以是过氧化物和多异氰酸酯并用的硫化剂。可加填料降低成本，也可加增强剂提高力学性能，还可加入各种助剂来提高某些性能。

②浇注型聚氨酯弹性体可进行浇注和灌注成型，可灌注各种复杂模型的制品。可加溶剂作聚氨酯涂料，进行涂刷或喷涂施工；加溶剂浸渍织物，再加工制成麂皮；可加溶剂喷涂在布匹上，作为人造毛皮等。这些产品可用作室内、汽车、火车内的铺装材料，体育场地板漆；体育场跑道，建筑用防水材料，以及家具和墙的内外装饰漆等。聚氨酯浇注胶加入适当的催化剂，可室温硫化制成各种制品；可加发泡剂加工成弹性泡沫橡胶。

③热塑型聚氨酯弹性体可通过像塑料一样的加工方法，制成各种弹性制品，可采取压缩模塑、注塑、挤出、压延和吹塑成型的加工方法。配溶剂可制作涂料，还可制造 PU 革，应用在衣料、包装材料和鞋面革等。

在加工时，可加入各种填料和助剂，以降低成本和提高某些物理性能，也可加入各种着色剂，使制品具有各种鲜艳的色泽。

聚氨酯弹性体具有很好的力学性能，其抗撕裂强度要优于一般的橡胶，硬度变化范围比较宽，而且还具有很好的耐磨耗性能，见表 2.18。此外，聚氨酯弹性体还具有很好的减振性能，滞后时间长，阻尼性能好，因而在应力应变时吸收的能量大，减振的效果非常好，故可在汽车保险杠、飞机起落架方面大量应用。

表 2.18 不同高分子材料的磨耗性能

材 料	磨耗量/mg	材 料	磨耗量/mg
聚氨酯	0.5~3.5	低密度聚乙烯	70
聚酯膜	18	天然橡胶	146
聚酰胺 11	24	丁苯橡胶	177
高密度聚乙烯	29	丁基橡胶	205
聚四氟乙烯	42	ABS	275
丁腈橡胶	44	氯丁橡胶	280
聚酰胺 66	49	聚苯乙烯	324

聚氨酯弹性体还具有很好的耐油性、耐非极性及弱极性溶剂的能力，耐紫外线、耐臭氧、耐辐射性能都很好，并且有很好的生理相容性。因此，聚氨酯弹性体除了大量应用在耐磨、耐油、减振等方面，还可应用于人造血管、人造肾脏、人造心脏等方面。

除聚氨酯弹性体和泡沫塑料外，聚氨酯还可作黏合剂、涂料、合成革、纤维、橡胶等。聚氨酯黏合剂可对各种织物、塑料、橡胶、木材、金属玻璃、陶瓷及水泥制品进行黏合；聚氨酯涂料的耐油、耐磨、耐老化性、黏合性好,可应用于飞机、轮船、汽车等交通工具上;聚氨酯合成革具有许多聚氯乙烯合成革不能比拟的优点,是天然皮革的理想替代品;聚氨酯纤维的耐磨性好,可制成色彩鲜艳的各种织物;聚氨酯橡胶的弹性特别好,故大量应用于沙发、座椅等方面。

2.1.4　其他类型热固性树脂

1)呋喃树脂

呋喃树脂是由糠醛或糠醇为原料单体,或与其他单体进行缩聚反应而得的一类聚合物的总称。在呋喃树脂的大分子链中都含有呋喃环。

呋喃树脂的主要原料糠醛来源于农副产品,如棉籽壳、稻壳、甘蔗渣及玉米芯等。我国有着非常丰富的农副产品资源,充分利用这些废弃农副产物来发展呋喃树脂的生产和应用研究在我国是很有发展前途的。

呋喃树脂具有很好的耐热性、化学稳定性、硬度以及防水性。它的阻燃性能也很好。呋喃树脂主要用于化工厂,特别是作罐、槽、管道的衬里和化工反应釜等。利用呋喃树脂的防水性,用它处理过的蜂窝状结构的纸,在潮湿的环境中也保持很好的抗压强度。但是,呋喃树脂由于其脆性大、黏结性差以及固化速度慢所带来的工艺性差等缺点,在很大程度上限制了它的发展与应用。到了20世纪70年代末期,树脂合成技术和催化剂应用技术的突破,基本上克服了呋喃树脂存在的上述缺点,它才得到了较大的发展和应用,并用于玻璃纤维增强复合材料的制造。

2)脲醛树脂

由甲醛和尿素合成的热固性树脂称为脲醛树脂。习惯上人们又常将脲醛树脂及三聚氰胺甲醛树脂等这一类树脂称为氨基树脂。由氨基树脂形成的塑料又称氨基塑料。

脲醛树脂的主要用途作为模塑混合料,还可用于黏合剂、纺织物处理剂等。在已制成的氨基树脂中,脲醛树脂是最重要的品种。与酚醛树脂一样,脲醛树脂的制品也是不溶不熔的交联材料。在应用时,首先制成低相对分子质量的产物或树脂,只是到了加工的最后阶段才进行交联。

与酚醛树脂相比,脲醛树脂价格便宜、色泽较浅、气味小,具有较好的抗电弧性。但其耐热性差、吸水量高。

绝大部分的脲醛模塑混合料用来制作电器配件及瓶盖等。用于瓶盖是由于其成本低、颜色范围广和不传播味道及气味。脲醛模塑料在低频下的电绝缘性好,且成本低,这些是脲醛塑料在用于电器配件方面优于酚醛塑料和其他材料的原因。脲醛树脂还可制成泡沫塑料,这种泡沫塑料的密度为0.008~0.048 g/cm³,而且导热系数也很低,可用于建筑物的隔热材料。脲醛树脂还可用来制作机场跑道用的泡沫塑料。其作用是作为制动垫以使在紧急着陆或起飞发生故障而越过的飞机停机。

3)三聚氰胺甲醛树脂

三聚氰胺甲醛树脂是由三聚氰胺和甲醛缩聚而成的热固性树脂。它是一种常用的氨基塑料,三聚氰胺甲醛树脂大量地用来制造模塑混合料、层压板材、黏合剂及其他材料。虽然三聚氰胺甲醛树脂在许多方面都要优于脲醛树脂,但其价格较为昂贵。

用三聚氰胺甲醛模塑粉制得的模塑料在吸水性、耐热性、在潮湿条件及高温下的电性能等都要优于脲醛树脂,三聚氰胺甲醛模塑粉的模压温度一般为145~165 ℃,模塑压力为30~

60 MPa。

三聚氰胺甲醛树脂还可制造装饰层压板。由于其具有耐热、耐刮刻、耐溶剂等优点,因此得到广泛的应用。利用其颜色范围宽等特点,可应用于公用建筑及公交车辆的壁面上。三聚氰胺甲醛层压板的成型压力为 1.7 ~ 7 MPa,成型温度范围为 125 ~ 150 ℃,固化时间为 10 ~ 15 min。用玻璃纤维增强的三聚氰胺甲醛层压板的耐热温度可达 200 ℃,而且具有良好的电绝缘性,故它是很有价值的层压材料。

4）聚酰亚胺树脂

聚酰亚胺是分子链中含有酰亚胺基团的芳杂环聚合物。其分子式通式为

$$
\left[\begin{array}{c} \underset{\substack{\|\\O}}{\overset{\substack{O\\\|}}{\underset{\|}{\overset{\|}{C}}}} \quad \overset{C}{\underset{C}{}} \\ N \overset{}{\diagdown} Ar \overset{}{\diagup} N-Ar' \end{array}\right]
$$

式中,Ar 及 Ar′ 代表不同的芳基。

聚酰亚胺对热和氧化十分稳定,并具有突出的耐辐射性和良好的电绝缘性,它可分为热固性聚酰亚胺和热塑性聚酰亚胺两种。

在聚酰亚胺分子中,不仅含有由氮原子组成的五元杂环,而且还含有刚性很强芳环以及其他极性基团,如胺基、醚基等,故它是一种半梯形的环链结构聚合物。这种聚合物大分子刚性强,分子间作用力大,具有较高的玻璃化转变温度和熔点,大分子主链不易断裂或分解,显示出许多优异的性能,除耐热性、抗氧化性、耐辐射性、介电性能优良之外,它还具有优异的机械性、耐磨性及阻燃性能等。

对于热固性聚酰亚胺来说,它不溶不熔,成型比较困难,通常只采用冷压烧结生产模压制品或用流延法生产薄膜。

对热塑性聚酰亚胺,则可采用一般热塑性树脂的加工方法来成型制品。它的玻璃化转变温度约为 275 ℃,分解温度为 570 ~ 580 ℃,加工温度为 330 ~ 360 ℃。热塑性聚酰亚胺的力学强度及耐热性都稍低于热固性聚酰亚胺。

聚酰亚胺是近年来发展较快的一类耐高温树脂。其优异的耐热性表现为:零强度温度(0.14 MPa 载荷下 5 s 破断的温度)为 800 ℃,比铝高 270 ℃。它在 250 ℃的情况下可长期使用,无氧时可在 300 ℃下使用。它还是一种很强韧的材料,断裂伸长率可为原长的 10 倍。再加之它优良的力学及电性能、耐辐射、抗腐蚀性等,故适合制造航空、航天工程中使用的复合材料。

5）有机硅树脂

有机硅树脂的主链含有硅氧键,侧基为有机基团的高分子聚合物,它可按相对分子质量的大小分为:低相对分子质量的有机硅聚合物,这是一种液体状的硅油;高相对分子质量的弹性体硅橡胶,以及中等相对分子质量的热固性的硅树脂等。由于相对分子质量、取代基、交联度、配比等不同,可形成性能和用途千差万别的有机硅,属典型的量少品种多的聚合物,相关产品有数千种之多。用这类有机硅聚合物可制成各种塑料、橡胶、涂料、黏合剂润滑油及复合材料等,在国民经济和现代技术领域中获得了广泛的应用。

有机硅具有独特的耐热和耐低温性能,良好的电性能和耐候性、化学稳定性、疏水防潮性、耐氧化性、透气性及弹性等,但附着力差,价格昂贵。有机硅密封性复合材料用的增强材料有炭黑、SiO_2、石棉、钛白粉和 Al_2O_3 等,另外可加入硫化剂、促进剂、偶联剂和溶剂等助剂。

有机硅密封性复合材料可用作密封性、密封胶、密封剂和封装材料等。以作密封剂为例,可作建筑工业非工作或工作接缝的嵌封及其他方面的填缝用腻子。有机硅复合材料也能用于耐油、耐高温和绝缘等场合的密封垫、密封圈、皮碗和轴封等。有机硅复合材料更多的是用作汽车和建筑等行业补漏密封。另外,有机硅复合材料还可作电子电气设备的封装材料,有模塑料和胶黏剂两种形式,根据电子电气设备不同的使用要求,可设计不同结构的复合材料,如改变主链结构及与硅原子相连的有机基团,选择不同的反应、不同的增强材料、二次加工技术及共聚技术等。有机硅模塑料由有机硅树脂、无机填料、固化剂、颜料及脱膜剂等组成。它具有耐高低温、防水、防潮、电气性能好、抗开裂、易加工等优点,可作半导体器件和集成电路封装材料;由硅橡胶和助剂组成的复合材料则主要用作有导电、散热和耐热要求的电子电气设备的封装材料。

2.2 热塑性树脂基体

热塑性树脂是以天然树脂和合成树脂为基础的一种线型高分子有机化合物。其中的合成树脂是以煤、电石、石油、天然气等为原料,通过化学方法合成得到的。它的来源丰富,价格低廉,有广阔的发展前景。

热塑性树脂的特点就是加热软化甚至熔融,冷却后硬化,这个过程是可反复进行的。因此,热塑性树脂的加工成型是非常方便的。常用的热塑性树脂有聚乙烯、聚丙烯、聚氯乙烯、聚苯乙烯、聚酰胺、聚碳酸酯、聚甲醛、聚苯醚、聚砜、聚四氟乙烯等。虽然热塑性树脂复合材料的起步较晚,但由于热塑性树脂复合材料与热塑性树脂相比,通常静态强度(如抗拉强度、抗弯强度、耐蠕变性和刚性)可提高 2～3 倍,动态强度(如疲劳强度、抗冲击强度)能提高 2～4 倍,成型收缩率可降低 1/4～1/2,吸水率下降10% 左右。此外,热变形温度也可有大幅度提高。因此,热塑性树脂复合材料近些年来发展得非常迅速。

2.2.1 聚烯烃树脂

1)聚乙烯

聚乙烯是热塑性树脂中产量最高的一种。其制造方法有高压法、中压法、低压法和辐射聚合法等。目前,工业上多用密度大小来区别其种类。

聚乙烯的分子组成式为

$$\text{-}\!\!\left[CH_2\text{—}CH_2\right]\!\!\text{-}_n$$

高压法聚乙烯的聚合条件是:原料乙烯单体在温度为 160～3 009 ℃、压力为 100～200 MPa下,以氧或有机过氧化物为引发剂,乙烯生成游离基,然后引发聚合成聚乙烯。这个反应是按游离基型聚合机理进行的。聚合时分子中的游离基有可能在分子内和分子之间引起传递而造成支化结构,这是高压法生产聚乙烯的工艺特点。与中低压法生产聚乙烯相比较,它所生产的聚乙烯大分子具有较多的支链,而且分子结构缺乏规整性。高压法生产的聚乙烯密度较低,一般为 0.91~0.925,故称低密度聚乙烯。其结晶度也比较低,为 60%~80%,软化点为 105~120 ℃。机械强度比中、低压法的聚乙烯低,但透气性、透湿性较大,耐溶剂性较差。

高压聚乙烯具有优良的电性能,比中低压聚乙烯具有更好的柔软性、伸长率、抗冲击性和透明性,适于用作薄膜、电线电缆包皮和涂层等。

中压法生产聚乙烯的条件是在 5~8 MPa 或更高的压力下,用金属氧化物作催化剂,使乙烯在烷烃或芳烃等溶剂中聚合成线型聚乙烯。工业上常用两种方法:一种是用分散于载体 SiO_2-Al_2O_3 上的氧化铬为催化剂,在 5 MPa 的压力和 125~150 ℃ 温度条件下使乙烯聚合;另一种是以分散于 Al_2O_3 载体上的氧化钼为催化剂,在 5~35 MPa 的压力及 250 ℃ 温度下使乙烯在溶剂中聚合。两种方法相比,前一种采用较多。中压法聚乙烯的密度为 0.95~0.98 g/cm³,是聚乙烯中密度最大的一种,分子中支链较少,结晶度也较高,为 90% 以上,软化点在 130 ℃ 左右,因此力学性能和耐温性能是各种聚乙烯中最高的,具有优良的电性能和化学稳定性。但是,透气和透湿性能较差。

中压法聚乙烯主要用于绝缘材料、汽车零件、生活用品、板材、瓶子及电线电缆包皮等。

低压法生产聚乙烯是在 60 ℃ 以下的温度下,于常压或略加压的情况下,用三乙基铝和四氯化钛作为催化剂使乙烯在烷烃溶剂中聚合制得相对分子质量及密度都较高的聚乙烯。低压法聚乙烯的密度为 0.94~0.96 g/cm³,分子中支链较少,结晶度为 85%~90%,软化点在 120~130 ℃,其力学强度、硬度等要优于高压聚乙烯,最高使用温度可达 100 ℃。其用途与中压聚乙烯相同。

辐射聚合法生产的聚乙烯,其产品纯度高,质量好,但在工业上尚未普遍推广应用。由于辐射聚合法制得的聚乙烯的密度在 0.96 g/cm³ 以上,结晶度高于 80%,在各种聚乙烯中其支链最少,且相对分子质量分布很窄,因而加工性能好、力学强度高、耐蠕变性和耐应力开裂性都很好。

2)聚丙烯

聚丙烯是最重要的聚烯烃品种之一,是由丙烯聚合而成的高分子化合物。

工业上原料丙烯主要有两个来源:一是在提炼高辛烷汽油时或热分解时精馏操作的副产物;二是从石油或低碳氢化合物热裂解制取烯烃时的一种产物。聚丙烯通常为一种白色半透明颗粒状固体。聚丙烯的分子结构,根据其侧链甲基(—CH₃)的空间排列有 3 种不同的形式,即无规、等规和间规。如果将聚合物分子主碳链拉伸在同一平面上,则 3 种不同聚丙烯的空间立体构型如图 2.2 所示。

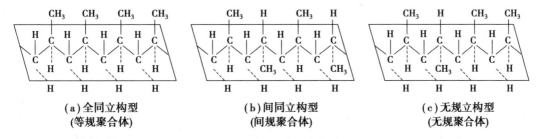

图 2.2　聚丙烯不同构型示意图

无规聚丙烯熔点很低,主链上的甲基是任意而无秩序地立体配置的,这种构型结晶困难,因此这种无规聚丙烯是无定形的黏稠物,常作改性组分来使用。等规聚丙烯的等规指数在

90%～95%,等规指数是用不溶于正庚烷部分的百分数(%)来表示的。聚丙烯的性质与立体规整性结构有很大的关系。因此,了解等规体的比例是很重要的。目前,工业上生产的聚丙烯其等规指数约为95%。

聚丙烯的结晶度为70%以上,密度为 0.9 g/cm³,热变形温度超过 100 ℃,其强度及刚度均优于聚乙烯,具有突出的耐弯曲疲劳性能、耐化学药品性和力学性能都比较好,吸水率也很低。其缺点是易老化、低温脆性大、成型收缩率大、耐蠕变性差及黏结性能不好等。

聚丙烯总产量的 1/3 用于合成纤维。纺制单丝和复丝,2/3 用作塑料。聚丙烯的加工适应性强,故其制品应用广泛,如法兰、接头、泵叶轮、阀门配件、电视机壳体,还可作为耐热、耐化学药品的化工容器等。近年来,用玻璃纤维增强的聚丙烯得到了很大的发展,它的各方面性能都要优于未增强的聚丙烯。因此,受到人们广泛的关注。

2.2.2 聚氯乙烯

聚氯乙烯是氯乙烯单体在过氧化物、偶氮化合物等引发剂的作用下,或在光、热作用下按自由基聚合反应的机理聚合而成的聚合物,简称 PVC。聚氯乙烯是最早工业化的塑料品种之一,目前产量仅次于聚乙烯之后,位居第二位。聚氯乙烯在工农业和日常生活中获得了广泛的应用。

聚氯乙烯为非结晶性聚合物,分子结构式为 $\left[CH_2-CH \right]_n^{\ Cl}$。其原料来源丰富、价廉、成型性能优良。聚氯乙烯难燃,离火即自行熄灭,燃烧时火焰呈黄色,下端呈绿色、白烟,有强烈的刺激性气味。

聚氯乙烯是一种多组分塑料,通常不能单独使用,根据不同用途可以加入不同的添加剂,因此随着组成的不同,聚氯乙烯制品可呈现不同物理力学性能,如加不加增塑剂,或加多少就使它有软硬之分。

聚氯乙烯的外观是一种白色粉末。它的化学稳定性良好,能耐一般的酸碱腐蚀;由于结构中含有氯原子,因此聚氯乙烯的阻燃性优于聚乙烯、聚丙烯等塑料;聚氯乙烯的结晶度较小,只有5%左右,制品的透明性比较好;聚氯乙烯属于极性聚合物,氯原子的电负性强,它的电绝缘性一般;力学性能根据软、硬制品相差比较大。

聚氯乙烯的缺点:热稳定性差,受热容易分解,分解放出氯化氢会促进聚氯乙烯的分解。因此,在加工时必须加入稳定剂,并严格控制温度。

聚氯乙烯软制品由于含有增塑剂,在使用时,增塑剂的迁移会使制品在低温时变硬。

聚氯乙烯的应用面极为广泛,从建筑材料到汽车制造业、儿童玩具,从工农业制品到日常生活用品,涉及各行各业,各个方面。例如,可用于电气绝缘材料,如电线的绝缘层,目前几乎完全代替了橡胶,可作电气用耐热电线、电线电缆的衬套等;用于汽车方面,可作为方向盘、顶盖板、缓冲垫等;用于建筑方面,可用作各种型材,如管、棒、异型材、门窗框架、室内装饰材料、下水管道等;用作化工设备,可加工成各种耐化学药品的管道、容器和防腐材料。软质聚氯乙烯还可制成具有韧性、耐挠曲的各种管子、薄膜、薄片等制品,可用于制作包装材料、雨具、农用薄膜等。聚氯乙烯糊可涂附在棉布、纸张上,经加热在 140～145 ℃很快发生凝胶,成型为薄膜,再经滚筒压紧,即成人造革,可制成各种制品。聚氯乙烯泡沫塑料还常用作衬垫、拖鞋以及隔热、隔声材料。

2.2.3 聚苯乙烯

聚苯乙烯是由苯乙烯单体通过自由基聚合而成的。其结构式为

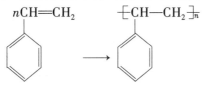

聚苯乙烯是非结晶聚合物,透明度为 88% ~ 92%,折射率为 1.59 ~ 1.60,由于折射率高,因此具有很好的光泽。热变形温度为 60 ~ 80 ℃,至 300 ℃ 以上解聚,易燃烧。聚苯乙烯的导热系数不随温度而改变,因此是良好的绝热材料。聚苯乙烯具有优异的电绝缘性,体积电阻和表面电阻高,是良好的高频绝缘材料。聚苯乙烯能耐某些矿物油、有机酸、盐、碱及其水溶液,但可溶于苯、甲苯及苯乙烯中。

由于聚苯乙烯具有透明、价廉、刚性大、电绝缘性好、印刷性能好等优点,因此广泛用于工业装饰、照明指示、电绝缘材料以及光学仪器零件、透明模型、玩具、日用品等。它的另一类重要用途是制备泡沫塑料。聚苯乙烯泡沫塑料是重要的绝热和包装材料。

为克服聚苯乙烯脆性大、耐热低的缺点,发展了一系列改性聚苯乙烯,其中主要的有 ABS,MBS,AAS 等。

ABS 是丙烯腈、丁二烯、苯乙烯 3 种单体组成的三元嵌段共聚热塑性树脂,属复相结构的无定形高分子材料。其一般特性是具有坚韧、质硬、刚性大等优异的力学性能,使用温度范围为 -40 ~ 100 ℃,具有良好的电绝缘性。其缺点是耐候性差。它应用范围很广,可用于制造齿轮、泵叶轮、轴承、把手、管道、电机外壳、仪表壳、冰箱衬里、汽车零部件、纺织器材等。

MBS 是甲基丙烯酸酯、丁二烯和苯乙烯组成的热塑性树脂,其性能与 ABS 相仿,但透明性好,故有透明 ABS 之称。

AAS 是丙烯腈、丙烯酸酯和苯乙烯 3 种单体组成的热塑性树脂。它是将聚丙烯酸酯橡胶的微粒分散于丙烯腈苯乙烯共聚物中的接枝共聚物,橡胶含量约 30%。AAS 的性能、成型加工方法及应用与 ABS 相近,但耐候性要比 ABS 高 8 ~ 10 倍。

2.2.4 聚酰胺

聚酰胺又称尼龙,是指主链上含有酰胺基团(—NHCO—)的高分子化合物。聚酰胺可以由二元胺和二元酸通过缩聚反应制得,也可由 ω-氨基酸或内酰胺自聚而得。分子主要由一个酰胺基和若干个亚甲基或其他环烷基、芳香基构成。聚酰胺的命名是由二元胺和二元酸的碳原子数来决定的。例如,己二胺(6 个碳原子)和己二酸(6 个碳原子)反应得到的缩聚物称为聚酰胺 66(或尼龙 66)。其中,第一个 6 表示二元胺的碳原子数,第二个 6 表示二元酸的碳原子数;由 ω-胺基己酸或己内酰胺聚合而得的产物,则称为聚酰胺 6。

聚酰胺分子链段中重复出现的酰胺基是一个带极性的基团,这个基团上的氢,能与另一个分子的酰胺基团链段上的羰基上的氧结合形成相当强大的氢键,即

$$\begin{array}{c} \text{O} \\ \| \\ -CH_2-C-N-CH_2- \\ | \\ H \\ \vdots \\ HO \\ | \ \| \\ -CH_2-N-C-CH_2- \end{array}$$

氢键的形成使得聚酰胺的结构易发生结晶化,而且由于分子间的作用力较大,因而使聚酰胺有较高的力学强度和高的熔点。同时,在聚酰胺分子中由于次甲基的存在使分子链比较柔顺,因而具有较高的韧性。聚酰胺由于结构不同,其性能也有所差异。但是,耐磨性和耐化学药品性是共同的特点。聚酰胺具有良好的力学性能、耐油性、热稳定性。它的主要缺点是亲水性强,吸水后尺寸稳定性差。这主要原因就是酰胺基团具有吸水性,其吸水性的大小取决于酰胺基之间次甲基链节的长短,即取决于分子链中 $CH_2/CONH$ 的比值,如聚酰胺6 ($CH_2/CONH=5/1$)的吸水性比聚酰胺1010 ($CH_2/CONH=9/1$)的吸水性要大。表 2.19 为几种主要聚酰胺的性能。

表 2.19　几种主要聚酰胺的性能

性　能	尼龙 6	尼龙 66	尼龙 610	尼龙 1010	尼龙 11	尼龙 12	浇铸尼龙
密度/($g \cdot cm^{-3}$)	1.13~1.45	1.14~1.15	1.8	1.04~1.06	1.04	1.09	1.14
吸水率/%	1.9	1.5	0.4~0.5	0.39	0.4~1.0	0.6~1.5	—
拉伸强度/MPa	74~78	83	60	52~55	47~58	45~50	77.5~97
伸长率/%	150	60	85	100~250	60~230	230~240	—
弯曲强度/MPa	100	100~110	—	89	76	86~92	160
冲击强度(缺口)/($kJ \cdot m^{-2}$)	3.1	3.9	3.5~5.5	4~5	3.5~4.8	10~11.5	—
压缩强度/MPa	90	120	90	79	80~100	—	100
硬度(洛氏)	114	118	111	—	108	106	—
熔点/℃	215	250~265	210~220	—	—	—	220
热变形温度/(1.86 MPa)/℃	55~88	66~68	51~56	—	55	51~55	—
脆化温度/℃	−70~−30	−30~−25	−20	−60	−60	−70	—
线膨胀系数/($10^{-15} \cdot ℃^{-1}$)	7.9~8.7	9.0~10	9~12	10.5	11.4~12.4	10.0	7.1
燃烧性	自熄	自熄	自熄	自熄	自熄	自熄至缓慢燃烧	自熄
介电常数/60 Hz	4.1	4.0	3.9	2.5~3.6	3.7	—	4.4
击穿强度/($kV \cdot mm^{-1}$)	22	15~19	28.5	>20	29.5	16~19	19.1
介电损耗/60 Hz	0.01	0.014	0.04	0.020~0.026	0.06	0.04	—

尼龙是结晶性聚合物,酰胺基团之间存在牢固的氢键,因而具有良好的力学性能。与金属材料相比,虽然刚性逊于金属,但比抗拉强度高于金属,比抗压强度与金属相近,因此可作代替金属的材料。抗弯强度约为抗张强度的 1.5 倍。尼龙有吸湿性,随着吸湿量的增加,尼龙的屈服强度下降,屈服伸长率增大。尼龙的抗冲强度比一般塑料高得多,其中以尼龙 6 最好。与抗拉、抗压强度的情况相反,随着水分含量的增大、温度的提高,其抗冲强度提高。尼龙具有优良的耐摩擦性和耐磨耗性,其摩擦因数为 0.1~0.3,约为酚醛树脂的 1/4。尼龙的使用温度一般为 -40~100 ℃,具有良好的阻燃性,在湿度较高的条件下也具有较好的电绝缘性,耐油耐溶剂性良好。

由于尼龙具有优异的力学性能、耐磨性,在 100 ℃左右的使用温度时,有较好的耐腐蚀性,因此广泛地应用于制造各种机械、电气部件,如轴承、齿轮、辊轴、滚子、滑轮、涡轮、风扇叶片、高压密封扣卷、垫片、储油容器、绳索、砂轮黏合剂、接头等。

近年来,聚酰胺的改性和新型品种不断涌现。其中的新品种主要有透明尼龙、高强、耐高温间位、对位芳酰胺聚合物等芳香族尼龙、高冲击尼龙等。改性品种中最重要的是碳纤维或玻璃纤维增强尼龙。例如,用 30%~40% 的玻璃纤维增强尼龙后,其力学强度、尺寸稳定性、冲击强度及热变形温度都有了大幅度的提高。由于增强效果显著,因此受到各方面的重视。此外,单体浇铸(MC)尼龙、反应注射成型(RIM)尼龙、增强反应注射成型(RRIM)尼龙最近也得到迅速发展。

2.2.5　聚甲醛

聚甲醛是一种无侧链、高密度、高结晶度的线型聚合物。它具有优异的综合性能。聚甲醛根据其分子链化学结构的不同,可分为均聚甲醛和共聚甲醛两种。

生产聚甲醛的单体,工业上一般采用三聚甲醛为原料,因三聚甲醛比甲醛稳定,故容易纯化,聚合反应容易控制。均聚甲醛是以三聚甲醛为原料,以三氟化硼-乙醚络合物为催化剂,在石油醚中聚合,再经端基封闭而得到的。其分子结构式为

$$CH_3-\underset{\underset{O}{\|}}{C}-O\left[CH_2O\right]_n\underset{\underset{O}{\|}}{C}-CH_3$$

式中,n 为 1 000~1 500。

共聚甲醛是以三聚甲醛为原料,与二氧五环作用,以三氟化硼-乙醚为催化剂的情况下共聚,再经后处理除去大分子链两端不稳定部分而成的。其分子结构式为

$$\left[\left(CH_2-O\right)_x\left(CH_2-O-CH_2-O-CH_2\right)_y\right]_n$$

式中,$x:y=95:5$ 或 97:3。

从上述两种化学结构式中可以看到,均聚物的大分子是由 —C—O— 键连续构成的,而共聚物则在聚合物分子主链上分布有 —C—C— 键,而 —C—C— 键较 —C—O— 键稳定,在聚合物降解反应中 —C—C— 键是终止点。

均聚甲醛是一种高结晶度(75% 以上)的热塑性聚合物,熔点约为 175 ℃,并具有较高的力学强度、硬度和刚度,抗冲击性和抗蠕变性好,抗疲劳性也很好,耐磨性与聚酰胺很接近,并且耐油及过氧化物,但不耐酸和强碱,耐气候性差,对紫外线敏感。对于共聚甲醛来说,由于在其分子主链上引入了少量的 —C—C— 键,可防止因半缩醛分解而产生的甲醛脱出,因此共聚甲醛的热稳定性较好,但大分子规整度变差,结晶性减弱。

均聚甲醛与共聚甲醛性能上的差异见表2.20。

表 2.20　均聚甲醛与共聚甲醛性能比较

性　能	均聚甲醛	共聚甲醛	性　能	均聚甲醛	共聚甲醛
密度/(g·cm⁻³)	1.43	1.41	热稳定性	热稳定性	较好,不易分解
结晶度/%	75~85	70~75	成型加工温度范围	较窄,约10 ℃	较宽,约50 ℃
熔点/℃	175	165	化学稳定性	对酸碱稳定性略差	对酸碱稳定性较好
力学强度	较高	较低			

聚甲醛可采用一般热塑性树脂的成型方法,如挤出、注射、压制等。由于聚甲醛具有良好的物理、力学性能和化学稳定性,因此可用来代替各种有色金属和合金。若用20%~25%玻璃纤维增强的聚甲醛,其强度和模量可分别提高2~3倍,在1.86 MPa载荷下热变形温度可提高到160 ℃;如用碳纤维增强改性的聚甲醛还具有良好的导电性和自润滑性。聚甲醛特别适合作为轴承使用,因它具有良好的摩擦磨损性能,尤其是具有优越的干摩擦性能,故广泛地应用于某些不允许有润滑油情况下使用的轴承、齿轮。

2.2.6　聚碳酸酯

聚碳酸酯是指分子主链中含有 $\left(\!O-R-O-\overset{\overset{\displaystyle O}{\|}}{C}\!\right)$ 链节的线型高分子化合物。根据 R 基种类不同,可以是脂肪族、脂环族、芳香族的聚碳酸酯。目前,最常用的是双酚 A 型聚碳酸酯。其分子结构式为

式中,n 在 100~500 内。聚碳酸酯可看成较为柔软的碳酸酯链与刚性的苯环相连接的一种结构,从而使它具有了许多优良的性能,是一种综合性能优良的热塑性工程塑料。聚碳酸酯具有较高的冲击强度、透明性、刚性、耐火焰性、优良的电绝缘性以及耐热性。它的尺寸稳定性高,可替代金属和其他材料。其缺点为容易产生应力开裂,耐溶剂性差、不耐碱、高温易水解,与其他树脂相容性差,摩擦因数大,无自润滑性。

用碳纤维、玻璃纤维、芳纶纤维等增强改性的聚碳酸酯,可改善其耐热性、应力开裂性,提高抗张及抗压强度。例如,聚碳酸酯的热变形温度为135~143 ℃,若用玻璃纤维增强之后可提高到150~160 ℃,特别是它的线胀系数在加了玻璃纤维后更可降低2/3。但在加了纤维等增强材料之后其冲击强度则会有所下降。

2.2.7　聚四氟乙烯

氟树脂是含氟树脂的总称,氟树脂的分子链结构中由于含有 C—F 键,碳链外又有氟原子形成的空间屏蔽效应,因此氟树脂具有优良的耐高低温性、电绝缘性、化学稳定性、耐老化性、自润滑性。由于氟树脂具有上述各方面的特性,因此已成为现代尖端科学技术、军工生产和

各种工业部门不可缺少的材料之一,它的产量和品种都在不断地增长。从品种上来说,氟树脂主要有聚四氟乙烯、聚三氟氯乙烯、聚偏氟乙烯和聚氟乙烯等。其中,最重要的品种是聚四氟乙烯。

聚四氟乙烯的产量占氟树脂总产量的 85% 以上,用途非常广泛,有"塑料王"之称。其分子结构式为

$$+CF_2—CF_2+_n$$

聚四氟乙烯是一种结晶型的高分子化合物,其结晶度在 55% ~ 75%,而且具有很高的耐热性和耐寒性,长期使用温度范围在 -195 ~ 250 ℃,由于聚四氟乙烯的大分子是对称的无极性结构,因此高结晶度和不吸湿性决定了它具有优异的电性能,可作为潮湿条件下的绝缘材料。聚四氟乙烯是目前所有固体绝缘材料中介电常数最小的,介电损耗也是最小的,而且其介电性能基本上不受压力、温度、湿度、频率变化的影响。

聚四氟乙烯的另一个特点是具有极优越的化学稳定性。即使在高温下,浓酸、浓碱和强氧化剂对它也不起作用,它的化学稳定性甚至超过贵重金属(如金、铂等)、玻璃、搪瓷等。同时,聚四氟乙烯具有很低的摩擦因数,是塑料中摩擦因数最低的一种,它的动静摩擦因数比较接近,因此是一种良好的减摩、自润滑轴承材料。此外,它还具有不黏性、着色性、自熄性以及良好的耐气候性能等。表 2.21 列出了目前国产的各种聚四氟乙烯的牌号及用途。

表 2.21   各种牌号聚四氟乙烯树脂的用途

牌　号	聚合方法	用　途	牌　号	聚合方法	用　途
SFX-1-M	悬浮聚合	成型薄膜,特殊薄板制品	SFF-1-G	分散聚合	成型薄板及电缆等制品
SFX-1-B	悬浮聚合	成型板棒管材大型制件	SFF-1-D	分散聚合	成型棒及非绝缘性密封袋
SFX-1-D	悬浮聚合	成型垫圈及一般制件			

聚四氟乙烯根据其聚合方法的不同,可分为悬浮聚合和分散聚合两种树脂。前者适用于一般模压成型和挤压成型,后者可供推压加工零件及小直径棒材。若制成分散乳液时,则可作为金属表面涂层、浸渍多孔性制品及纤维织物、拉丝和流延膜用。

聚四氟乙烯的主要缺点是在常温下的力学强度、刚性和硬度都比其他塑料差些,在外力的作用下易发生"冷流"现象。此外,它的导热系数低、热膨胀大且耐磨耗性能差。为改善这些缺点,近 30 多年来,人们在聚四氟乙烯中添加了各种类型的填充剂进行了改性研究,并逐渐形成了填充聚四氟乙烯产品系列。填充聚四氟乙烯改善了纯聚四氟乙烯的多种性能,大大扩充了聚四氟乙烯的应用,尤其是机械领域,其用量已占聚四氯乙烯的 1/3。这类填充剂有石墨、二硫化钼、铅粉、玻璃纤维、玻璃微珠、陶瓷纤维、云母粉、碳纤维、二氧化硅等。例如,用玻璃纤维填充的聚四氟乙烯具有优良的耐磨性、电绝缘性和力学性能,而且容易与聚四氟乙烯混合,特别是近年来由于液晶高分子(LCP)的出现,为聚四氟乙烯提供了理想的耐摩擦、自润滑、耐开裂的改性材料。采用高性能的 LCP 与聚四氟乙烯制备的复合材料,其耐磨性与纯聚四氟乙烯相比提高了 100 多倍,而摩擦因数与聚四氟乙烯相当。因此,它已成为高新技术和军工领域的重要材料。

2.2.8　聚砜

聚砜是 20 世纪 60 年代中期生产的,以后相继出现了聚芳砜和聚醚砜。聚砜是指分子主

链中含有—SO_2—链节的树脂。

聚砜的合成是由双酚 A、氢氧化钠和 4,4′-二氯二苯砜在二甲基亚砜溶剂中缩聚而成的。其化学反应式为

聚芳砜是以 4,4′-二苯醚磺酰氯和联苯为原料,在 $FeCl_3$ 存在的情况下在基苯溶剂中进行溶液共缩聚而制成的。其基本反应式为

聚醚砜是由 4-二苯基醚磺酰氯在 $FeCl_3$ 存在下于硝基苯溶液中聚合而得到的。其化学反应式为

聚砜是透明而微带橙黄色的非结晶性高分子化合物,密度为 $1.24~g/cm^3$,吸水性为 0.22%,成型收缩率为 0.7%,尺寸稳定性较好,在湿热的条件下,其尺寸变化微小,见表 2.22。

表 2.22　聚砜在湿热条件下尺寸的变化

条　件	质量变化	尺寸变化/$(mm \cdot mm^{-1})$
22 ℃,50% 相对湿度,28d	+0.23	<0.001
22 ℃,水中,28d	+0.62	<0.001
100 ℃,水中,3d	+0.85	+0.001
150 ℃空气中和60 ℃水中各4 h 为7 d 期,经7 d 期后再在 150 ℃经 24 h	-0.03	-0.001
150 ℃,空气中,28d	-0.10	-0.001

聚砜具有优异的力学性能,由于大分子链的刚性,使它在高温下的抗张性能好,抗蠕变性能突出,如在 100 ℃,20 MPa 的载荷下,经 1 年之后的蠕变量仅为 1.5% ~2%。因此它可作为较高温度下的结构材料。聚砜最高使用温度可达 165 ℃,长期使用温度在 -100 ~150 ℃,即使在 -100 ℃时仍能保持 75% 的力学强度。聚砜还具有优良的电性能,表现在高频下电性能指标没有明显变化,即使在水、湿气或 190 ℃的高温下,仍可保持高的介电性能,这是其他工程塑料无法相比的。聚砜除了强溶剂、浓硫酸、硝酸外,对其他化学试剂都稳定,在无机酸、碱的水溶液、醇、脂肪烃中不受影响,但溶于氯化烃和芳烃并在酮和酯类中发生溶胀,且有部分溶解。聚砜的主要缺点是它的疲劳强度比较低,因此在受振动负荷的情况下,不能选用聚砜作为结构材料。

聚芳砜比聚砜有更好的耐高温性能,并且有突出的抗热氧化稳定性。使用温度可达 260 ℃。聚芳砜的力学性能非常好,抗冲击强度也很高,比聚酰亚胺高 3.5 倍。在室温至 240 ℃之间,其压缩弹性模量几乎不变,即使温度高达 260 ℃时,仍可保持 73%,其弯曲模量也能保持 63%。聚芳砜能够耐酸碱,但由于砜基和醚键的存在,也使它溶于二甲基甲酰胺、丁内酯、N-甲基吡咯烷酮等极性溶剂。聚芳砜由于成型温度在 300 ℃以上,因此加工条件比较苛刻。另外,由于聚芳砜具有吸湿性,故加工前必须经过干燥处理。聚芳砜在电机及电器工业中用途很广。例如,在它当中加入聚四氟乙烯、石墨等填充剂后,就可作耐高负荷的轴承材料,其薄膜还可替代聚酰亚胺作耐高温薄膜。

2.3　橡胶基体

常用的橡胶基体有天然橡胶、丁苯胶、氯丁胶、丁基胶、丁腈胶、乙丙橡胶、聚丁二烯橡胶及氟橡胶等。

橡胶基复合材料所用的增强材料主要是长纤维。常用的有天然纤维、人造纤维、合成纤维、玻璃纤维及金属纤维等。近年来,已有晶须增强的轮胎用于航空工业。

橡胶基复合材料与树脂基复合材料不同,它除了要具有轻质高强的性能外,还必须具有柔性和较大的弹性。纤维增强橡胶的主要制品有轮胎、皮带、增强胶管、各种橡胶布等。纤维增强橡胶在力学性能上介于橡胶和塑料之间,近似于皮革。

2.3.1　天然橡胶

天然橡胶的主要成分橡胶烃是顺式-1,4-聚异戊二烯的线型高分子化合物。其分子结构式为

$$\left[CH_2-\underset{\underset{}{|}}{\overset{\overset{CH_3}{|}}{C}}=\underset{\underset{}{|}}{\overset{\overset{H}{|}}{C}}-CH_2\right]$$

式中,n 值平均为 5 000 ~10 000,相对分子质量分布指数(M_w/M_n)很宽(2.8 ~10),呈双峰分布,相对分子质量在 3 万 ~3000 万。因此,天然橡胶具有良好的物理机械性能和加工性能。天然橡胶具有很好的弹性,在通用橡胶中仅次于顺丁橡胶。这是由于天然橡胶分子主链上与双键相邻的 σ 键容易旋转,分子链柔性好,在常温下呈无定形状态;分子链上的侧甲基体积

小,数目少,位阻效应小;天然橡胶为非极性物质,分子间相互作用力小,对分子链内旋转约束和阻碍小。例如,天然橡胶的回弹率在 0 ～ 100 ℃,可达 85%,弹性模量为 2 ～ 4 MPa,约为钢铁的 1/30 000;伸长率可达 1 000%,为钢铁的 300 倍。随着温度的升高,生胶会慢慢软化,到130 ～ 140 ℃时完全软化,200 ℃开始分解;温度降低则逐渐变硬,0 ℃时弹性大幅度下降。天然橡胶的 T_g = -72 ℃,冷到 -72 ～ -70 ℃时,弹性丧失变为脆性物质。受冷冻的生胶加热到常温,仍可恢复原状。天然橡胶具有较高的力学强度。天然橡胶能在外力作用下拉伸结晶,是一种结晶性橡胶,具有自增强性,纯天然橡胶硫化胶的拉伸强度为 17 ～ 25 MPa,用炭黑增强后可为 25 ～ 35 MPa。天然橡胶的撕裂强度也很高,可达 98 kN/m。天然橡胶具有良好的耐屈挠疲劳性能,滞后损失小,生热低,并具有良好的气密性、防水性、电绝缘性和隔热性。天然橡胶的加工性能好。天然橡胶良好的工艺加工性能,表现为容易进行塑炼、混炼、压延、压出等,但应防止过炼,降低力学性能。天然橡胶的缺点是耐油性、耐臭氧老化和耐热氧老化性差。天然橡胶为非极性橡胶,易溶于汽油、苯等非极性有机溶剂;天然橡胶分子结构中含有大量的双键,化学性质活泼,容易与硫黄、卤素、卤化氢、氧、臭氧等反应,在空气中与氧进行自动催化的连锁反应,使分子断链或过度交联,使橡胶发生黏化或龟裂,即发生老化现象,与臭氧接触几秒钟内即发生裂口。天然橡胶具有最好的综合力学性能和加工工艺性能,故广泛应用于轮胎、胶管、胶带以及桥梁支座等工业橡胶制品,是用途最广的橡胶品种。它可单用制成各种橡胶制品,如胎面、胎侧、输送带等,也可与其他橡胶并用以改进其他橡胶或自身的性能。

2.3.2 丁苯橡胶

丁苯橡胶(SBR)是丁二烯和苯乙烯的共聚物。其分子结构式为

$$\{ CH—CH_2—CH_2—CH=CH—CH_2 \}_n$$

这是一类最早工业化的合成橡胶,是生产量最大的一类。

一般按照聚合工艺方法分为乳液聚合丁苯橡胶(E-SBR)和溶液聚合丁苯橡胶。

乳液聚合丁苯橡胶是丁二烯和苯乙烯两种单体,通过乳液聚合反应制得的共聚橡胶。工业生产方法有高温聚合(又称热法)和低温聚合(冷法)。高温聚合得到的产品分子量低,支化度大,分子量分布宽,质量不如低温法聚合产品,生产量只占 20%;低温法聚合的产品,是一种新法聚合的产物,物性要比高温共聚的橡胶好。溶液聚合丁苯橡胶是丁二烯和苯乙烯两种单体,通过溶液聚合反应制得的共聚橡胶。此外,还可按照充油改性又分为充油、充炭黑、充树脂丁苯胶等。

丁苯橡胶的分子结构不规整,属于不能结晶的非极性橡胶,分子链侧基(如苯基和乙烯基)的存在使大分子链柔性较差,分子内摩擦增大。因此,丁苯橡胶的生胶强度低,必须加入炭黑、白炭黑等增强剂增强,才具有实际使用价值。此外,丁苯橡胶的弹性、耐寒性较差,滞后损失大、生热高,耐屈挠龟裂性、耐撕裂性和黏着性能均较天然橡胶差。

丁苯橡胶的不饱和度(双键含量)比天然橡胶低,由于分子链侧基的弱吸电子效应和位阻效应,双键的反应活性也略低于天然橡胶。因此,丁苯橡胶的耐热性、耐老化性、耐磨性均优

于天然橡胶,但高温撕裂强度较低。在加工过程中,分子链不易断裂,硫化速率较慢,不容易发生焦烧和过硫现象。

丁苯橡胶的加工性能不如天然橡胶,不容易塑炼,对炭黑的润湿性差,混炼生热高,以及压延收缩率大等。丁苯橡胶的力学性能和加工性能的不足,可通过调整配方和工艺条件得到改善或克服。

丁苯橡胶的抗湿滑性能好,对路面的抓着力大,且具有一定的耐磨性,是轮胎胎面胶的好材料。目前,丁苯橡胶主要应用于轮胎工业,也应用于胶管、胶带、胶鞋以及其他橡胶制品。高苯乙烯丁苯(苯乙烯含量为 50% ~ 80%)橡胶适于制造高硬度、质轻的制品,如鞋底、硬质泡沫鞋底、硬质胶管、软质棒球、打字机用滚筒、滑冰轮、铺地材料、工业制品及微孔海绵制品等。

2.3.3　聚丁二烯橡胶

聚丁二烯橡胶是以 1,3-丁二烯为单体聚合而成的一类通用合成橡胶。聚丁二烯橡胶的分类很多。按照聚合方式,可分为溶聚丁二烯橡胶、乳聚丁二烯橡胶和本体聚合丁钠橡胶(已淘汰);按照分子结构,可分为高顺式、低顺式和中乙烯基聚丁二烯;按照催化剂体系,可分为镍系、钴系、钛系及稀土系。我国生产的聚丁二烯橡胶,为溶液法镍系高顺式 1,4-聚丁二烯橡胶,国际通用代号为 BR,简称顺丁橡胶。

顺丁橡胶同天然橡胶及丁苯橡胶相比,主要优点是弹性高,是橡胶中弹性最高的;耐低温性能好,其玻璃化温度-105 ℃,是通用橡胶中最好的;此外耐磨性优异,动负荷下生热低,耐屈挠龟裂性能好,适用于制造汽车轮胎及耐寒橡胶制品。其主要缺点是生胶的冷流倾向大,加工性能差,撕裂强度和拉伸强度较低,抗湿滑性不好,但可通过与其他橡胶并用等方法来弥补。

顺丁橡胶主要制造各种轮胎,在用于轮胎胎面、胎侧胶时可显著改善轮胎的耐磨性、耐屈挠龟裂性能,提高轮胎的使用寿命。顺丁橡胶还可制造胶管、运输管、胶板、胶鞋、胶辊、文体用品及其他橡胶制品,也可作为合成树脂的增韧补强改性剂,如用来生产高抗冲聚苯乙烯(HIPS),以提高其冲击强度、耐候性和耐热性,并改善耐低温性能和耐应力开裂性能。

2.3.4　乙丙橡胶

乙丙橡胶是在齐格勒-纳塔催化体系开发后发展起来的一种通用合成橡胶,增长速率在合成橡胶中最快。乙丙橡胶是以乙烯、丙烯为主要单体,采用过渡金属钒或钛的氯化物与烷基铝构成的催化剂共聚而成,主要生产方法为悬浮法或溶液法。根据是否加入非共轭二烯单体作为第三单体,乙丙橡胶可分为二元乙丙橡胶(EPM)和三元乙丙橡胶(EPDM)两大类。最早开始生产的二元乙丙橡胶,由于其分子链没有可以发生交联反应点的双键,不能用硫黄硫化,与通用二烯烃类橡胶不能很好地共混并用,因此应用受到限制。后来,开发了三元乙丙橡胶,目前使用最广泛的也是三元乙丙橡胶。

二元乙丙橡胶是完全饱和的橡胶,三元乙丙橡胶分子主链是完全饱和的,侧基仅为 1% ~ 2%(摩尔分数)的不饱和第三单体,不饱和度低,故 EPM 和 EPDM 同属非极性饱和橡胶。三元乙丙橡胶既保持了二元乙丙橡胶的各种优良特性,又实现了用硫黄硫化的目的。乙丙橡胶分子结构中丙烯的引入,破坏了乙烯的结晶,分子主链的乙烯与丙烯单体单元呈无规则排列。

常用的乙丙橡胶是一种无定形橡胶。乙丙橡胶的内聚能密度低,无庞大的侧基阻碍分子链运动,因而能在较宽的温度范围内保持分子链的柔性和弹性。

由于乙丙橡胶基本上是一种饱和橡胶,因此其耐老化性能是通用橡胶中最好的一种。其具有突出的耐臭氧性能,优于以耐老化而著称的丁基橡胶;耐热性好,可在 120 ℃下长期使用;具有较高的弹性和低温性能,仅次于天然橡胶和顺丁橡胶,最低使用温度-50 ℃以下;具有非常好的电绝缘性和耐电晕性;耐化学腐蚀性好,对酸、碱和极性溶剂有较大的抗耐性;另外,还具有较好的耐蒸汽性、低密度(860 ~ 870 kg/m³,是所有橡胶中最低的)和高的填充性。乙丙橡胶的缺点是硫化速度慢,不易与不饱和橡胶并用,自黏性和互黏性差,耐燃性、耐油性、气密性差。

乙丙橡胶主要用于汽车零件、电器制品、建筑材料、橡胶工业制品及家庭用品,如汽车轮胎胎侧、内胎、散热器胶管、电缆绝缘材料、防水材料、耐热运输带、橡胶辊、耐酸碱介质的罐衬里材料、冰箱用磁性橡胶等。

2.3.5 丁基橡胶

丁基橡胶(IIR)的分子结构式为

$$\left(\begin{matrix} & CH_3 \\ \!\!\!\!C & \!\!\!\!-CH_2 \\ & CH_3 \end{matrix}\right)_{\!x} \!\!\left(CH_2 - \overset{CH_3}{\underset{}{C}} = CH - CH_2\right)\!\!\left(\begin{matrix} & CH_3 \\ \!\!\!\!C & \!\!\!\!-CH_2 \\ & CH_3 \end{matrix}\right)_{\!y}$$

丁基橡胶的分子主链上含有极少量的异戊二烯,双键含量少,不饱和度极低,大约主链上平均有 100 个碳原子仅含有一个双键。分子主链的周围含有数目多而密集的侧甲基。丁基橡胶在低温下不易结晶,高拉伸状态下出现结晶。在低于-40 ℃下拉伸,结晶较快。因此,丁基橡胶是一种非极性的结晶橡胶。

丁基橡胶最独特的性能是气密性非常好,气透性是 SBR 的 1/8,EPDM 的 1/13,NR 的 1/20,BR 的 1/30,特别适合制作气密性产品,如内胎、球胆、瓶塞等,作充气制品时有长时间保压作用,不必经常打气。

丁基橡胶和乙丙橡胶同属非极性饱和橡胶,具有很好的耐热性、耐天候老化性能、耐臭氧老化性能、化学稳定性和绝缘性。丁基橡胶的水渗透率极低,耐水性能优异,在常温下的吸水速率比其他橡胶低 10 ~ 15 倍,丁基橡胶适合应用于高耐热、电绝缘制品。

丁基橡胶的滞后损失大,吸振波能力强,在-30 ~ 50 ℃的温度范围内具有优异的阻尼性能,在玻璃化温度(-73 ℃)时仍具有屈挠性。在用于缓冲或冲击隔离的防振时,能很快使自由振动衰减,特别适用于对缓冲性能要求高的产品(如发动机座、减振器等)。

丁基橡胶的硫化速率慢,与天然橡胶等高不饱和度的二烯烃类橡胶相比,其硫化速率慢 3 倍左右,需要高温或长时间硫化。但是不能采用过氧化物硫化,因为过氧化物会降解丁基橡胶分子链。丁基橡胶的自黏性和互黏性差,与天然橡胶、其他通用合成橡胶的相容性差,不宜并用,仅能与乙丙橡胶和聚乙烯等并用。丁基橡胶的包辊性差,不易混炼,生热高,加工时容易焦烧。

丁基橡胶主要用于充气轮胎的内胎。此外,丁基橡胶还应用于胶管、防水卷材、防腐蚀制品、电气制品、耐热运输带等。一般电气制品选不饱和度低的丁基橡胶。耐热制品选不饱和度高的丁基橡胶,由于丁基橡胶热老化后交联密度下降,制品变软、发黏,而不饱和度偏高的丁基橡胶硫化胶起始交联密度大,热老化后交联密度也较高,制品的硬度下降幅度较小,因此制品性能仍较好。

2.3.6　氯丁橡胶

氯丁橡胶(CR)是 2-氯-1,3-丁二烯聚合而成的一种高分子弹性体。其分子结构式为

$$\left[CH_2-C=CH-CH_2 \right]_n$$
$$| \atop Cl$$

氯丁橡胶的品种牌号是合成橡胶中最多的一个。按照外观形态,可分为干胶、胶乳和液体胶;按照制造工艺中采用的分子量调节剂,可分为硫黄调节型、非硫黄调节型、混合调节型;按照用途,可分为通用型、专用型。专用型氯丁橡胶是指用作黏合剂及其他特殊用途的氯丁橡胶。

氯丁橡胶的综合性能较好。其优良的物理机械性能、拉伸强度与天然橡胶相似;由于氯丁橡胶分子链含有极性氯原子基团,能保护双链使活性减弱,使聚合物对非极性物质有很大的稳定性,因此氯丁橡胶在耐光、耐热、耐老化、耐油、耐化学腐蚀性优于天然橡胶,尤其是耐燃性更是突出,可以算是通用橡胶中最好的;另外,氯丁橡胶是结晶橡胶,有自补强性、生胶强度高、良好的黏着性、耐水性、气密性。氯丁橡胶的缺点主要是电绝缘性差,耐寒性能差,容易早期硫化及储存期短。

氯丁橡胶主要制作电缆护套、耐油胶管、胶板、运输带、胶皮水坝,各种密封圈垫,以及化工设备防腐衬里、鞋类黏结剂等。

2.3.7　丁腈橡胶

丁腈橡胶(NBR)是由单体丁二烯和丙烯腈,在一定配料比及乳化剂等助剂存在和自由基引发下,经乳液共聚反应而生成的弹性体共聚物。其分子结构式为

$$\left[CH_2-CH=CH-CH_2 \right]_m \left[CH_2-CH \right]_n$$
$$| \atop CN$$

丁腈橡胶的特点是耐油,是一种耐油的橡胶,因有极性氰基存在,故对非极性或弱极性的脂肪烃、动植物油、液体燃料和溶剂等有较高的稳定性,而芳烃溶剂、酮、酯等极性物质则对其有溶胀作用。丙烯腈含量越高的丁腈橡胶,其耐油性越好,同时耐热性和气密性也有所提高。丁腈橡胶的耐热性能优于天然橡胶、丁苯橡胶和氯丁橡胶,可在空气中 120 ℃下长期使用,若隔绝空气则可在 160 ℃下使用。

丁腈橡胶的气密性较好,仅次于丁基橡胶。丁腈橡胶由于含有易被电场极化的氰基,因而降低了介电性能,属于半导体橡胶。

丁腈橡胶主要用于制作耐油、耐溶剂的橡胶制品,广泛用于模制品、压出制品、海绵制品、石棉制品、工业胶辊、设备衬里、纺织胶圈、耐油胶鞋、手套、电线电缆、胶布、胶黏剂、增塑剂及建筑材料等。

2.3.8　氟橡胶

氟橡胶(FPM)是指主链或侧链的碳原子上含有氟原子的一类高分子弹性体,主要分为以

下 4 大类：

①含氟烯烃类氟橡胶。

②亚硝基类氟橡胶。

③全氟醚类氟橡胶。

④氟化磷腈类氟橡胶。

其中，最常用的一类是含氟烯烃类氟橡胶，是偏氟乙烯与全氟丙烯或再加上四氟乙烯的共聚物，主要品种有偏氟乙烯（VDF）-六氟丙烯（HFP）共聚物（26 型氟橡胶）、偏氟乙烯（VDF）-四氟乙烯（TFE）-六氟丙烯（HFP）共聚物（246 型氟橡胶）、偏氟乙烯-四氟乙烯-六氟丙烯-可硫化单体共聚物（改进性能的 C 型氟橡胶）、偏氟乙烯-三氟氯乙烯的共聚物（23 型氟橡胶）及四氟乙烯（TFE）-丙烯（PP）共聚物（四丙氟胶）。

氟橡胶的最突出的特点是耐热、耐油、耐腐蚀。它的耐热性可与硅橡胶媲美，如氟橡胶-23 在石油或润滑油中于 200 ℃下长期使用，在含芳烃 15% 的汽油中于 205 ℃浸泡 500 h，仍然具有良好的机械性能。此外，氟橡胶对日光、臭氧及气候的作用也十分稳定，对各种有机溶剂及腐蚀性介质的抗耐性均优于其他橡胶。因此长期以来其一直是现代航空、导弹、火箭、宇宙航行等尖端科学技术部门不可缺少的材料。在民用领域，主要用来制作胶管、垫片、密封圈、耐腐蚀服装等。氟橡胶的缺点是弹性差、加工性能差。

2.4　金属基体

以金属为基体的复合材料具有优异的耐热、导热、导电以及力学性能，其比模量可与聚合物基复合材料媲美，而且也不存在聚合物基复合材料的老化、变质、耐热性不够高、传热性差、尺寸不够稳定等缺点。因此，可应用于航空航天及国防工业等高新技术领域。

2.4.1　铁系阻尼合金

根据阻尼机理的不同，铁基阻尼合金主要分为铁磁型、Fe-Mg 型、复相型。

Fe-Cr 系、Fe-Al 系以及 Ni-Co 系合金为铁磁型阻尼合金的典型代表，其阻尼性能来源中，除了低频状态下起主导作用的磁机械滞后内耗，还包括微小的宏观涡流内耗以及微观涡流内耗。当外加应力作用在该系列合金上时，合金内的磁畴壁会发生运动，而且是不可逆的，便会产生起主导作用的磁机械滞后内耗，消耗动能，以达到减振降噪的目的。其应力-应变滞后曲线如图 2.3 所示，阴影部分的面积代表着耗散能量的大小。

铁磁型阻尼合金拥有高耐蚀性以及优良的阻尼性能，最主要的阻尼特性是对温度的敏感性较低，在 500 ℃的环境下使用时，仍拥有不错的阻尼性能，相比其他阻尼合金，拥有较宽的使用温度范围。

2.4.2　铜系阻尼合金

铜及铜合金具有优良的物理化学性能，纯铜导热性、导电性非常优异，铜合金的导热、导电性能也很好。纯铜（也称紫铜）的熔点为 1 083 ℃，密度为 8.94 g/cm³，不带磁性。纯铜具有很高的化学稳定性，在大气及淡水中有良好的抗腐蚀性，但在海水中易被腐蚀，纯铜的强度

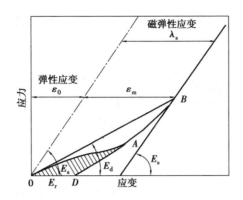

图 2.3　铁磁型阻尼合金应力-应变滞后曲线

较低不易作为结构材料,通常用于装饰性场合。在铜中加入合金元素后,就可获得较高的强度,同时还可保持纯铜的一些优良性能。因此,在机械结构零件中使用的都是铜合金。常用的铜合金有黄铜和青铜。以锌为主要添加元素的铜合金,称为黄铜。工业上使用的黄铜,其锌的添加量一般都小于 50%。另外,在黄铜中添加了锡、铝、锰等还可改善耐腐蚀性。青铜最早指的是铜锡合金,现在又发展了含铝、硅、铍、锰、铅的铜合金,也称青铜。故青铜其实包含有锡青铜、铝青铜、铍青铜等。锡青铜在铸态时,随着锡含量的增加使强度和塑性有所增大。当锡含量为 5% ~6% 时,塑性会急剧下降,而强度会继续增高。当锡含量达 20% 以后,合金的强度、塑性极差,所以工业上锡青铜的锡含量一般都在 3% ~14%。其中压力加工的锡青铜,其含锡量小于 7%,而铸造锡青铜的含锡量为 10% ~14%。铝青铜中的含铝量一般为5% ~7% 时,它的塑性最好,适合于冷加工。当铝含量为 10% 时合金强度最高,但塑性较差。高于 12% 时的铝青铜塑性很差,难于加工成型。实际应用的铝青铜的含铝量一般为 5% ~12%。铝青铜与黄铜、锡青铜相比,具有更好的抗大气、海水腐蚀的能力、强度也优于黄铜及锡青铜,耐磨性能也较好。若想进一步提高铝青铜的耐磨性、耐腐蚀性和强度,还可添加适量的铁、锰、镍等元素。铍青铜是以铍为基本合金元素的铜合金。工业上所使用的铍青铜铍含量一般在 1.7% ~2.5%。铍青铜中除了含铍外,还添加镍、钴和钛等合金元素。镍和钴的含量为 0.15% ~0.5%,添加的目的是使合金具有更好的弹性。添加钛的目的是改善工艺性能和提高强度。铍青酮具有疲劳强度、弹性极限高等优点,而且耐磨性、耐腐蚀性、导热性、导电性好,同时有抗磁性、受冲击时不产生火花等特殊性能。

2.4.3　磁控阻尼合金

在一些铁磁合金中原子之间通过交换作用而产生磁矩相同方向的磁矩排列起来形成磁畴。在周期应力的作用下,合金中相当部分的磁畴界面因磁机械效应的逆效应而发生不可逆移动,在应力应变曲线上就会产生应变滞后于应力的现象。进而产生内耗将振动能耗散。典型代表有 Fe-Cr 基、Fe-Al 基、Co-Ni 基等合金。铁磁型阻尼合金的主要特点是强度较高,成本较低,较高温度和低应变振幅下阻尼性能优异但其经变形后或在磁场环境中阻尼性能会迅速下降甚至消失。该类合金已成功应用在汽轮机叶片、齿轮变速箱和机械传动装置中。

2.4.4　马氏变相体阻尼合金

高温形状记忆合金(High Temperature Shape Memory Alloys,HTSMAs)是指马氏体相变起

始温度高于 373 K 的形状记忆合金。根据马氏体相变温度的高低,高温形状记忆合金可分为以下 3 类:

第一类高温形状记忆合金的相变温度范围为 373 ~ 673 K。

第二类高温形状记忆合金的相变温度范围为 673 ~ 973 K。

第三类高温形状记忆合金的相变温度大于 973 K。

目前,第一类高温形状记忆合金体系主要包括 Ni-Ti 基、Cu-Al 基、Co 基、Ni-Mn 基、Zr-Cu 基及 β-Ti 基合金;第二类高温形状记忆合金体系包括 Ti-Pd/Au 和 Co-Si 基合金。第三类高温形状记忆合金体系主要包括 Pt 基、Ta-Ru 基和 Nb-Ru 基合金。除了具有较高的相变温度,高温形状记忆合金还必须表现出可接受的可回复应变、功能特性的长期稳定性、抗塑性变形和蠕变能力以及抵抗恶劣环境能力,故目前研究较多的高温形状记忆合金是第一类高温形状记忆合金。其中,Ni-Mn-Ga 形状记忆合金是因兼具热弹性和磁致形状记忆效应成为新的研究热点。其特点是马氏体相变温度变化范围比较大且易调节,形状记忆性能较好,相变稳定性较好,成本较低,但缺点是脆性大。研究人员做了很多努力,发现通过引入第四组元(如 Fe,Ti,V 以及稀土元素等)、细化晶粒和晶界强化这些方法都能有效改善其脆性。

思考题

1. 请从分子结构角度分析聚四氟乙烯为什么具有耐高低温/耐腐蚀和耐磨的特点?
2. 请从分子角度分析橡胶与热塑性塑料在高分子结构上的区别。
3. 写出 NR,BR,SBR,EPM,EPDM,NBR,CR 的中文名。
4. 试述丁腈橡胶的丙烯腈含量的增加对其性能带来的优缺点。
5. 简述橡胶阻尼性能较大(动态内耗大)的分子链结构特征。

第 **3** 章

复合材料的增强填料

增强填料是复合材料的主要成分之一。它在复合材料中不仅能提高基体材料的各种强度、弹性模量等主要力学性能,而且在提高热变形温度、降低收缩率,并在热、电、磁等方面赋予新的性能。因此,在不同基体材料中加入性能不同的增强填料,其目的是获得更优异的复合材料。当复合材料的分散项为无机纳米材料、连续相为有机聚合物时,就是聚合物无机纳米复合材料。纳米复合材料是指二相(或多相)微观结构中至少有一相的一维尺度达到纳米级尺寸(1~100 nm)的复合材料。聚合物无机纳米复合材料通过分散相和连续相之间的偶合作用将无机纳米材料的高强度、高刚度、高硬度、高热稳定性与聚合物的高韧性、可加工性及介电性能等糅合在一起,从而产生出不同于一般宏观复合材料的许多特异的性能,在制备高力学和多功能(电子、光学、磁学、生物等)的复合材料方面具有十分广阔的前景。其中,碳纳米管(CNTs)自 20 世纪 90 年代初由日本学者 Lijima 发现以来,其独特的结构、奇异的性能和潜在的应用价值,引起了科学家们极大的兴趣,10 多年来一直是世界科学研究的热点之一,它被认为理想的聚合物复合材料的增强填料。按物理形态分类,增强材料主要有 3 类:纤维、晶须和粉体增强材料。其中,碳纤维、玻璃纤维和有机高分子纤维中的 Kevlar 纤维应用最为广泛,本章将一一作介绍。

3.1 玻璃纤维

玻璃纤维是一种性能优异的无机非金属材料,是现代材料家族中重要的一员,也是高新技术不可缺少的配套基础材料。它不仅具有不燃、耐高温、电绝缘、拉伸强度高、化学稳定性好等优良性能,还可采用有机涂覆处理技术来进行制品深加工及扩大制品的应用。用玻璃纤维增强塑料已成为当今最热门的工业领域之一,即复合材料工业的主体。因此,玻璃纤维已被越来越广泛地用于交通、运输、建筑、环保、石油、化工、电器、电子、机械、航空、航天、核能及兵器等传统产业部门以及国防与高新技术部门。

玻璃纤维是美国于 1893 年研究成功的,1938 年实现工业化并作为商品出售。国外已有70 多年的发展历史,其产量、生产工艺、品种规格及应用领域得到发展。新技术、新工艺的出现,玻璃纤维得到了更广泛的应用,并促进了玻纤工业的飞速发展。国外玻纤主要特点是:普遍采用池窑拉丝新技术;大力发展多排多孔拉丝工艺;用于玻璃纤维增强塑料其直径逐渐向粗的方向发展,纤维直径为14~24 μm,甚至达27 μm;大量生产无碱纤维及无纺织玻璃纤维织物;无捻粗纱的短切纤维毡片所占比例增加;重视纤维-树脂界面的研究,偶联剂的品种不断增加,玻璃纤维的前处理受到普遍重视。据不完全统计,现在世界上有40多个国家生产玻璃纤维,品种为4 000~5 000种,用途4万种。玻璃纤维从总体上一直保持着较高的增长速度,发展过程以年总平均3%~5%的速度增长。

3.1.1　玻璃纤维的制造方法

目前,生产玻璃纤维最常用的方法有玻璃球法(也称坩埚拉丝法)和直接熔融法(也称池窑拉丝法)。

1)玻璃球法

玻璃球法的生产工艺由制球和拉丝两部分组成。根据纤维质量要求,将砂、石灰石、硼酸等玻璃原料按一定的比例干混后,装入大约1 260 ℃熔炼炉中熔融,熔融的玻璃流经造球机制成玻璃球供拉丝选用。

将制好的玻璃球经热水清洗、去污和挑选后放入坩埚加热熔化,再由高速(1 000~3 000 m/min)转动的拉丝机拉丝制成直径很细(3~20 μm)的玻璃纤维。如图3.1所示为玻璃纤维制备工艺示意图。

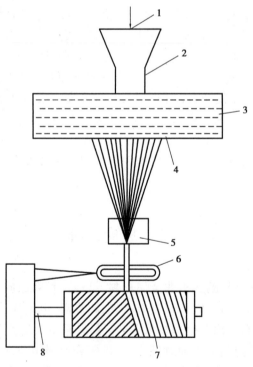

图3.1　玻璃纤维制备工艺示意图

1—配好的原料;2—具有筛孔的炉子;3—熔融玻璃;4—多孔筛;5—集束器;6—排线器;7—丝轴;8—卷绕

2)直接熔融法

直接熔融法是将玻璃配合料投入熔窑熔化后直接拉制成各种支数的连续玻璃纤维。它是生产连续玻璃纤维的一种新的工艺方法。与玻璃球法相比较有以下优点：

①省去制球工艺,简化工艺流程,效率高。

②池窑容量大,生产能力高。

③对窑温、液压、压力、流量及漏板温度可实现自动化集中控制,所得产品质量稳定。

④适用于采用多孔大漏板生产粗玻璃。

⑤废产品易于回炉。

3.1.2　玻璃纤维的组成和结构

玻璃的主要成分是二氧化硅以及钠和钾等的一价氧化物、钡等碱金属的二价氧化物、铝的三价氧化物等。表 3.1 列出了 3 种常见的制造复合材料纤维用的玻璃的典型成分。

E 玻璃(E 代表英文 Electrical)是最常用的一种玻璃,具有优良的延展性和强度、刚度、电性能和抗老化性;C 玻璃(C 代表英文 Corrosion)具有比 E 玻璃更好的抗化学腐蚀性能,但其成本较高,强度较低;S 玻璃更比 E 玻璃昂贵,但具有更高的杨氏模量和更好的耐高温性能。S 玻璃常用在飞机制造业,并以较高的代价获得更高的模量。

表 3.1　用于制造玻璃纤维的玻璃的成分　　　　　单位:%(质量分数)

成　分	玻璃		
	E 玻璃	C 玻璃	S 玻璃
SiO_2	52.4	64.4	64.4
Al_2O_3,Fe_2O_3	14.4	4.1	25.0
CaO	17.2	13.4	—
MgO	4.6	3.3	10.3
Na_2O,K_2O	0.8	9.6	0.3
Ba_2O_3	10.6	4.7	—
BaO	—	0.9	—

经研究证明,玻璃纤维的结构与玻璃的结构本质上没有什么区别,都是一种具有短距离网络结构的非晶结构。玻璃纤维的强度和模量主要取决于组成氧化物的三维结构。

玻璃是由二氧化硅的四面体组成的三维网络结构。网络间的空隙由钠离子填充,每一个四面体均由一个硅原子与其周围的氧原子形成离子键,而不是直接连到网络结构上。网络结构和各化学键的强度可通过添加其他金属氧化物来改变,由此可生产出具有不同化学性能和物理性能的玻璃纤维。填充的 Na 或 Ca 等阳离子,称为网络改性物。

3.1.3　玻璃纤维的性能

1)物理性能

(1)玻璃纤维的外观和密度

玻璃纤维的密度与其他纤维的比较见表 3.2。长玻璃纤维的密度比一般天然纤维、有机纤维的密度都高。

表 3.2　各种纤维的密度

纤维种类	羊毛	蚕丝	棉花	人造丝	Kevlar49	尼龙	碳纤维	石墨纤维	玻璃纤维	
									无碱	有碱
密度/(g·cm⁻³)	1.08 ~ 1.33	1.30 ~ 1.45	1.50 ~ 1.60	1.50 ~ 1.60	1.4	1.14	1.4	2.0	2.6 ~ 2.7	2.4 ~ 2.6

外观呈表面光滑的圆柱体，横截面几乎都是完整的圆形。这样，有利于提高玻璃纤维的堆密度，从而增加玻璃钢制品中的玻璃含量。

（2）各项物理性能

玻璃纤维的物理性质由不同成分而制成的不同纤维而各异，见表 3.3。

由于随着纤维直径和长度的减小，纤维中的微裂纹会相应减少。因此，玻璃纤维的强度随着纤维直径和长度的减小而提高。表 3.4、表 3.5 为玻璃纤维直径和长度与拉伸强度的关系。

表 3.3　不同玻璃纤维的性能

性　能	纤维						
	有碱纤维	化学纤维	低介质纤维	无碱纤维	高强度纤维	粗纤维	高模量纤维
	A	C	D	E	S	R	M
拉伸强度/GPa	3.1	3.1	2.5	3.4	4.58	4.4	3.5
弹性模量/GPa	73	74	55	71	85	86	110
延伸率/%	3.6				3.37	4.6	5.2
密度/(g·cm⁻³)	2.46	2.46	2.14	2.55	2.5	2.55	2.89
比强度/(GPa·cm³·g⁻¹)	1.3	1.3	1.2	1.3	1.8	1.7	1.2
比模量/(GPa·cm³·g⁻¹)	30	30	26	28	34	34	38
热膨胀系数/(10⁻⁶·K⁻¹)		8	2 ~ 3			4	
折射率	1.52			1.55	1.52	1.54	
损耗角正切值			0.000 5	0.003 9	0.007 2	0.001 5	
相对介电常数							
10⁶ Hz			3.8			6.2	
10¹⁰ Hz				6.11	5.6		
体积电阻/(μΩ·m)	10¹⁴			10¹⁹			

表 3.4　玻璃纤维直径与拉伸强度的关系

性　能	直　径/μΩ				
	4	5	7	9	11
拉伸强度/MPa	3 000 ~ 3 800	2 400 ~ 2 900	1 750 ~ 2 150	1 250 ~ 1 700	1 050 ~ 1 250

表 3.5　玻璃纤维长度与拉伸强度的关系

玻璃纤维长度/mm	纤维直径/μm	平均拉伸强度/MPa
5	13	1 500
20	12.5	1 210
90	12.7	360
1 560	13	720

化学组成对强度也有很大的影响。无碱玻璃纤维比有碱纤维的拉伸强度高 20%。含碱量越高,强度越低。

玻璃纤维的弹性模量比一般金属的弹性模量低得多,但比其他人造纤维大 5 ~ 8 倍。影响玻璃纤维的弹性模量的主要因素是组成纤维的化学成分。经实验证明,玻璃纤维中添加 BeO,MgO,能提高其弹性模量。

玻璃纤维是完全不燃烧的纤维,故可作为电气绝缘材料和防火材料。耐热性较高,软化点为 550 ~ 580 ℃,热膨胀系数为 $4.8×10^{-6}$/℃,玻璃的导热系数为 0.7 ~ 1.3 W/(m·K),但拉制成玻璃纤维后,其导热系数只有 0.034 W/(m·K)。当玻璃纤维受潮时,导热系数增大,隔热性能降低。

作为电绝缘材料,通常使用无碱玻璃纤维。玻璃中,最易移动的是碱金属离子 Na^+,K^+,因此有碱玻璃的体积电阻率就比无碱玻璃小得多。玻璃结构中的离子只有在高温下才开始移动。

单独使用玻璃纤维,击穿电压与等厚的空气层击穿电压相等。玻璃介电损失的变化与绝缘电阻变化相似。石英玻璃和无碱玻璃的介电损失非常小,而有碱玻璃的介电损失最大。在玻璃纤维组成中,加入大量的氧化铁、氧化铝、氧化铜、氧化铋或氧化钒,会使纤维具有半导体性能。在玻璃纤维上涂敷金属或石墨,能获得导电纤维。

2)化学性能

玻璃纤维的耐化学药品性。玻璃容器往往用来盛装化学药品,同样,玻璃纤维除去浓碱、浓磷酸和氢氟酸外几乎耐所有的无机和有机化学药品。有碱纤维对酸的稳定性较高,无碱纤维的耐酸性很差,但耐水性较好;中碱玻璃纤维和无碱玻璃纤维耐弱碱液侵蚀的性能接近。玻璃纤维的化学稳定性主要取决于纤维中 SiO_2 和碱金属氧化物的含量。增加 SiO_2 的含量,能提高玻璃纤维的化学稳定性、耐酸性(或提高 SiO_2 或 Al_2O_3 或 ZrO_2 及 TiO_2 的含量);耐碱性(或加入 Ca,ZrO_2 及 ZnO);玻璃纤维中,加入 AlO_3,ZrO_2,TiO_2 等氧化物,可提高其耐水性;碱金属氧化物会使化学稳定性降低。

3.2 碳纤维

碳纤维是一种耐高温、抗拉强度高、弹性模量大、质轻的纤维状材料。它是由有机纤维通过一系列阶段性的热处理碳化而制成的。

碳纤维的研究与应用已有 100 多年的历史,早在 1880 年爱迪生用棉、亚麻等纤维制取碳纤维用作电灯丝,因碳丝太脆,易氧化,亮度太低,后改为钨丝,致使碳纤维的研制一度停滞不前。20 世纪 50 年代起,随着军事、航空航天工业的发展,碳纤维作为新型工程材料又重新得到重视。1959 年,美国联合碳化物公司(Union Carbide Corporation)研究出人造丝为原料进行碳纤维的工业生产,商品牌号为 Thornel(索纳尔)。1962 年,日本大阪技术研究所的进腾昭男以聚丙烯腈(Polyacrylonitrile,PAN)为原料研制出聚丙烯腈基碳纤维。1964 年,英国航空研究所(RAE)的 Wat 等人在预氧化和碳化时对聚丙烯腈纤维施加应力牵伸,制得了高弹度、高模量的碳纤维。1963 年,日本大谷杉郎以沥青为原料也成功地研制出碳纤维。此后,碳纤维向高强度、高模量方向发展。经过 40 多年的不懈努力,碳纤维已在力学性能、工业化生产、品种、应用等方面,技术日趋成熟,遥遥领先于其他新材料。

3.2.1 碳纤维的分类

目前,国内外由于对碳纤维性能和用途的衡量不同以及原料的来源不同,出现了许多分类方法,到目前仍未获得统一的认识。大多按习惯将碳纤维分为以下 3 种类型:

①按前驱体纤维原料的不同,可分为黏胶基碳纤维、聚丙烯腈碳纤维、沥青基碳纤维及气相生长碳纤维。

②按纤维力学性能分类,可分为通用级碳纤维(GP)和高性能碳纤维(HP)。其中,高性能碳纤维包括中强型(MT)、高强型(HT)、超高强型(UHT)、中模型(IM)、高模型(HM)、超高模型(UHM)。

③按照碳纤维的制造方法不同分类,可分为碳纤维(800~1 600 ℃)、石墨纤维(2 000~3 000 ℃)、氧化纤维(预氧丝 200~300 ℃)、活性炭纤维及气相生长碳纤维。碳纤维与玻璃纤维一样有布、毡等,主要用于航空航天工业。

3.2.2 碳纤维的制造

1)黏胶基碳纤维的制造

黏胶基碳纤维是最早实现工业化生产的一种碳纤维。它以黏胶纤维为前驱纤维经碳化而成。

黏胶纤维的原料有木浆和棉浆。纤维素是多糖型有机化合物,化学式为 $(C_6H_{10}O_5)_n$。在惰性气体中热解时,纤维排出水分、CO、CO_2 并生成焦油物质。黏胶纤维的碳化可分为以下 4 个阶段:

①25~150 ℃排出吸附水。

②150~240 ℃纤维束脱水。

③240~400 ℃纤维束环热解,通过自由基反应,C—O 键及一些 C—C 键断裂,产生 CO_2,

CO,H_2O 等小分子气体。

④400 ℃以上芳构化反应。

黏胶纤维的质量,碳化时的升温速率及热解产物的排除速率等对黏胶基碳纤维的质量和收率有很大影响。

黏胶纤维的直径越细,越有利于提高碳纤维的强度。其原因是在黏胶纤维热解时,直径越细越有利于排除纤维中的挥发物质,石墨微晶的定向性好,使碳纤维的结构较为完整。表3.6 为黏胶基碳纤维直径和拉伸强度的关系。

表3.6　黏胶基碳纤维直径和拉伸强度的关系

黏胶基碳纤维直径/μm	拉伸强度/MPa	黏胶基碳纤维直径/μm	拉伸强度/MPa
5 ~ 7	745 ~ 896	146	193 ~ 227
20 ~ 25	331 ~ 365	205	128 ~ 152

黏胶基碳纤维虽是最早开发成功的碳纤维,但它作为结构材料,强度较低,力学性能差,且碳化收缩率很低(20% ~ 30%)。因此,它有被淘汰的趋势。但是,黏胶纤维具有质轻、低热导率、高断裂伸长等优点,因而近期还不会完全被淘汰。

2)聚丙烯腈基碳纤维(PAN-CF)的制造

聚丙烯腈基碳纤维是继黏胶基碳纤维后第二个开发成功的碳纤维。它是目前各种碳纤维中产量最高、品种最多、发展最快、技术最成熟的一种碳纤维。

聚丙烯腈(PAN)是由丙烯腈(AN)聚合而成的链状高分子。

由于 PAN 在它的熔点317 ℃以前就开始热分解,因此不能采用熔融纺丝而只能通过溶剂进行湿法或干法纺丝。

聚丙烯腈碳纤维的生产过程分为以下3 步:

①预氧化。

②高温碳化处理。

③高温石墨化处理。

如图3.2 所示为聚丙烯腈碳纤维的生产流程示意图。

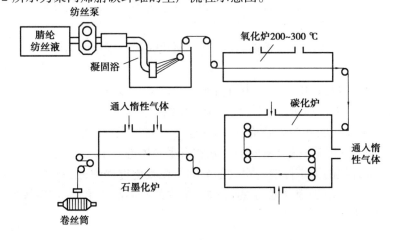

图3.2　PAN 纤维的生产流程示意图

（1）聚丙烯腈原丝的预氧化

预氧化的目的是防止原丝在碳化时熔融,通过氧化反应使得纤维分子中含有羟基、羰基,这样可在分子间和分子内形成氢键,从而提高纤维的热稳定性。如图 3.3 所示,在聚丙烯腈纤维预氧化过程中可能发生的主要化学反应有环化反应和氧化脱氢反应。

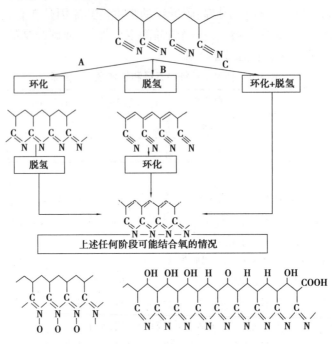

图 3.3　聚丙烯腈在预氧化过程中可能发生的反应

分析结果表明,在 200 ℃约有 75% 氰基发生了环化反应。未环化的或环化的杂环发生氧化脱氢反应,使纤维中结合一部分氧。一般认为,在制造聚丙烯腈碳纤维时,纤维仅需部分氧化,含氧量在 5% ~10% 较好。预氧化采用的方法有两种:空气氧化法和催化法。

原丝在 200~300 ℃空气中预氧化时,其颜色从白→黄→棕→黑,说明聚合物发生了一系列的化学变化,并开始形成石墨微晶结构。催化环化是将聚丙烯腈原丝在 225 ℃的 $SnCl_4$ 二苯醚溶液中催化成环。催化法有可能使部分氰基未被环化,造成结构缺陷。目前,工业生产上普遍采用的是空气预氧化法。

同时,为了提高碳纤维的力学性能,在原丝预氧化时同时采用引力牵伸。

（2）预氧丝的碳化

预氧丝的碳化一般是在惰性气体中,将预氧丝加热 1 000~1 800 ℃,从而除去纤维中的非碳原子(如 H,O,N 等)。生成的碳纤维的碳含量约为 95%。

碳化过程中,未反应的聚丙烯腈进一步环化,分子链间脱水、脱氢交联,末端芳构化生成氨。随着温度的进一步升高,分子链间的交联和石墨晶体进一步增大。

碳化温度对碳纤维的力学性能有很大的影响。在碳化过程中,拉伸强度和弹性模量随温度的升高而升高。这是由于随温度的提高,碳纤维中的石墨晶体增大,定向程度提高,因此拉伸模量升高而拉伸强度趋于下降。

（3）PAN 的石墨化

石墨化过程是在高纯度惰性气体保护下于 2 000～3 000 ℃温度下对碳纤维进行热处理。碳纤维经石墨化温度处理后，纤维中残留的氮、氢等元素进一步脱除，六角碳网平面环数增加，并转化为类石墨结构。在 PAN 石墨纤维的制备中，牵伸贯穿生产全过程。不仅在生产 PAN 原丝时需要多次牵伸，而且在预氧化、碳化及石墨化时仍需要牵伸。牵伸使微晶沿纤维轴向择优取向，微晶之间堆积更加紧密，从而使密度和模量提高。

3.2.3 碳纤维的结构与性能

1）碳纤维的结构

（1）微观结构

碳纤维属于过渡形式碳，其微结构基本类似石墨，但层面的排列并不规整，属于乱层结构。随着热处理温度的升高，碳纤维的结构逐步向多晶石墨转化。微晶是碳纤维微结构的基本单元。构成多晶结构的基本单元是六角形芳环的层晶格，石墨片层就是由层晶格组成的层平面。原纤以网状结构存在，它是由带状的石墨层片组成的微原纤构成的。原纤之间的界面方向错乱复杂，并且有长而窄的间隙存在。随着温度的升高，原纤沿纤维轴取向排列。温度越高，张力越大，择优取向角越小，模量越高。层间距也随温度的升高而减小，趋近石墨的层间距（$d_{002}=0.335\ 4\ \text{nm}$）。纤维由二维乱层石墨结构向三维有序的石墨结构转变。

（2）碳纤维的形态结构

主要取决于原丝和热处理条件。在碳化过程中，纤维的结构特征（如原丝结构、原丝的择优取向以及截面形状等）都保留在碳纤维中。

2）碳纤维的性能

不同的原丝工艺条件及处理条件制得的碳纤维力学性能是不同的。表 3.7 分别列出了黏胶基碳纤维、沥青基碳纤维和聚丙烯腈基碳纤维的性质比较。

表 3.7 各种原丝所制碳纤维的性质比较

原丝种类	碳纤维名称	密度 /(g·cm⁻³)	杨氏模量 /(10²GPa)	电阻率 /(10⁻⁴Ω·cm)
黏胶	Thornel-50	1.66	4.01	10
聚丙烯腈	Thornel-300	1.74	2.35	18
沥青（各向同性）	KF-100（低温）	1.6	0.418	100
	KF-200（高温）	1.6	0.418	50
中间相沥青（各向异性）	Thornel-P（低温）	2.1	3.47	9
	Thornel-P（高温）	2.2	7.04	1.8
单晶石墨		2.25	10.2	0.4

通常聚丙烯腈碳纤维表现为高强中模量，中间相沥青碳纤维表现出中强高模量，各向同性沥青碳纤维为中强中模量。高模量碳纤维也可由聚丙烯腈碳纤维制得，但需约 3 000 ℃的石墨化处理。表 3.8 为热处理温度对石墨纤维性能的影响。

表 3.8 热处理温度对石墨纤维性能的影响

温度/℃	拉伸强度/GPa	拉伸模量/GPa	断裂伸长/%	密度/(g·cm⁻³)	电阻率/(10⁻⁶Ω·m)	直径/μm
原碳纤维	3.49	227.6	1.60	1.721	12.12	6.28
2 000	2.69	268.0	1.03	1.751	7.63	6.07
2 200	2.24	289.9	0.79	1.770	6.93	6.07
2 400	2.03	300.6	0.69	1.761	6.36	5.86
2 600	1.93	343.7	0.66	1.817	5.34	5.70
2 800	1.89	408.1	0.49	1.919	4.24	5.23
3 000	1.79	418.6	0.48	1.962	3.70	5.52

由表 3.8 可知,随着热处理温度的提高,碳纤维的电阻率随之降低。碳纤维属于半导体性质而石墨纤维的导电性比铝、铜还要高。

低热膨胀系数是碳纤维的又一个特性,故碳纤维制品具有高度的尺寸稳定性。

3.3 有机高分子纤维

目前,有机高分子纤维主要有:芳香族聚酰胺纤维、芳香族聚酯纤维和超高相对分子质量聚乙烯纤维。聚芳酰胺纤维以美国杜邦(DuPont)公司生产的商品名 Kevlar(凯芙拉)纤维最早引起人们的重视。该纤维是美国杜邦公司 1968 年开始研制,当时的商品注册名为 Aramid,1972 年开始生产,曾经有 PRD-49 和纤维 B 等名称,1973 年 7 月正式定名为 Kevlar 纤维。随后 PRD 改名为 Kevlar49,纤维 B 改称为 Kevlar29。Kevlar49 的特点是强韧性好、弹性模量高、密度低,主要用于增强树脂基复合材料。Kevlar29 主要用于增强橡胶和制造高强度绳索。我国开始 Kevlar(在我国称为芳纶)的研究工作始于 20 世纪 70 年代初,并于 1981 年和 1985 年分别研制出芳纶 14 和芳纶 1414。

目前,Kevlar 纤维的品种已有 20 多种。它作为一种高强度、高模量、耐高温、耐腐蚀的新型有机材料,广泛地应用在航空、航天、国防、造船业等领域,如飞机内部装饰材料、雷达天线罩、工业用高压防腐蚀容器、船体等。

3.3.1 芳香族聚酰胺纤维

芳香族聚酰胺(Aramid)是指酰胺键直接与两个芳环连接而成的线型聚合物,用这种聚合物制成的纤维即芳香族聚酰胺纤维。聚对苯二甲酰对苯二胺(PPTA)纤维是芳香族聚酰胺纤维中最有代表性的高强、高模量和耐高温纤维。

1)制造方法

原料:Kevlar49 纤维所用原料为对苯二二胺与对苯二甲酰氯缩聚而成的聚对苯二甲酰对苯二胺。其化学反应式为

$$NH_2 -\!\!\!\bigcirc\!\!\!- NH_2 + COCl -\!\!\!\bigcirc\!\!\!- COCl \longrightarrow \left[HN -\!\!\!\bigcirc\!\!\!- HN - CO -\!\!\!\bigcirc\!\!\!- CO \right]_n$$

对苯二胺　　　　　　对苯二甲酰氧　　　　　聚对苯二甲酰对苯二胺纤维

Kevlar29 纤维为聚对苯酰胺,其化学结构式为

$$\left[HN -\!\!\!\bigcirc\!\!\!- CO \right]_n$$

制造步骤如下:

①使对苯二胺与对苯二酰氯在低温下进行溶液缩聚反应生成对苯二甲酰对苯二酰的聚合体(PPTA)。方法是将对苯二胺溶于溶剂中,边搅拌边加入等摩尔比的对苯二甲酰氯,反应温度为 20 ℃。

②将聚芳酰胺聚合体溶解在浓硫酸中,在温度(51～100 ℃)下从喷丝头挤成纤维,穿过一小段空气层,落入冷水,洗涤后绕在筒管上干燥。

③干燥后的纤维为 Kevlar29。在氮气保护下,经 550 ℃热处理得到 Kevlar49 纤维。因此,可认为 Kevlar29 与 Kevlar49 的区别就在于热处理的不同。Kevlar 纤维的化学结构为

由于分子内含有酰胺基团,因此在分子间可形成氢键,易结晶,故其熔点高于其分解温度。这样,通常采用低温溶液缩聚反应。所用的溶剂有六甲基磷酰胺(HMPA)、二甲基乙酰胺(DMAC)、N-甲基吡咯烷酮(NMP)或 HMPA/NMP 混合溶剂。除溶液聚合外,也可采用气相聚合及不使用酰氯的直接聚合法。

PPTA 的纺丝成形通常采用以浓硫酸为溶剂,形成具有液晶性质的大分子进行纺丝。这种溶致性液晶(Lyotropic Liquid Crystal)体系在一定条件下可从各向同性转变为各向异性即液晶态溶液,聚合物在溶液中呈一定取向状态,在外界剪切力的作用下,聚合物分子易沿剪切力的方向取向,有利于纺丝成形。

纺丝时,要确立合适的纺丝浓度和温度范围。如图3.4 所示,当 PPTA 浓度超过一定值后溶液体系才能形成均一的各向异性液晶态溶液。此时,体系中 PPTA 的浓度虽高但黏度低,但当液晶达到最大浓度时,浓度再增加,溶液的黏度反而开始回升。可用经验公式表示为

$$[\eta] = 7.9 \overline{M_r}^{1.06} \times 10^{-5}$$

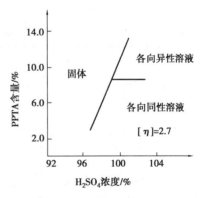

图 3.4　PPTA-H₂SO₄ 体系相图

浓硫酸中 PPTA 特性黏度 η 与平均相对分子质量 $\overline{M_r}$(12 000 以上)之间的关系。

一般纺丝用 η>4(相对分子质量在 27 000 以上)的 PPTA。

温度对 PPTA 溶液也有很大影响。当温度达到 80 ℃,PPTA 溶液转变成向列型液晶,具有向列态结构的液晶分子在流动过程中易相互穿越,呈取向状态,紧密排列,且黏度比各向同性溶液低。若进一步提高温度达 140 ℃,各向异性态又转变为各向同性态。因此,纺丝温度一般不宜超过 100 ℃。

PPTA 的纺丝工艺最早采用传统的湿法纺丝。此法效率低,纤维力学性能差。自 1970 年出现 PPTA 干喷—湿纺工艺以来,至今仍被广泛采用,如图 3.5 所示。此法纺丝时,溶液的浓度和温度比湿法纺丝时的高,并以较高的纺丝速度(2 000 m/min 左右)使液晶大分子在剪切力的作用下高度取向,即可获得纤维中所希望得到的分子取向排列。

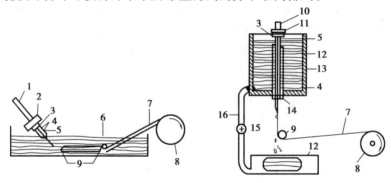

图 3.5　两种干喷湿纺的示意图

1,10—导管;2—喷砂装置;3—喷丝头;4—纤维;5—空气层;6,13—凝固液;
7—加张毛纱;8—绕丝筒;9—导轮;11—喷丝装置;12—容器;14—喷丝管

此外,喷丝头拉伸比即卷绕速度与挤出速度之比也是纺丝工艺中的一个重要参数,其值至少要大于 3。

2)结构与性能

(1)结构

PPTA 分子间缠结少,刚性很强。如图 3.6 所示为 Kevlar 纤维分子的平面排列图。经适当热处理后,可制成具有较高取向度和结晶度的 Kevlar 纤维,如图 3.7 所示。

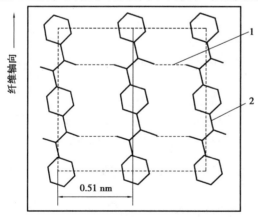

图 3.6　Kevlar 纤维分子的平面排列

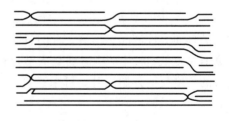

图 3.7　Kevlar 纤维结构模型示意图

从纤维的立体结构来看,纤维内部是由垂直于纤维轴的层状结构所组成的,如图 3.8 所示。

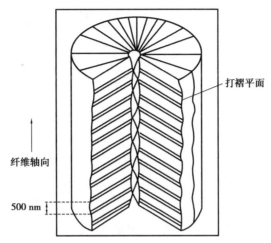

图 3.8 Kevlar49 纤维的三位取向结

(2)性能

Kevlar 纤维是一种外观呈黄色的纤维。

①力学性能。

Kevlar 纤维的物理、力学性能见表 3.9。

表 3.9 Kevlar **纤维的物理、力学性能**

性　能	Kevlar 29	Kevlar 49	Kevlar 149	HM-50	Twaron HM	芳纶 1414
拉伸强度/GPa	3.45	3.62	3.4	3.1	3.2	2.8
拉伸弹性模量/GPa	58.6	124.9	186	−75	115	64~102
延伸率/%	4	2.5	2.0	4.2		1.5
纤维直径/μm	12.1	11.9	12	12		16.7
密度/(g·cm^{-3})	1.44	1.44	1.44	1.39	1.45	1.45
比强度/[GPa·cm^3·g^{-1}]	2.4	2.5	2.4	2.2	2.2	1.9
比模量/[GPa·cm^3·g^{-1}]	40.7	86.1	129.2	53.9	79.3	44~70
热膨胀系数/(10^{-6}K^{-1})						
轴向		−2				
横向		59				
比热/[J·(kg·K)$^{-1}$]		1420				
折光指数						
轴向		2.0				
横向		1.6				

续表

性　能	Kevlar 29	Kevlar 49	Kevlar 149	HM-50	Twaron HM	芳纶 1414
介质损耗角正切(10^{10} Hz)		0.005				
介电常数		3.21				
体积电阻/($\mu\Omega \cdot m$)		10				
摩擦因数		0.46				
回潮率/55% 相对湿度(295 K)	5	3.5~4.0				
分解温度/K	773	773				
空气中长期使用温度/K	443	433				

　　由表3.9可知,Kevlar纤维具有高强度、高模量、密度低及韧性好的特点。因此,它的比强度和比模量很高。如图3.9所示为各类纤维的比强度和比模量的比较。可知,Kevlar的比强度极高,超过玻璃纤维、碳纤维、硼纤维、钢及铝;比模量也超过玻璃纤维、钢和铝,与 HT 碳纤维接近。另外,由于 Kevlar 韧性好,常用于与其他纤维(如碳纤维、硼纤维等)混杂来提高复合材料的耐冲击性。

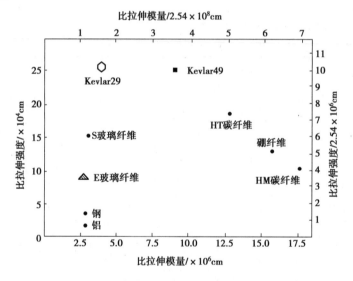

图3.9　各类增强纤维比强度和比模量

②耐化学性能。

　　Kelvar纤维除少数几种强酸和强碱外,对其他介质(如普通有机溶剂、盐类溶液等)有很好的耐化学药品性,见表3.10。由于 Kevlar 纤维对紫外线比较敏感,因此不宜直接暴露在日光下使用。

③热稳定性。

　　Kevlar纤维不仅是自熄性材料,而且还具有良好的耐热性。它在高温下不熔,短时间内暴露在300 ℃以上,强度几乎不发生变化。随着温度的上升,纤维逐渐发生热分解或碳化反应;碳化反应尤其在500 ℃以上较为明显。表3.11 为 Kevlar 细纱和粗纱的热性能。

表 3.10　Kevlar 纤维在各种化学药品中的稳定性

化学试剂	浓度/%	温度/℃	试验时间/h	强度损失/%	
				Kevlar29	Kevlar49
醋酸	99.7	21	24	—	0
盐酸	37	21	100	72	63
盐酸	10	21	1 000	88	81
氢氟酸	10	21	100	10	6
硝酸	10	21	100	79	77
硫酸	10	21	100	9	12
硫酸	28	21	1 000	59	31
氢氧化铵	28	21	1 000	74	53
氢氧化铵	100	21	1 000	9	7
丙酮	100	21	1 000	3	1
乙醇	100	21	1 000	1	0
三氯乙烯	100	21	24	—	1.5
甲乙酮	100	21	24	—	0
变压油	100	60	500	4.6	0
煤油	100	60	500	9.9	0
自来水	100	100	100	0	2
海水	100	—	一年	1.5	1.5
过热水	100	138	40	9.3	—
饱和蒸汽	100	150	48	28	—
氟利昂 22	100	60	500	0	3.6

表 3.11　Kevlar 细砂和粗砂的热性能

性　　能		数　　值
在空气中高温下长期使用的温度/℃		160
分解温度/℃		500
拉伸强度/MPa	在室温下 16 个月	无强度损失
	在 50 ℃空气中 2 个月	无强度损失
	在 100 ℃空气中	3 170
	在 200 ℃空气中	2 720

续表

性　　能		数　值
拉伸弹性模量/GPa	在室温下 16 个月	无模量损失
	在 50 空气中 2 个月	无模量损失
	在 100 ℃空气中	113.6
	在 200 ℃空气中	110.3
收缩率/%		$4×10^{-4}$
热膨胀系数/(10^{-6} · ℃$^{-1}$)	纵向 0~1 000 ℃	−2
	径向 0~1 000 ℃	50
温室比热容/(J · g^{-1} · K^{-1})		1.42
在室温下导热系数 /(W · m^{-1} · K^{-1})	垂直于纤维方向	$4.110×10^{-2}$
	平行于纤维方向	$4.816×10^{-2}$
燃烧热/(kJ · g^{-1})		34.8

Kevlar 纤维纵向热膨胀系数为负值,这一点在制备 Kevlar 纤维复合材料时应加以考虑。

3.3.2 芳香族聚酯纤维

由芳香族聚酰胺溶致性液晶制备的纤维虽具有高的力学性能及耐高温并具有热稳定性的特点,但制造工艺较为复杂。于是,人们又开辟了热致性液晶制造 Kevlar 纤维的新途径。

聚芳酯液晶熔体经过喷丝孔道作剪切流动时刚性大分子沿流动方向高度取向,而离开喷丝板后几乎不发生解取向。无须后拉伸就能形成具有高度取向结构的初生纤维。

1)制造方法

几种典型的聚芳酯纤维的制造工艺如下:

①Ekonol(商品名)是由美国金刚砂(Carborundum)公司于 1970 年研究成功的一种共聚芳酯。由对乙酰氧基苯甲酸(ABA)、p,p'-二乙酰氧基联苯(ABP)、对苯二甲酸(TA)及间苯二甲酸(IA)缩聚而成,即

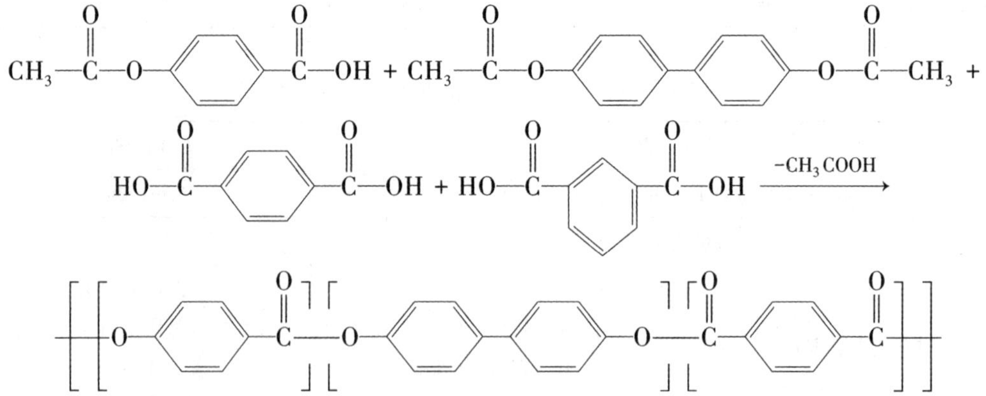

②X-TG(商品名)由美国伊斯特曼(Eastman)公司用对乙酰氧基苯甲酸(ABA)与聚对苯二甲酸乙二醇酯(PET)反应所得的共聚芳酯,即

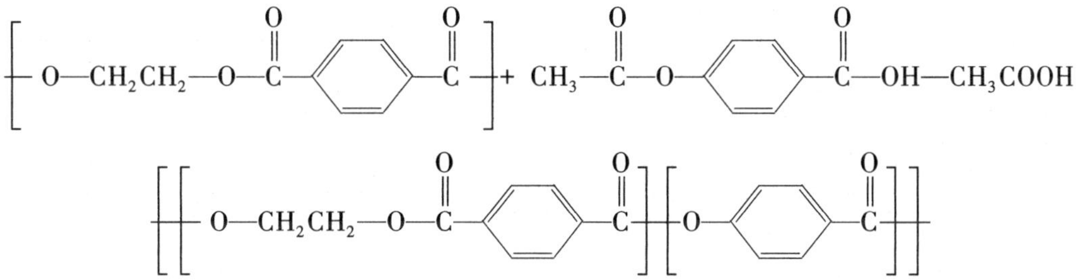

③P(HBA/HNA)是由美国塞拉尼斯(Celanese)公司研制成功的一种共聚芳酯。它是由对羟基苯甲酸(p-Hydroxybenzoate acid)和6-乙酰氧基-2-萘甲酸(6-Acetoxy-2-naphthoic acid, ANA)反应而成,即

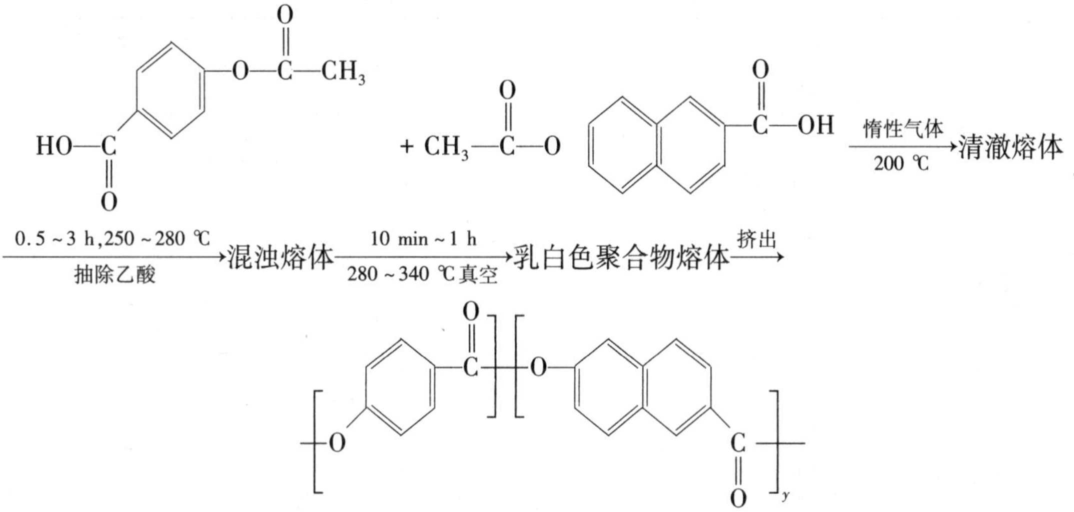

制备步骤是:首先将聚合物液晶熔体直接倒入料斗中,在螺杆挤压机的作用下由纺丝通道出丝,然后由导丝器导入卷丝筒。

一般情况下,使用聚合度不太高的成纤聚芳酯纺丝成形,否则随着相对分子质量的增大,熔体黏度急剧升高,熔融纺丝成型比较困难。其后再在接近聚芳酯流动温度条件下进行热处理来提高纤维的相对分子质量,使纤维的力学性能增强。

2)结构与性能

聚芳酯液晶中大分子呈向列型有序状态,即分子间相互平行排列并沿分子链长轴方向显示有序性,纤维内部是由近似棒状的晶粒所组成的层状结构组成的。由于聚芳酯纤维开发时间较短,因此目前有关其结构的PPTA研究甚少。物理性能见表3.12。

PPTA耐化学药品性见表3.13。

表3.12 PPTA纤维的物理性能

项 目	PPTA	项 目	PPTA
密度/(g·cm⁻³)	1.44	干热200 ℃,15 min	0.05
分解温度/℃	>400	300 ℃,15 min	0.16
20 ℃,相对湿度65%	4.28	400 ℃,15 min	0.20
20 ℃,相对湿度100%	8.72	湿热100 ℃,15 min	0.38

续表

项　目	PPTA	项　目	PPTA
抗张强度/(N·m⁻²)	18.7	干热250℃,10 h	56
弹性模量/Pa	492	湿热120℃,100 h	43
断裂伸长/%	3.9	罗拉磨断	145
结节强度/(CN/dtex)	5.6	加捻磨断	945
勾节强度/(CN/dtex)	18.8		

表3.13　PPTA纤维的耐化学药品性

化学药品	浓度/%	温度/℃	时间/h	强度保持率/%
盐酸	10	70	1	73
硫酸	10	70	10	79
硝酸	10	70	10	23
磷酸	10	70	100	46
乙酸	40	70	100	37
氢氯化钠	10	20	100	68
丙酮	100	20	100	96
苯	100	20	100	96
四氯化碳	100	20	100	95
乙酸乙酯	100	20	100	96
甲酸	100	20	100	94
四氯乙烯	100	20	100	96
乙二醇	50	100	10	90

3.3.3　超高相对分子质量聚乙烯纤维

聚乙烯纤维是目前国际上最新的超轻、高比强度、高比模量、成本低的高性能有机纤维。1975年荷兰DSM（Dutch State Mines）公司采用冻胶纺丝-超拉伸技术试制出具有优异抗张性能的超高相对分子质量聚乙烯（Ultra-high Molecular Weight Polyethylene，UHMW-PE），打破了只能由刚性高分子制取高强、高模纤维的传统局面。1985年美国联合信号（Allied Signal）公司购买了DSM公司的专利权，并对制造技术加以改进，生产出商品名为"Spectra"的高强度聚乙烯纤维，纤维强度和模量都超过了杜邦公司的Kevlar纤维。之后日本东洋公司与DSM公司合作成立了Dyneema VOF公司，批量生产商品名为"Dyneema"的高强度聚乙烯纤维。目前，我国也在探索试制UHMW-PE并取得一定进展。

1）制法

用于制造高强聚乙烯纤维较为成熟的方法有:纤维状结晶生长法;单晶片-超拉伸法;冻

胶挤压-超拉伸法;冻胶纺丝-超拉伸法。

其中,冻胶纺丝-超拉伸法具有工业应用价值。该法以十氢萘、石蜡油、煤油等碳氢化合物为溶剂,将超高相对分子质量聚乙烯调制成半稀溶液,经计量由喷丝孔挤出后骤冷成为冻胶原丝,再经萃取、干燥后进行30倍以上的热拉伸(或不经萃取而直接进行超拉伸),制成高强度聚乙烯纤维。如图3.10所示为冻胶纺丝-超拉伸工艺示意图。

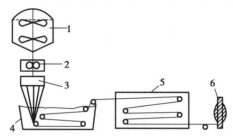

图3.10　冻胶纺丝-超拉伸示意图

1—溶解釜;2—计量泵;3—喷丝头组件;4—冷却/萃取浴;5—拉伸;6—卷绕

目前,制造高强度纤维所使用的聚乙烯,其相对分子质量一般都在1×10^6以上,即所谓超高相对分子质量聚乙烯。纤维强度随相对分子质量的增加而增大,这是因增加相对分子质量可有效地减少纤维结构的缺陷,如减少分子末端数量,使大分子处于伸直的单相结晶状态。然而相对分子质量越大,加工过程中大分子的缠结程度也随之明显增大,宏观上表现为熔体黏度升高,难以采用常规的熔融纺丝技术纺丝成形。为此人们研究采用将超高相对分子质量聚乙烯调制成半稀溶液的过程进行喷丝。这个过程实质上是大分子解缠的过程,而且制成的冻胶原丝中大分子的缠结状态基本与半稀溶液相似,这在超拉伸时有利于大分子链的充分伸直,提高纤维的取向和结晶程度,由此可得到高力学性能的超高相对分子质量聚乙烯纤维。

2)结构与性能

聚乙烯纤维的化学结构为

$$\text{CH}_2\text{—CH}_2 \overline{}_n$$

采用冻胶纺丝的目的是使大分子处于低缠结状态,纺丝后经超拉伸可使折叠状的柔性大分子伸直,沿纤维轴高度取向和结晶。

超高相对分子质量聚乙烯纤维的密度为0.97 g/cm^3,纤维的拉伸强度为3.5 GPa,弹性模量116 GPa,其比强度、比模量是有机纤维中最高的,伸长率为3.4%。聚乙烯相对分子质量M_r与纤维强度σ之间的关系可用经验关系式表示为

$$\sigma \propto M_r^k \qquad (h = 0.2 \sim 0.5)$$

显然,随相对分子质量的增加,纤维的强度也增大。同时,加工过程中大分子的缠结程度也随之增大,熔体黏度高,给加工造成一定困难。

超高相对分子质量聚乙烯纤维摩擦因数小,耐磨性优于其他产业用纤维,容易进行各种纺织加工。此外,它还具有优良的耐化学药品性以及不吸水、电磁波透过性好等特点。

3.4　粉体增强材料

粉体增强材料是改善基体材料性能的粉体材料,一般具有高强度、高模量、耐热、耐磨及

耐高温的特性。

粉体增强材料根据基体的弹性模量的大小,可分为两类:一类是刚性粉体增强材料,可改善基体的提高耐磨、耐热、强度、模量及韧性。如碳化硅、氧化铝、氮化硅、碳化钛、碳化硼、石墨及细金刚石等。例如,在铝合金中加入体积为30%,粒径为0.3 μm 的 Al_2O_3 颗粒,使其在300 ℃时的拉伸强度仍可达220 MPa,并且所加入的颗粒越细,复合材料的硬度和强度越高。在 Si_3N_4 陶瓷中加入体积为20%的 TiC 颗粒,可使其韧性提高5%。另一类是延性粉体增强材料,主要为金属粉体,是通过加入第二相粒子使其在外力的作用下产生一定的塑形变形或在晶界方面滑移形成蠕变从而缓解应力的集中程度,进而达到增强增韧的效果。例如,Al_2O_3 中加入 Al,以及 WC 中加入 Co 等可增强材料的韧性。

另外,粉体增强材料除具有增强作用以外,有的还具有物理作用,目的是制成具有特种功能的复合材料。例如,加入银粉、石墨粉、铜粉等可改善导电性;加入磁粉,则具有导磁性;加入中空微珠可减小质量并可提高耐热性;加入 MoS_2 可提高耐磨性等。

1)粉体材料的要求

粉体的特性极大地决定或影响了其后陶瓷制备技术和所获得的陶瓷材料的性能以及塑料工艺的发展。根据材料体系、制备工艺及材料用途的不同,对粉体材料对应的要求也不完全相同。因此,可根据它们的共性归纳以下5个方面:

①高纯。粉料的化学组成及杂质对基体的性能影响很大。例如,非氧化陶瓷的含氧量会影响材料的高温力学性能。同时,氯离子的存在也会严重影响材料的烧结性,其次微量杂质的存在会改善或降低功能陶瓷的一些性能。

②粉料材料的形状。粉体材料的形状大致可分为圆球状、粒状、片状、柱状、纤维状等。一般来说,纤维状、片状粉料可改善复合材料的机械强度,但会提升成型加工的难度;而圆球状粉料可提高材料的成型加工性能,却会影响复合材料的机械强度,一般要求粉料粒子尽可能做成等轴状或球形,且粒径分布范围窄。采用这种粉料成型时,可使基体内部形成均匀紧密的颗粒排列,并且可避免烧结时由于粒径相差很大而造成的晶粒异常变大以及其他缺陷。

③无严重的团聚。由于比表面积的增加,一次粒子的团聚一直是超细粉料的棘手问题。因此,粉料制备时必须采取相应的措施减少一次粒子的团聚或降低其团聚程度,从而克服烧结时团聚颗粒先于其他颗粒致密化的现象进而获得密度均匀的粉料成型体。例如,炭黑的粒径为 10~500 μm。炭黑在生长过程中,粒子不断长大,除球形颗粒外,也有些聚熔的粒子联结起来形成三度空间的链状结构,形状如串珠,称为聚熔体,即一次结构。

④一次结构在粒子间熔合处是以化学键结合的。炭黑的一次结构粒子彼此以范德华力结合形成的更大的粒子等,统称二次结构。一次结构结合较牢固,在炼胶和研磨时不易破坏,二次结构较脆弱,极易被剪切力所破坏,但也易于重新形成。炭黑的一次结构和二次结构的总和,称为总结构或结构性。

⑤粉料的结晶形态。对存在多种结晶形态的粉料,烧结时致密化行为不同或其他原因,往往要求粉料为某种特定的结晶形态。例如,对 Si_3N_4 粉料就要求 α 相含量越高越好。

⑥超细。由于纳米粒子细化,可大幅度地增加晶界数量,因此使其材料的强度、韧性和超塑性大为提高。同时,因结构颗粒对光、机械应力和电的反应完全有别于微米或毫米级的结构颗粒,故在宏观上纳米材料可显示出许多奇妙的特性。例如,纳米相铜强度比普通铜高5倍;纳米相陶瓷的韧性是极高的,这与大颗粒组成的普通陶瓷完全不一样。纳米材料从根本

上改变了材料的结构,可望得到如高强度金属和合金、塑性陶瓷、金属间化合物以及性能特异的原子规模复合材料等新一代材料,为克服材料科学研究领域中长期未能解决的问题开拓了新的途径。许多专家认为,如能解决单相纳米陶瓷的烧结过程中存在的抑制晶粒长大技术问题,就可控制陶瓷晶粒尺寸在 50 nm 以下,则它将具有高硬度和高韧性的特性。

⑦塑性、易加工等传统陶瓷无与伦比的优点。

2)粉体材料的表征

随着粉体材料新的制造技术的发展,从显微结构中来研究材料的物相是材料研究的新途径。因此,对粉料特性表征内容也随之变多,列出了对陶瓷粉料的表征内容及表征技术。例如,对粉体尺寸、形貌和分布的控制,团聚体的控制和分散,块体形态、缺陷、粗糙度,以及成分的控制等方面特性在技术上实现了一定的突破。

3)粉体材料的制作工艺

大部分粉体增强复合材料的制作是通过粉体的烧结。因此,在加工之前需要进行粉体制取的过程。这个过程就像采矿时挖取矿石,然后将矿物转化为所需要的化学物质,再加工成所需的粒径尺寸与尺寸分布。传统陶瓷制备成原料粉料一般采用机械粉碎的方式。粉碎设备有球磨机、振动磨等。由于机械粉碎方法获得的粉料粒径一般最小为微米级或亚微米级,且粒径分布范围很宽。因此,在加工过程中,不可避免地会形成物理缺陷和化学缺陷。物理缺陷包括粒子上的微孔和缺口,化学缺陷则指混入不需要的元素或杂质。虽然这些缺陷不会影响普通的陶瓷生产,但对先进陶瓷尤其是功能陶瓷却会造成一些特性的减弱甚至丢失。因而传统的机械粉碎方法已不能满足先进陶瓷材料超细制备的要求。因此,就形成一些改进机械粉碎方法:采用助磨剂以提高粉碎效率;采用颗粒分级以获得粒径分布范围窄的粉料;采用酸洗除去粉碎时引入的杂质或采用与被粉碎粉料相同材质的磨衬以及研磨介质进而避免引入杂质。近年来,采用效率更高的气流粉碎磨以及搅拌磨。气流粉碎磨是在高速流动气流中利用粉料粒子的相互碰撞达到粉碎的目的。搅拌磨是利用搅拌棍搅动研磨介质之间的研磨从而实现粉料粉碎的。虽然两种方式的粉碎效率都很高,但存在粉料被研磨介质污染的问题。

更先进的粉体加工工艺是在 20 世纪 80 年代以来开发的,主要有液相法、气相法。其中,液相法包括沉淀法、溶胶-凝胶法、溶剂蒸发法及液相界面反应法 4 种。气相法根据加热方式的不同,可分为等离子合成、激光合成和金属有机聚合物热解等方法。

①液相法。主要用于氧化物陶瓷粉料的制备。

a. 沉淀法。采用各种水溶性的化合物经混合、反应生成不溶解的氢氧化物、碳酸盐、硫酸盐或有机盐等沉淀,然后过滤洗涤后的沉淀物热分解而获得高纯超细粉。

b. 溶胶-凝胶法。采用溶胶-凝胶法工艺制备粉料的特点是高纯、超细、均匀性高、颗粒尺寸及形状可控及烧结温度低。采用此法可制备出多种超细(10 ~ 100 nm)、化学组成及形貌均匀的单一或复合氧化物粉料,已成为一种重要的超细粉的制备方法。溶胶-凝胶技术可分为两种:金属有机醇盐的水解或聚合以及在酸或碱中无机盐或胶体的溶解。

c. 溶剂蒸发法。该方法是采用喷雾干燥、火焰喷雾及冷冻干燥等方式将可溶性盐的水溶液蒸发的同时采取一定的措施防止干燥后的固体粒子长大,再经热分解即可获得超细粉料。

d. 液相界面反应法。将 $SiCl_4$ 的有机溶液与液氨置于密闭的低温容器中,有机溶液与液氨之间将形成一定的界面。在界面上将发生反应

$$SiCl_4 + 6NH_3(\text{液}) \longrightarrow Si(NH)_2 + 4NH_4Cl$$

经过滤清洗反应副产物 NH_4Cl 及除去有机溶剂后,将 $Si(NH)_2$ 加热分解,得到无定形 Si_3N_4,再经结晶化处理即获得高纯超细 α 相含量的优质 Si_3N_4 粉料。

②气相法。主要用于非氧化物超细粉的制备。主要方法如下:

a. 将固相物质加热蒸发生成气相,再经急剧冷却凝聚获得超细粒子。

b. 气相物质在高温下反应生成超细粒子。

用气相物质在高温下反应制备超细粉的方法称为气相反应法。根据反应性质不同,气相反应法可分为气相化学反应法、化学气相沉积法、气相氧化法、气相热分解法及气相还原法。气相反应法的加热方式有激光法、等离子法和化学燃烧法等。

下面介绍几种粉体材料。

3.4.1 碳酸钙

碳酸钙在自然界中有多种存在形态,如石灰石、方解石等。将碳酸钙填充在橡胶、塑料中能使制品光泽度高、韧性增强、抗张力高、耐弯曲、龟裂性良好,是优良的白色补强填料。采用不同的制备工艺,可获取性质不同的碳酸钙:轻质碳酸钙、重质碳酸钙和胶质碳酸钙。它们各自的制法和性质见表 3.14。

表 3.14 由不同方法制备的不同性质的碳酸钙

	轻质碳酸钙	重质碳酸钙	胶质碳酸钙
制备方法	工业上常采用 3 种方法制备 1. 氯化钙与碳酸钠溶液反应 2. 氢氧化钠和碳酸钙反应 3. 将高纯度致密质石灰石和煤按一定比例混配,再经高温煅烧、精制、加水制成石灰乳后,再通入二氧化碳气体,生成沉降的碳酸钙,再经过过滤、干燥粉碎加工	由石灰石经选矿、粉碎、分级、旋风分离、表面处理而制得。其中粉碎方法可分为干式和湿式两种	制备方法与轻质碳酸钙制法不同之处是用硬脂酸钠进行表面处理在其粒子表面吸附一层脂肪酸皂,使其具有胶体活化性能
性 质	无味,无嗅的白色粉末,粒径 10 μm 以下,80% 的为 3 μm 以下。密度为 2.4 ~ 2.7 g/cm³。其含量:$CaCO_3 \leqslant 98.2\%$,盐酸不溶物 $\leqslant 0.10\%$,$Fe_2O_3 \leqslant 0.15\%$,水分 $\leqslant 0.30\%$;锰 $\leqslant 0.004\,5\%$,游离碱(以 CaO 计)$\leqslant 0.10\%$	无味、无嗅的白色粉末。粒径 10 μm 以下,其中 50% 为 3 μm 以下。密度为 2.7 ~ 2.95 g/cm³。其含量:$CaCO_3 \geqslant 95\%$,$Fe_2O_3 \leqslant 0.1\%$,盐酸不溶物 $\leqslant 0.5\%$	无味、无嗅的白色细腻粉末。密度为 1.99 ~ 2.01 g/cm³。其含量:$CaCO_3 \geqslant 97\%$,盐酸不溶物 $\leqslant 0.3\%$,含脂量 $\leqslant 0.5\%$,水分 $\leqslant 0.3\%$

近年来,材料科学方面研发出纳米级超细碳酸钙,其粒径在 1 ~ 100 nm,由于纳米级碳酸钙粒子的超细化,其晶体结构和表面电子结构发生变化,产生了普通碳酸钙所不具有的量子尺寸效应、小尺寸效应、表面效应和宏观量子效应,与常规材料相比,在可磁性、催化性、光热阻及熔点等方面显示出优越性能。纳米级超细碳酸钙具有光泽度高、磨损率低、表面改性及疏油性等特性,可填充在聚氯乙烯、聚丙烯和酚醛塑料等聚合物中,现在又被广泛用于聚氯乙

烯电缆填料中。纳米级超细碳酸钙不仅可降低成本,用于塑料、橡胶和纸张中,还具有补强作用。粒径小于 20 nm 的碳酸钙产品,其补强作用与白炭黑相当。粒径小于 80 nm 的碳酸钙产品,可用于汽车底盘防石击涂料。其制作工艺是:首先将精选的石灰石煅烧,得到氧化钙和窑气;然后将氧化钙消化,并将生成的悬浮氢氧化钙在剪切力作用下粉碎,再采用多级旋液分离除去颗粒及杂质,得到一定浓度的精制氢氧化钙悬浮液;接着向悬浮液中通入二氧化碳气体,加入适当的晶形控制剂,碳化至完全反应,得到符合要求晶形的碳酸钙浆液。最后进行脱水、干燥、表面处理,得到所要求的碳酸钙产品。

3.4.2　氮化硅

氮化硅是人工合成的材料,是一种共价键化合物。它有两种晶型即 α-Si_3N_4 和 β-Si_3N_4。α 是低温型,β 是高温型,都属于六方晶系。在工业中,为了制造高强度和高韧性的氮化硅制品要求粉末原料的 α-Si_3N_4 相含量高、粒度细。同时,为了避免支取的工艺品含有过多的晶界相影响损害其高温性能,还需要要求粉末有很高的纯度。

Si_3N_4 粉末的制备主要有以下 4 种方法:

1)**硅粉直接氮化法**

$$3Si+2N_2 \longrightarrow Si_3N_4$$

工业中,使用的氮化硅粉末大部分是使用这种方法制取获得的。反应初期控制 N_2 流量并避免局部过热超过 Si,Na 的熔点和使 β-Si_3N_4 相增多。

2)**二氧化硅还原和氮化**

$$3SiO_2+6C+2N_2 \longrightarrow Si_3N_4+6CO$$

此方法需要采用高比表面积的 SiO_2 与过量的碳在低于 1 450 ℃ 的温度下进行,并且加入过量的碳更加有利于 SiO_2 反应完全,但此反应过程较为复杂,并且容易生成纤维状物质,需要特别注意控制反应速度从而避免 SiC 的形成。

3)**亚胺硅或氨基硅的分解**

$$3Si(NH)_2 \longrightarrow Si_3N_4+2NH_3$$

$$3Si(NH_2)_4 \longrightarrow Si_3N_4+8NH_3$$

4)**卤化硅或硅烷与氨的气相反应**

$$3SiCl_4+16NH_3 \longrightarrow Si_3N_4+12NH_4Cl$$

或

$$3SiH_4+4NH_3 \longrightarrow Si_3N_4+12H_2$$

近年来还开发了氮化硅粉体新的制备工艺,这些先进的制备方法包括溶胶-凝胶转化、金属有机氮化物的液相还原、等离子体或激光催化的气相反应、聚合物热解等方法,这些制备工艺会进一步促使氮化硅工艺的发展。

3.4.3　碳化硅

碳化硅是典型的共价键结合材料,单位晶胞是由相同四面体构成。硅原子处于中心,周围是碳,所有多型体结构均由 SiC 四面体堆积而成,唯一不同的只是平行结合或者反平行结合,如图 3.11 所示。

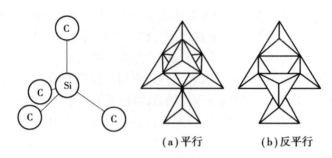

（a）平行　　　　（b）反平行

图 3.11　SiC 四面体和六方层状排列中四面体的取向

碳化硅粉末采用 Acheson 法生产。将石英砂（SiO_2）和适量的焦炭直接通电加热至高温还原而制成。还原温度一般在 1 900 ℃以上，即

$$SiO_2 + 3C \Longrightarrow SiC + 2CO$$

根据反应时间与温度的不同，还原产物可能是细粉末，也可能形成团块。为了制备高纯、细散的碳化硅，可采用：

①硅烷与碳氢化合物反应。

②三氯甲基硅烷热解。

③聚碳硅烷 1 300 ℃以上热分解等方法。

但是，工业上还是以 Acheson 法生产碳化硅粉末。

3.4.4　氧化锆

氧化锆（ZrO_2）具有熔点和沸点高、硬度大、常温下为绝缘体而高温下则具有导电性等优良性质。同时，氧化锆具有良好的化学性质。它是一种弱酸性氧化物，对碱溶液及许多酸性溶液（热浓 H_2SO_4，HF，H_3PO_4 除外）都具有足够的稳定性，也对硫化物、磷化物等也是稳定的。除此之外，ZrO_2 制成的坩埚可熔炼钾、钠、铝和铁等金属。

氧化锆有 3 种晶型，属于多晶相转化的氧化物。3 种晶型分别为：立方结构（c 相）、四方结构（t 相）和单斜结构（m 相）。稳定的低温相为单斜晶结构（$m-ZrO_2$），高于 1 000 ℃时四方晶相（$t-ZrO_2$，）逐渐形成，直至 2 370 ℃只存在四方晶相，高于 2 370 ℃至熔点温度则为立方晶相（$c-ZrO_2$）。ZrO_2 在加热升温过程中伴随着体积收缩，而在冷却过程中则体积膨胀。为保证不发生体积变化，在使用时必须进行晶型稳定化处理。常用的稳定剂有 Y_2O_3，CaO，MgO，CeO_2 和其他稀土金属氧化物。加入适量的稳定剂后，t 相可部分地以亚稳定状态存在于室温，称为部分稳定氧化锆。在应力作用下发生 t→m 马氏体转变称为"应力诱导相变"。这种相变过程将吸收能量，使裂纹尖端的应力场松弛，增加裂纹扩展阻力，从而实现增韧。稳定剂含量越高，$c-ZrO_2$ 越稳定，高温对其性能的影响越小；稳定剂含量越低，析出 $t-ZrO_2$ 量增多，相变增韧效果较好。因而常以 $t-ZrO_2$ 来增韧诸如 Al_2O_3、莫来石、Si_3N_4 等为母体的陶瓷材料。其中，ZrO_2 增韧 Al_2O_3 的效果最好，在 Al_2O_3 中加入少量的 ZrO_2，可显著地提高材料的抗弯强度，尤其是加入体积百分数为 5% ZrO_2 时效果最好。

目前，有关氧化锆粉体的制备主要采用液相法。其中，包括共沉淀法、醇盐水解法及水热反应。常用的制备方法是共沉淀法，即将氯氧化锆或其他锆盐和用作稳定剂的相应盐类的水溶液充分混合后用氨水共沉淀，沉淀物再经过过滤、漂洗、干燥、粉碎（造粒）等工序后制成

粉体。此方法得到的沉淀物其表面由于易吸附带负电荷的 Cl⁻，而漂洗后的沉淀物中遗留下的 Cl⁻的多少直接影响粉体的烧结温度和制成材料的性能。近年来，又开发了低温强碱法制备氧化锆粉体。此方法要求氯氧化锆分子在反应过程中必须始终处于强碱环境下，逐步将氯氧化锆加入氢氧化钠中进行搅拌、研磨、反应，然后将沉淀物清洗、过滤、醇洗后烘干。其工艺过程如图 3.12 所示。

图 3.12　低温强碱法制备氧化锆粉体工艺流程

这种方法制备氧化锆粉体具有处理温度低、烧结活性好、化学纯度高以及没有液相法中常存在的氯离子问题的特点。这种制备工艺获得氧化锆粉体纯度高，杂质含量少。本方法制备的氧化锆粉末中，虽然检测不到如液相法中容易残存的 Cl⁻。但是，Na_2O 的清除有待于进一步研究。

3.4.5　炭黑

炭黑是一种工业生产的基础原材料，是现代国民经济不可缺少的重要产品之一。由于炭黑能赋予橡胶制品一系列优异性能，因此它主要用于橡胶工业，橡胶工业所用炭黑约占炭黑总量的 90%，其次用于油墨、涂料和塑料等产品的生产。

1）炭黑的分类

按制造方法不同，炭黑可分为接触法炭黑（如槽法炭黑、混气炭黑和滚筒炭黑）、炉法炭黑（如油炉法炭黑和气炉法炭黑等）和热裂解法炭黑（如乙炔炭黑等）。

槽法炭黑是用天然气和油气混合为原料，经不完全燃烧并于槽铁上冷却沉积、收集加工而成。槽法炭黑收率很低，成本高，且不能满足合成橡胶的性能要求。它主要用来生产颜料。油炉法炭黑是指油类喷入特制的圆形反应炉内经不完全燃烧、急冷和尾气收集而成的炭黑。炉法炭黑对合成橡胶适应性较好。由于生产炉黑的原料丰富，加上合成橡胶的大量应用和发展，因此该法得以迅速发展。

炭黑的命名有时也根据炭黑对橡胶的补强效果和加工性能来规定，如高耐磨炉黑（HAF）、超耐磨炉黑（SAF）、中超耐磨炉黑（ISAF）、易混槽黑（EPC）、快压出炉黑（FEF）、半补强炉黑（SRF）及细粒子热裂炭黑（FI）等。

当前的分类是按照美国材料试验协会（ASTM）的规格，根据碘吸附量、DBP（邻苯二甲酸二丁酯）吸油量等基本性质加以分类。该分类法用表示加硫速度的英文字母（S 表示慢速加硫的酸性槽黑；N 表示普通加硫速度的中性或碱性炭黑）与 3 个数字（第一数字从 0～9，表示粒径范围）组合而成，见表 3.15。

2）炭黑的组成和结构

炭黑主要由碳组成，其碳含量为 90%～99%，其次是氧 0.1%～8%，氢 0.1%～0.7% 和硫 0.1%～1%。炭黑不同于金刚石和石墨，它属于无定形碳。芳香层面不够大，层与层之间受到扭转和平移，不像石墨而是三度有序排列形成乱层微晶结构，如图 3.13 所示。这种微晶平均由 3～4 个层间距为 0.34～0.38 的乱层面构成。高温处理后部分石墨化的炭黑具有准石墨微晶的特性，呈同心取向状，如图 3.14 所示。

表 3.15　炭黑的品种分类和轮胎用途

分类	粒径/nm	CTAB 表面积/(m² · g⁻¹)	主要的轮胎用途
胎面炭黑 硬质炭黑	11 ~ 19 20 ~ 25 26 ~ 30	123 ~ 250 100 ~ 123 70 ~ 100	超耐磨性轮胎胎面 轮胎 轮胎
胎体炭黑 软质炭黑	40 ~ 48 49 ~ 60 61 ~ 100	40 ~ 55 34 ~ 40 20 ~ 34	胎面,胎体 胎体,侧胎,内胎 胎体,内胎

炭黑的粒子很小,属于胶体粒子范围。粒径为 10 ~ 500 μm。

炭黑在生长过程中,基本凝聚体粒子(10 ~ 300 nm)不断长大形成复杂不规则的聚熔体,即一次结构。利用图像分析可将聚熔体的形态定性分成三大类八小类,如图 3.15 所示。

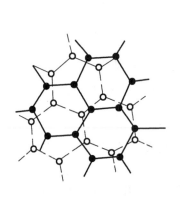

图 3.13　炭黑微晶的乱层结构

图 3.14　炭黑的同心取向准石墨结构

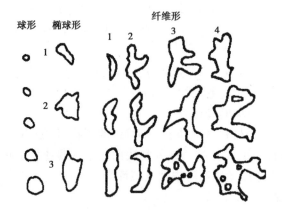

图 3.15　炭黑聚熔体的形态分类

第一大类:球形;第二大类:椭球形,其中还分有三小类;第三大类:纤维形,又分为四小类。每种炭黑一般或多或少都有这八类形态的单元,但各种炭黑的每类单元分布数不同。炭墨一次结构在粒子间熔合处是以化学键结合的。此键较牢固,在炼胶和研磨时都不易破坏。炭黑一次结构粒子彼此以范德华力结合形成更大粒子,称为二次结构。它较为脆弱,易被前切力破坏。

3）炭黑的基本性质及其对胶料性能的影响

炭黑的粒径、结构性及粒子表面的化学性质 3 个主要性质对胶料的工艺及制品的物理力学性能起着决定性的影响。粒径是指炭黑粒子的平均直径,粒子越小,细度越大,炭黑所具有的比表面积就越大,这样增加了胶料的混炼时间,发热量增加,大大提高了对硫化胶的补强性能。炭黑的一次结构和二次结构的总和,称为总结构或结构性。其大小是指炭黑粒子熔合成链状三维空间结构的程度。炭黑的结构性越高,对橡胶的补强作用越大,炭黑在胶料中的分散也越容易。炭黑粒子的表面粗糙度和化学活性大小同样也是很重要的。表面粗糙度越大,化学活性越高,补强性能也越好。炭黑粒子表面含氧官能团的多少对硫化速度都会产生影响。

3.4.6　白炭黑

白炭黑是由人工合成的白色二氧化硅微粉。它具有很高的绝缘性,不溶于水和酸,高温下不分解且表面积大的特点。因其色白,补强效果仅次于炭黑,超过其他任何白色补强剂,故称白炭黑。白炭黑是橡胶工业中重要的白色补强剂之一。

白炭黑的显著特征表现在以下方面:

①白炭黑粒径小(原始粒子几纳米至几十纳米,聚集体粒径为几微米至几十微米),比表面积大($20 \sim 350 \ \mathrm{m}^2/\mathrm{g}$)。表面的硅醇基(S—OH)使粒子之间产生相互作用,通过相邻羟基的氢键作用形成网络结构,有助于体系增稠和悬浮。

②由于白炭黑是一种超细粒子填料,不溶于水和酸,有吸水性,内表面积很大。它在树脂中的分散力较大,能提高塑料制品的物理性能。

③白炭黑具有很高的电绝缘性,对提高塑料制品的电绝缘性也有一定作用。

④白炭黑的整体结构为无定形态,表面羟基有亲水性,在塑料中有消光作用,在不饱和聚酯、聚氯乙烯糊、环氧树脂中有增黏作用。

⑤白炭黑生热量低,添加到热固性树脂中可降低屈服伸长率,增加硬度从而保证制品的尺寸稳定性等。

白炭黑的制备主要有以下 3 种:

①沉淀法:稀硅酸钠和稀盐酸进行反应。

②炭化法:硅砂和纯碱进行反应。

③燃烧法:四氯化硅气体与氢气和空气的均匀混合物反应。

白炭黑产品的标准:SiO_2 含量≥99.5%,游离水(110 ℃,2 h)≤3%;灼烧失重(990 ℃,2 h)≤5%;铬≤0.02%,铁≤0.01%,铵≤0.03%,pH=4~6,容积密度 0.03~0.05 $\mathrm{g/cm}^3$。

3.5　二维增强填料

经过上 100 年的发展与完善,橡胶填料研究出现了层状填料这一全新的发展方向。层状填料与以往填料在改性机理方面存在一定差异,是目前材料科学比较新颖的研究项目。滑石粉、片状石墨、云母粉及蒙脱土等是较常见的片状填料。其中,滑石粉是水合硅酸镁的俗称,该填料能令橡胶材料的表面更加光滑。经改性处理后的滑石粉能形成一种硅烷化的超细片层表面,可作为滑石粉与硫化橡胶的良好媒介,从而加强二者的联系性提升橡胶产品的模量、压缩抗性等性能;人造云母粉是以二氧化硅(49%)、三氧化二铝(30%)等为主的金属盐混合物,通常以干磨法或湿磨法两种方法完成改性处理然后作为填料加入橡胶材料制备,一般多以湿磨法进行改性并提升橡胶的阻燃、机械等性能,从而制备成各类不同用途的特殊橡胶材料;片状石墨则以规整碳六元环为基础形成多层结构,其中拥有大量自由电子从而使得片状石墨更加润滑,能有效提升橡胶的弹性与阻尼特性。下面将选择几种比较有代表性的二维填料进行介绍。

3.5.1 绢云母二维填料

绢云母是一种天然细粒白云母,属白云母的亚种,是层状结构的硅酸盐矿物,结构由两层硅氧四面体夹着一层铝氧八面体构成的复式硅氧层。解理完全,可劈成极薄的片状,片厚可为 1 μm 以下(理论上可削成 0.001 μm),径厚比大;与白云母相比,具有天然粒径小、易超细加工的特点。绢云母的化学表达式是 $K_{0.5-1}(Al,Fe,Mg)_2(SiAl)_4O_{10}(OH)_2$,同时还含有不同程度的结晶水。

绢云母的莫氏硬度为 2~3,比重 2.7~3.2,pH 值为 6~8,折射率随铁含量的增加而相应增高,可由低正突起至中正突起,不含铁的变种,薄片中无色,含铁越高时,颜色越深,同时多色性和吸收性增强。云母是一种含有水的层状硅酸盐矿物,对紫外线具有极佳的屏蔽作用,外表呈丝绢光泽,手感细腻润滑。云母粉具有独特的耐酸、耐碱、化学稳定性能,还具有良好的绝缘性和耐热性、不燃性、防腐性。

绢云母以其独特的二维片状结构如图 3.16 所示。刚柔相济的优良性能在塑料中有广泛的用途,其优良的性能表现在:能降低制品的收缩率、翘曲率、弯曲度和比重,提高制品的机械性能、耐热性、绝缘性、化学稳定性和阻隔性,增加制品表面光泽度和耐候性。它用于塑料食品容器、电子灶具时,可提高制品的微波透过性。目前,绢云母主要应用于 PP、热塑性聚酯、PC、PE、聚甲基戊烯、PA、不饱和聚酯、酚醛塑料、PU 等。

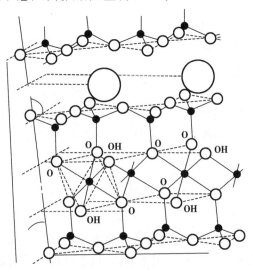

图 3.16 绢云母粉结构

绢云母增强热固性塑料的突出优点在于:具有良好的介电性能,尺寸稳定性高,硬度和热畸变温度高,抗渗透性好。

绢云母增强热塑性塑料的突出优点有硬度高、填料体积比大、耐酸碱腐蚀性好、抗渗透性好、介电性能优良、翘曲小、热膨胀系数小、可燃性低、模压周期短、平面增强及热畸变温度高。

绢云母在塑料中分散均匀,物体流动性好,易挤出造粒和注塑成型,有利于工业生产的进行。绢云母相容性好,在塑料中与其他填料如滑石粉、玻璃纤维、玻璃粉、微珠、硅灰石纤维、硅微粉等能很好相容。橡胶工业中常用的无机填料有碳酸钙、滑石粉、陶土等,它们在改善橡胶制品的某些功能的同时也削弱了一些性能,而绢云母产品作为橡胶制品的多功能填料,兼备各种性能。经北京、河南、四川等橡胶厂家在轮胎、胶带、胶板、胶管、汽车橡胶配件等产品中应用,表明绢云母具有良好的加工性能,可代 30% ~50% 的半补强或其他粗颗粒炭黑。

3.5.2　片状石墨二维填料

天然片状石墨是具有正六边形的层状晶体结构,在晶体中碳原子按 sp^2 杂化轨道成键,剩余的一个 $2p$ 电子组成大 π 键。大 π 键中的电子是非定域的,可在同一层面上运动。一个石墨片层是由多个沿着 C 轴方向层叠的碳原子层构成的只有最外层大 π 键中的电子才对石墨片层间的导电有贡献。因此,石墨片层的厚度越小(即比表面越大)能参与片层间导电的电子越多,导电性能越好。将天然片状石墨改性处理成纳米石墨微片,比表面积就会显著增加,将其分散于聚合物体系中易形成导电网络。纳米石墨微片之间充分接近片层上的电子,便可通过隧道效应而产生电流。纳米石墨微片分散的越均匀,相互间接近的概率越大,导电性越好。

片状石墨典型的制备过程是将膨胀石墨浸入 70% 的乙醇水溶液中超声处理约 10 h,将处理后的产物过滤清洗、干燥即得纳米石墨微片。利用超声空化作用在膨胀石墨内部产生局部高温高压的特殊极端物理环境使溶剂方便地进入膨胀石墨孔隙内部。在溶剂空化气泡的形成和破碎过程中产生瞬间强烈的冲击波,同时由于伴随有短暂的高能量微环境的形成产生高速射流。这两种作用使膨胀石墨上的微片结构完全脱落。制备出游离的纳米石墨微片。除此以外还可用直接研磨法来制纳米石墨微片,但是,此法的缺陷在于膨胀石墨是一种自黏性较强的材料,故用传统的方法较难以粉碎。

纳米石墨微片的厚度完全保持在 30 ~80 nm,均值约 52 nm;直径在 0.5 ~20 μm,均值约 13 μm;形状比(直径与厚度的比值)为 100 ~500,均值约 250。部分纳米石墨微片的厚度为 2 ~5 nm。纳米石墨微片不再是蠕虫状结构而是片层结构。并测得其比表面积约为 17.55 m^3/g,密度为 0.015 g/cm^3。在对纳米石墨微片粒径分布和超声粉碎时间关系的研究中发现,最佳超声粉碎时间为 10 h,此时粒径即保持在 13 μm。大于 10 h 对石墨微片的粒径几乎不再影响。纳米石墨微片几乎保持了天然片状石墨的晶体结构;同时,红外分析发现,在纳米石墨微片的表面存在含氧基,有利于纳米石墨微片与聚合物的复合。

3.5.3　二硫化钼二维填料

MoS_2 是一种性质相对稳定的银黑色固体,自然界中主要来自辉铝矿。MoS_2 主要由两种晶体结构构成,分别是 2H 和 3R 型。其中,前一种的含量通常更加丰富。在 MoS_2 的 2H 型结构中,每一个 Mo 原子占据了一个三棱柱的中心,临近有 6 个 S 原子与之配位。每个 S 原子都在三棱柱的顶角上并且与 3 个 Mo 原子配位。这种相互连接的三棱柱便形成了 MoS_2 的层状结构,像三明治结构一样,其中钼原子被夹在了硫原子层间如图 3.17 所示。

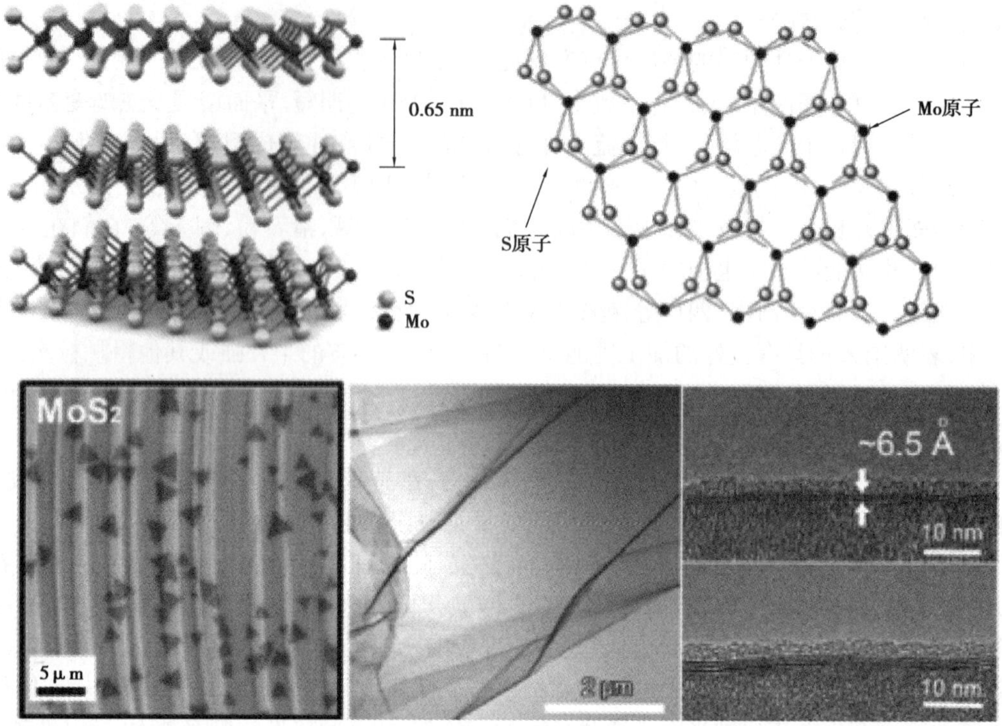

图 3.17　二硫化钼结构示意图及 SEM 与 TEM 微观表征图

　　为了满足二维 MoS₂ 研究和应用的需求,发展一种高效制备二维 MoS₂ 的方法是最为关键且重要的一步。为了获得其最优的性能特质,研究者已尝试了多种方法来实现二维 MoS₂ 的制备。人们基于块状二硫化铂采用了一系列自上而下的剥离方法去制备 MoS₂ 片层,如在液相中直接超声剥离、化学插层法剥离、剪切玻璃及电化学剥离等。同时,通过自下而上的方式如气相沉积法(CVD)和化学合成法也可获得二维 MoS₂。

　　CVD 是一种最为广泛使用的自下而上获得大尺寸高质量二维 MoS₂ 片层的途径。它可通过改变实验条件来调控所得二维 MoS₂ 的大小及薄厚,并且所得二维 MoS₂ 都表现出十分突出的电学行为。在化学气相沉积过程中,MoO₃ 和硫粉是最具代表性的用来制备二维 MoS₂ 片层的前驱材料。然而通常情况下,在随后的转移过程往往会损害所获得的二维 MoS₂ 片层的品质。总的来说,化学气相沉积法需要对沉积过程的环境要求极高,且同时需要精确的控制如温度及压力等生长条件,这极大地影响了 CVD 法在大规模合成二维 MoS₂ 片层方面的应用。

　　MoS₂ 在高温下相对较低的摩擦系数和较高的热稳定性,其已被广泛地用作固体润滑剂来制备耐摩擦的聚合物复合材料,其中包括 PP、聚甲醛(POM)、聚苯乙烯、聚氨酯及高密度聚乙烯(HDPE)等。MoS₂ 的润滑作用来自 S—Mo—S 分子层之间的弱相互作用。当 MoS₂ 颗粒的片层基面平行于基体的表面时将会有效改善聚合物的摩擦性能。MoS₂ 聚合物复合材料的摩擦性能优劣与二维 MoS₂ 纳米片层的滚动、剥离和变形等息息相关,并用于阻尼复合材料中还较少被报道。

3.5.4　石墨烯及其衍生物

　　石墨烯是一种碳原子以 sp^2 杂化排列的单原子层二维晶体,呈六角环形片状体,形成蜂窝

100

状结晶结构。每个碳原子的 2s,2px 和 2py 3 个杂化轨道与邻近的原子以 6 键相连,使石墨烯在其片层方向上具有极高的强度。剩余的 2pz 轨道有一个价电子,垂直于 sp^2 杂化轨道平面,相互平行,共同形成离域的平面大 π 键,构成稳定的石墨烯结构。石墨烯可看成构筑其他维数的碳材料的基本单元。单层的石墨烯可翘曲成球状的富勒烯,单层或多层的石墨烯可卷曲形成筒状的单壁或多壁碳纳米管(SWCNT 或 MWCNT,石墨烯片层紧密堆叠成为三维的石墨)。

石墨烯独特的单原子层二维结构,赋予其许多优异的性能。作为一种纳米材料,石墨烯本身具有纳米材料固有的特性,如量子霍尔铁磁性、激子带隙、小尺寸效应、表面效应及宏观量子隧穿效应等。此外,石墨烯具有出色的力学、电学和热学等性能。

石墨烯是理论上和实际上强度最高的材料。石墨烯的弹性模量为 1.05 TPa,利用原子力显微镜(AFM)纳米压痕技术测量单层无缺陷石墨烯的弹性张力-应变响应,测得杨氏模量为 0.5 ~ 1.0 TPa,柔量为 -2.0 TPa,断裂强度为 42 N/m,分子内应力为 130 GPa。

氧化石墨烯(Graphite oxide,GO)是石墨烯的一种重要的衍生物。它的结构与石墨烯相似,GO 表面含有各种含氧基团,如羟基,环氧基团(—C———C—)等。其羟基和环氧官能团主要位于 GO 的基面上,而羰基和羧基则处在 GO 的边缘。

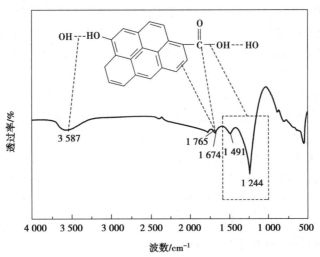

图 3.18　GO 红外光谱特性

如图 3.18 所示,GO 在 1 244 cm^{-1} 处出现的吸收峰属于 C—OH 的伸缩振动,1 491 cm^{-1} 的吸收峰则属于 O—H 的变形吸收峰,1 674 cm^{-1} 的吸收峰属于 C =C 的伸缩振动、1 765 cm^{-1} 的吸收峰属于 C =O 的伸缩振动,而 3 587 cm^{-1} 出现的包络峰来自羟基—OH 的伸缩振动,由该图知道,GO 有大量的含氧基团存在,其中羟基峰强较弱,这主要是由于羟基一般分布在氧化石墨的边缘,数量较少。

GO 的含氧基团削弱了层间较强的范德华力,并使其不需要表面活性剂就可稳定分散在水和多种有机溶剂中。相对于疏水性的石墨烯,G—O 可在水中均匀分散,两个主要原因为:

①GO 的亲水性,使亲水性的小分子或聚合物等很容易通过氢键、离子键、共价键等作用插入氧化石墨片层间。

②片层表面羧基和羟基等基团的电离使 GO 表面带负电荷,产生静电排斥,从而在水中形成稳定的胶体。

GO 在水中通常是以溶胶的状态存在,当施加一定的外力(超声、机械搅拌等),G—O 很容易被剥离并稳定分散在水溶液中。GO 在多种极性有机溶剂中能长时间稳定存在,如四氢呋喃(THF)和乙醇等,并且呈单层均匀分散。

然而,含氧基团的引入破坏了石墨烯层内的大 π 键,使 GO 丧失了导电能力。GO 的还原能恢复部分碳原子间的共轭结构,改善 GO 的导电性,但与完整的石墨烯相比,还原后的 GO 导电率较低。主要是由于还原后的片层间仍有部分的含氧基团。此外,由于氧化过程对石墨烯碳骨架的破坏,使 GO 的力学性能低于完整的石墨烯。

目前,制备石墨烯的主要方法包括微机械剥离法(Micromechanical exfoliation)、化学气相沉积法(Chemical Vapor Deposition,CVD)、外延生长法、化学合成方法及氧化-还原方法等。微机械剥离法、CVD 法和外延生长法虽然能获得较高质量的可控的石墨烯,但因其反应条件苛刻、操作设备复杂、成本较高及产率较低等原因而不利于大规模的制备。如何大规模地制备出单层或少层且具有可加工性能的石墨烯材料是制约石墨烯的广泛应用和工业化生产的一个重要因素。相对而言,氧化-还原法的设备及操作过程简单、产量大,同时石墨烯溶胶的产物形式也便于材料的进一步加工和成型。

GO 的制备过程一般分为两步:先制备出 GO,再剥离。目前,根据反应条件和氧化剂不同,常用的 3 种制备 GO 的方法为 Brodie 法(发烟 HNO_3 和 $KClO_3$)、Staudenmaie 法(浓 H_2SO_4,HNO_3 和氯酸钾)和 Hummers 法(浓 H_2SO_4 和 $KMnO_4$),均是采用强酸加强氧化剂处理石墨。首先强质子酸插入石墨层间,得到石墨插层化合物;然后强氧化剂氧化石墨,在石墨烯表面及边缘上引入大量含氧基团,制得 GO。含氧基团较强的亲水性有利于 GO 在水溶液中完全剥离并均匀分散。这些方法的氧化程度相差不大,碳氧比(C/O)都接近 2。不同的氧化方法、石墨源、反应环境对 GO 的化学组成都有较大的影响。

Hummers 改进了 Brodie 法和 Staudenmaie 法,用 $KMnO_4$ 代替 $KClO_3$ 作为氧化剂,在浓 H_2SO_4 与 $NaNO_3$ 体系中制备 GO,反应过程可分低温(<4 ℃),中温(~35 ℃)和高温(<98 ℃)反应 3 个阶段。该反应的产物相对于其他两种反应的氧化程度稍高,GO 的结构较规整,并且易于在水中剥离。Hummers 法更安全、更快捷、对环境的污染较小、反应简单、氧化程度高。因此,该方法成为目前制备 GO 最常用的方法。

要制备出单片层 GO,需要用外力破坏 GO 片层间的范德华力,对 GO 进行剥离。常用的剥离方法包括热膨胀和超声分散。热膨胀的原理是在迅速升温(可达到 2 000 ℃/min)的过程中,CO,CO_2,H_2O 等小分子蒸发,GO 的内应力急剧上升,克服层间范德华力,从而使 GO 片层剥离。GO 的亲水性有利于其超声分散。其原理是:液体进入 GO 片层间,超声波使液体产生很多微小的气泡,气泡的聚集闭合会产生"空化"效应,所形成的瞬间高压和局部高温使片层剥离。相对于热膨胀法,超声分散是一种物理作用,不会影响 GO 表面的化学构成,并且更简单安全,但超声作用会使片层发生一定程度的破裂。

化学还原法是很常用的还原 GO 的方法,还原剂种类繁多,包括水合肼、二甲肼、硼氢化钠($NaBH_4$)、维生素 C、对苯二酚、对苯二胺、含硫化合物、碘化氢等。该方法所制备的石墨烯仍有少量含氧基团,其共轭结构也没有完全恢复,因此通常称为化学还原氧化石墨烯(Chemically Reduced Graphene Oxide,CRG)。CRG 的制备一般是以石墨为前驱体,利用 Hummers 方法制备出 GO,然后在水等溶剂中,利用超声波等剥离方法得到 G—O,最后用还原剂进行化学还原。

石墨烯通常会提高聚合物的储能模量和损耗模量。但是,石墨烯的添加量较多时,会发生团聚,复合材料的储能模量反而会下降。基体-填料以及填料-填料间的摩擦是能量损耗的主要形式。较低浓度的石墨烯能使损耗因子的峰值位置所对应的温度与峰值发生大幅度的移动。例如,0.05% 的功能化石墨烯使聚丙烯腈(PAN)的峰位置向高温移动了 40 ℃。较强的界面相互作用会限制界面处聚合物分子链的移动,从而 T_g 升高,低含量的石墨烯也能使部分聚合物的 T_g 显著移动,因为 GO 能与基体形成更多氢键,从而增强了聚合物与填料的相互作用。

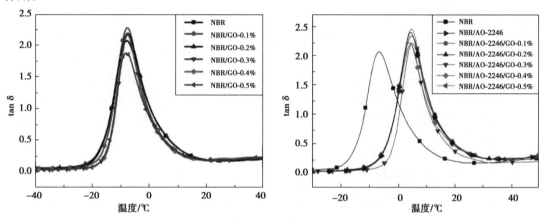

图 3.19　GO 含量对 NBR 共混物损耗角正切值的影响

由图 3.19 可知,随着 GO 的加入,共混物的阻尼性能先增大,后减小,最高时为加入 GO 量为 0.1% 时,阻尼性能的减小,可能是因氧化石墨烯的加入,在量较小的情况下,其能在基体材料中以分散性较好的单层存在,能对材料的阻尼性能产生有利的影响,而在用量较多的情况下,氧化石墨烯将发生团聚作用,以降低材料阻尼性能。添加 AO-2246 于纯 NBR 时,共混物的玻璃化转变温度往高温方向移动,说明 AO-2246 本身在基体中改变了其链段运动模式,这是因 AO-2246 在基体中形成了氢键,从而使共混物玻璃化转变温度往高温方向移动而 GO 的加入,但与 GO 加入纯 NBR 所不同的是,NBR/AO-2246/GO 共混物随着 GO 量的增多,其阻尼性能也随之增加,但在 GO 量较少的情况下,其阻尼性能会有所降低,这可能是加入 GO 后破坏了小分子体系的交联网络,但在加入量足够多时,其阻尼性能还会有一定的提升。

除了在有机材料中的应用,石墨烯还广泛应用于金属基复合材料中。

近年来,对石墨烯增强镁基复合材料在组织结构、力学性能改善以及界面反应控制等方面的理论研究取得一些进展。添加石墨烯纳米片,采用熔融沉积与热挤压技术制备的 AZ61 基复合材料,结果发现,石墨烯的均匀分布使材料晶粒细化、晶体取向发生改变,室温力学性能也提高。采用石墨烯添加使 AZ91D 镁合金基体的断裂形式由脆性断裂转变为韧性-脆性混合断裂,断裂韧性相比基体降低了。粉末冶金方法是石墨烯增强镁基复合材料的主要制备方法,使复合材料的抗压强度、显微硬度、摩擦系数和磨损率都显著提高。

铝及铝合金具有低密度、高强度和良好的延展性等优良特性,广泛应用于航空航天、轨道交通领域。通过合金化等方式可改善性能,但提升的幅度有限,石墨烯的出现使铝合金性能进一步提升成为可能。石墨烯铝基复合材料的主要制备方法为粉末冶金法,包括热压烧结、热等静压、热挤压及微波烧结等。压力浸渗法、搅拌铸造法和原位生成法等也被用于石墨烯铝基复合材料的制备。江苏中天科技股份有限公司与中国科学院合作研究了金属基石墨烯复合材料,瞄准铝及铝合金架空导线领域的关键瓶颈,即对抗拉强度与导电率矛盾的关系进行研究,突破传统架空导线的枷锁,实现了石墨烯在连铸连轧过程中的在线连续添加,有效解决了石墨烯与铝之间难以浸润的问题,使石墨烯在金属领域迈出了关键性的一步。该技术开拓了石墨烯在架空铝材导线领域的应用,还可在多数铝合金材料上取得更广泛的应用。

钛合金以其高比强度、良好塑性和耐高温等优良性能在航空航天等领域获得广泛应用。碳元素与钛的结合性较强,在高温下容易发生反应而生成 TiC,TiC 聚集易恶化石墨烯/钛基体的结合界面。因此,采用传统的粉末冶金方法和铸造法制备石墨烯增强钛基复合材料,控制石墨烯与钛合金发生界面反应是石墨烯增强钛基复合材料研究目前关注的重点。

铜及铜合金具有优异的导电、导热性能,良好的塑性、韧性与延展性,在电子电气、机械制造行业应用广泛,在现代工业体系中占有重要位置。由国内外文献可知,石墨烯作为增强相添加到铜基体中可以有效提升复合材料的综合性能,少量石墨烯的加入就可细化晶粒,起到很好的强化作用。同时,石墨烯良好的润滑性在降低复合材料的摩擦系数、有效提升其摩擦磨损性能方面效果显著。

3.5.5　MXene 二维填料

2004 年单层石墨烯的发现为人类叩开了二维材料研究领域的大门,随后二维材料由于其独特的性能引发了广大科研工作者的狂热。时至今日,已被研究的二维材料已有数十种,如六方氮化硼(h-BN)、过渡金属二硫化物(TMDs)、过渡金属氧化物、过渡金属碳/氮化物(MXene)等。其中,$Ti_3C_2T_x$ 是在 2011 年被首次用过以 HF 蚀刻 Ti_3A1C_2 中 Al 原子层得到的第一种 MXene 材料,具有类石墨烯结构。MXene 的通式可表示为 $M_{n+1}X_nT_x$(n 可以为 1,2,3),其中 M 为过渡金属(如 Sc、Ti、Zr、Hf、V、Nb、Ta、Cr、Mo 等),X 为碳或氮,T_x 为 MXene 表面的官能团,包括—OH,—F,═O 等。除了上述以 HF 进行蚀刻的制备方法,许多研究者还开发出了包括电化学等的多种制备方法。MXene 被研究至今,其性能也被应用至包括电磁屏蔽、润滑、储氢、超级电容器等领域。

MXene 的制备方法虽然较多,但万变不离其宗,均离不开其前驱体 MAX 相。MAX 相是一类三元层状化合物,具有金属和陶瓷的双重特性。在 MAX 中,$M_{n+1}X_n$ 八面体层与 A 层交错堆叠,M 和 X 之间存在离子键和共价键的强相互作用,而 M 和 A 之间为弱键结合。所有的制备方法都是利用 M—A 和 M—X 相互作用的强弱差异,设法从 MAX 中去除 A 层,再通过超声等方式分层而获得 MXene。但是,不同的制备方法制备的层状 MXene 存在尺寸、厚度上的差异,造成性能上也有所不同。截至目前,已被成功制备的 MXene 约 17 种,分别为 Ti_3C_2、Ti_2C、Ta_4C_3、TiNbC、$(V_{0.5}Cr_{0.5})_3C_2$、V_2C、Nb_2C、$(Ti_{0.5}Nb_{0.5})_2C$、$(Ti_{0.5}V_{0.5})_3C_2$、$(V_{0.5}Nb_{0.5})_4C_3$、MO_2C、MO_2TiC_2、$MO_2Ti_2C_3$、Cr_2TiC_2、Nb_4C_3、Ti_3CN 和 Ti_4N_3。

以高浓度的 HF 对 A 层进行蚀刻是目前使用最广泛的方法,这也是 MXene 被首次制备所用的方法(图 3.20)。具体来说,是将 MAX 相粉末在加热和搅拌的辅助下分散于高浓度的HF 中,进行充分时长的蚀刻后,反复水洗或醇洗所获固体产物至中性,最后经过超声等措施分层获得二维层状的 MXene 纳米片。虽然此法高效,但高浓度的 HF 有极大的危险性,且反应后难以处理,对环境也有危害,故近年来人们不断尝试新的较为温和的蚀刻药剂。

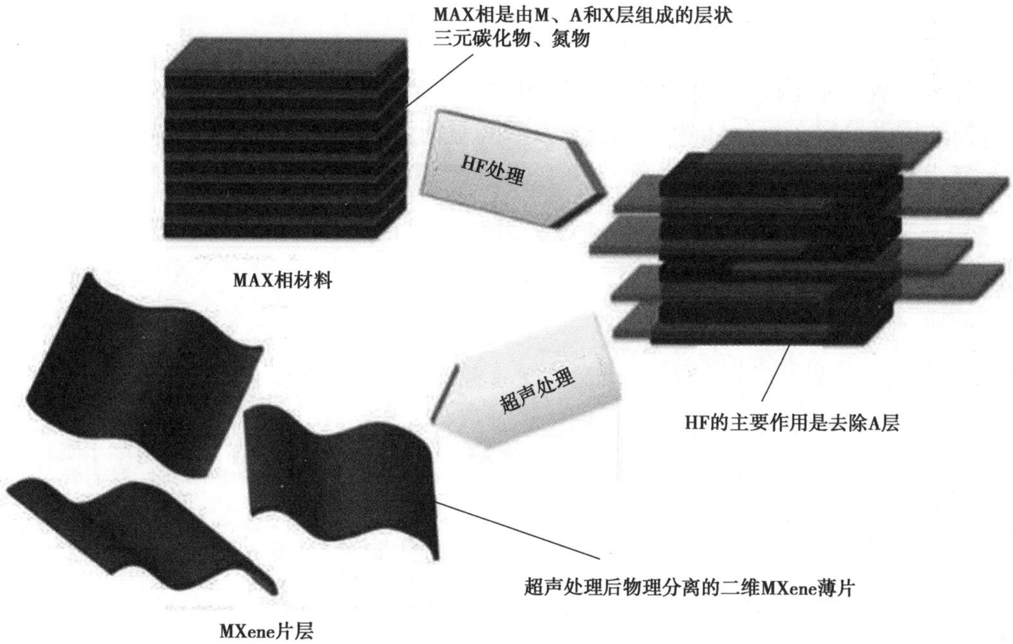

图 3.20　高浓度 HF 蚀刻 MAX 相制备 MXene

氟化理(LiF)和盐酸(HCl)是目前除了直接用 HF 外被使用最多的一种方法,为 2014 年 Ghidiu 等首次使用,并成功制备了 $Ti_3C_2T_x$。这种蚀刻剂相对较温和,危险性相对较小,且在反应过程中 Li^+ 插层到 $Ti_3C_2T_x$ 上,降低了后续剥离分层的难度。其中,加入 LiF 的量对产物的尺寸,纳米片材的质量(缺陷)有较大的影响。该法制备的 $Ti_3C_2T_x$ 具有良好的柔韧性和机械强度,且易得高质量、横向尺寸大的少层甚至单层 $Ti_3C_2T_x$。

按照时间顺序,利用 NH_4HF_2 作为蚀刻剂制备 $Ti_3C_2T_x$ 的方法是最早的代替 HF 的方法,且该法可在室温下进行。该法反应过程中,NH_4^+ 和 NH_3 会同时插入 $Ti_3C_2T_x$ 层间,有效增大 $Ti_3C_2T_x$ 层间距。但是,致命的是反应时间过长,且副产物通过水洗等处理难以去除。

为了使 MXene 的制备过程更安全简便,研究者开发出了一种以电解池对基础的制备方法。两小块前驱体 Ti_3AlC_2 分别被作为工作电极和对电极,浸泡于自制的碱性水溶液中,水溶液由 1.0 mol/L 氯化铵(NH_4Cl)、0.2 mol/L 和四甲基氢氧化铵(TMAOH)组成。在蚀刻过程中,只有工作电极发生腐蚀反应。经过 5 h 的蚀刻后,在反应器底部可得到黑色的粉末(即堆积的 $Ti_3C_2T_x$),这种方法产率可为 90% 以上,制备的 $Ti_3C_2T_x$ 抽滤成膜后制备的全固态超级电容器有可观的电容量。该腐蚀过程主要的离子反应方程式为

$$Ti_3AlC_2 - 3e^- + 3Cl^- = Ti_3C_2 + AlCl_3$$
$$Ti_3C_2 + 2OH^- - 2e^- = Ti_3C_2(OH)_2$$
$$Ti_3C_2 + 2H_2O = Ti_3C_2(OH)_2 + H_2$$

关于 MXene 的国内外研究近几年才发展起来。Michael Nguib 等人在 2011 年将世界上第一种 MXene 材料合成成功,因其独特的结构以及优异的导电性引起了广泛的关注,在电池、电容器、电子器件领域都有广泛应用。即使在现在,MXene 主要应用也局限于电池领域,对其在

阻尼材料方向的应用还需要进一步深入。

思考题

1. 什么是纳米复合材料？制备纳米复合材料有什么困难？可以采取哪些措施来解决？
2. 简述增强填料在复合材料中所起的作用，并举例说明。
3. 复合材料为什么具有可设计性？

第4章
填料表界面性能及改性方法

4.1 复合阻尼材料界面研究的重要性

复合材料是由两种或两种以上的物理化学性质不同的材料组成的。因此,除材料的本征特性、表面性质外,还有由不同材料之间相互接触所产生的共有的接触面,也就是界面。界面使不同材料结合成为一个整体,并且对整体的性能有着决定性的影响。

无论是金属材料还是高聚物构成的复合材料,其界面是在热学、力学和化学等环境条件下形成的体系,具有十分复杂的结构,因而对复合材料的影响也是巨大的。例如,金属和合金材料的界面,包括晶界和相界对金属的物理、化学和力学性质都有着极其重要的影响。聚合物许多有价值的功能,都是通过其表面与外在环境的接触而形成的界面来作贡献的。例如,表面的黏结、密封、黏附、表面保护、胶体稳定、扩散、渗透与反渗透、表面改性、表面化学反应、防腐蚀、摩擦、磨损、润滑、老化与防老化等现象与技术,都是与材料的界面有关的,特别是多组分多相聚合物中的高分子复合材料,共混材料、增强材料及填充材料都存在着两个或多个相,故存在有相界面的作用,这些材料性质的优劣在很大程度上取决于界面相互作用的结果。因此,只有透彻地了解了界面的关系问题,才能充分发挥这类材料的优良性能。另外,聚合物界面科学对各种材料的黏结、密封、复合、增强、堵漏、共混、表面改性、表面镀膜、防污染、防静电、提高耐磨损性,改善润滑性、胶体的乳化分散、悬浮、稳定、絮凝、改善生物医学工程材料与血液相容性、药物缓释等一系列实用技术,可起到一定的理论指导作用。以聚合物为基体的复合材料是当前的先进材料。它是由聚合物与无机材料或聚合物与聚合物复合而成的。由于是由不同种类的材料复合而成,因此在复合材料内部存在着大量的界面层。界面层成为复合材料组成的一部分,它的组成、结构与性能,是由填充、增强材料与基体材料的组成及它们之间的反应性能所决定的。因此,在复合前必须对填充、增强材料的表面进行研究及改性。聚合物复合材料的界面研究已成为一个独立的分支学科。

聚合物基复合材料是使用高强度、高模量的填充剂或增强剂与低模量的树脂复合成含有填充剂或增强剂以及它们两者界面的多相复合材料。绝大多数多相复合材料均有优良的力学性能和耐热、耐化学腐蚀等综合性能,特别是它们可通过填充剂或增强剂、基体和界面等因

107

素按需要进行调节,致使整个材料性能具备了可设计性。因此,其发展前景十分诱人。

4.2　复合阻尼材料界面层的形成

增强材料与聚合物间界面的形成首先要求增强材料与基体之间能浸润和接触,这是界面形成的第一阶段。能否浸润,这主要取决于它们的表面自由能,即表面张力。表面张力是物质的主要表面性能之一。不同的物质因其组成和结构不同,其表面张力也各不相同。但是,不论表面张力大小,它总是力图缩小物体的表面,趋向于稳定。现以液/气表面为例来讨论一下表面张力。表面张力的分子理论认为,液面下厚度约等于液体表面分子作用半径的一层液体,称为液体的界面层。界面层内的分子,一方面受到液体内部分子的作用;另一方面又受到液体外部气体分子的作用。但是,气体密度比液体密度要小得多,气体分子对液体表面分子的作用力也就很小,一般可把气体分子的作用忽略不计。因此,在液体的表面层中,每个分子都受到垂直于液面并且指向液体内部的不平衡力的作用。而处在液体内部的任何一个分子则是四面八方都受到相同分子力的作用,在单位时间里,因其各向对称,故所受合力为零,因而是处在平衡的稳定状态。因此,要把一个分子从液体内部迁移到表面层,就必须反抗液体内部的作用力而做功,这样,就会增加这个分子的位能,也就是说在表面层的分子比在液体内部的分子具有较大的位能。这种表面分子所特有的位能,则称为表面能或表面自由能。

一个体系处于稳定平衡时,应有最小的位能,故液体表面的分子为了减小位能,有尽量挤入液体内部的趋势,使液面越小,位能也越小。液体有尽可能缩小其表面的趋势,在宏观上,液体表面就好像是一张绷紧了的弹性膜,沿着表面有一种收缩倾向的张力。这时,如果要增加该体系的表面积,就相当于要把更多的分子从液相内部迁移到液体表面层上来,其结果就会使该体系的总能量增加,而外界为增加表面积所消耗的功,则称为表面功。

假定在恒温、恒压或恒组成的情况下,以可逆平衡的方式增加了 ΔS 的新表面积,而环境所做的表面功 ΔW 则应与增加的表面积 ΔS 成正比。此处,γ 作为常数系数看待,故 ΔW 应为

$$\Delta W = \gamma \Delta S$$

当表面积的增加意味着表面能也相应增加,以 ΔE 表示表面能的增量,这应当与外力所做的功相等,即

$$\Delta E = \Delta W = \gamma \Delta S$$

这就是每产生一新的单位表面积所需做的功。比例常数 γ 就称为表面张力或界张力。它可定义为增加单位表面积所需的功,或增加单位表面积时表面能的增量,其单位为 $10^{-3} J/m^2$ 或 $10^{-3} N/m$。

表4.1为一些物质的表面张力。可知,不同物质的表面张力是不一样的,这与分子间的作用力大小有关,相互作用力大的表面张力高,相互作用力小的则表面张力低。对各种液态物质,金属键的物质表面张力最大,其次是离子键的物质,再次为极性分子的物质,表面张力最小的是非极性分子的物质。

表 4.1　一些物质的表面张力

物　　质	表面张力/(mN · m^{-1})	物　　质	表面张力/(mN · m^{-1})
水	73	钢	~50
醇酸树脂	33 ~ 60	铝	~40
乙二醇丁醚	30	聚酯	43 ~ 45
甲苯	29	高密度聚乙烯	32
异丙醇	22	聚丙烯	30 ~ 34
正辛烷	21	固体石蜡	26
六甲基硅氧烷	16	聚四氟乙烯	20

如果把不同性质的液滴放在不同的固体表面上,有的液滴就聚积成球形,有的液滴会铺展开来遮盖固体的表面,后一现象称为"浸润"或"润湿";反之,如果不铺展而是球状的,则称为"不浸润"或"润湿不好"。"浸润"或不浸润取决于液体对固体和液体自身的吸引力大小,当液体对固体的吸引力大于液体自身的吸引力时,就会产生浸润现象。

液体对固体的润湿程度,一般可用接触角 θ 来表征,如图 4.1 所示。

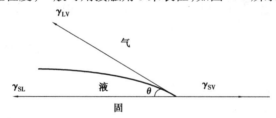

图 4.1　气、液、固表面张力的平衡状态

图 4.1 中,γ_{SV} 为固体表面在液体饱和蒸气压下的表面张力,γ_{LV} 为液体在它自身饱和蒸气压下的表面张力,γ_{SL} 为固液间的表面张力,θ 就是气液固达到平衡时的接触角。当液滴在固体表面上,3 种表面张力达到平衡时,就满足

$$\gamma_{SV} = \gamma_{SL} + \gamma_{LV} \cos \theta$$

或者

$$\cos \theta = \frac{\gamma_{SV} - \gamma_{SL}}{\gamma_{LV}}$$

此时,固液相张力有以下 4 种情况:

①如果 $\gamma_{SV} < \gamma_{SL}$,则 $\cos \theta < 0$,$\theta > 90°$,此时液体不能润湿固体,特别当 $\theta = 180°$ 时,表示完全不润湿,液滴此时呈球状。

②如果 $\gamma_{LV} > \gamma_{SV} - \gamma_{SL} > 0$,则 $1 > \cos \theta > 0$,$0° < \theta < 90°$,此时液体能润湿固体。

③如果 $\gamma_{LV} = \gamma_{SV} - \gamma_{SL}$,则 $\cos \theta = 1$,$\theta = 0°$,此时液体能完全润湿固体。

④如果 $\gamma_{LV} < \gamma_{SV} - \gamma_{SL}$,则上述公式已不再适用。

从公式可以看出,改变研究体系中的界面张力,就可改变接触角 θ,也就可改变体系的浸润状况。一般体系黏结的优劣取决于浸润性,浸润得好,被黏结体和黏结剂分子之间紧密接触而产生吸附,则黏结界面形成了巨大的分子间作用力,同时排除了黏结体表面吸附的气体,减少了黏结界面的空隙率,提高了黏结强度。固体表面的润湿性能与其结构有关,改变固体的表面状态,即改变其的表面张力,就可达到改变浸润状况的目的,如对增强材料进行表面处理,就可改变与基体材料间的浸润状态,也就可改善它们之间的黏结状况。

增强材料与基体材料之间界面形成的第二阶段就是增强材料与基体材料间通过相互作用而使界面固定下来,形成固定的界面层。界面层可看成一个单独的相,但是,界面相又依赖于两边的相,界面两边的相要相互接触,才可能产生出界面相,界面与两边的相结合得是否牢固,对复合材料的力学性能有着决定性的影响,界面层的结构主要为界面黏合力的性质、界面层的厚度和界面层的组成。界面黏合力存在于两相之间,可分为宏观结合力与微观结合力。宏观结合力不包含化学键及次价键,它是由裂纹及表面的凹凸不平而产生的机械铰合力,而微观结合力就包含有化学键和次价键,这两种键的相对比例取决于组成成分及其表面性质。化学键结合是最强的结合,是界面黏结强度贡献的积极因素。因此,在制备复合材料时,要尽可能多地向界面引入反应基团,增加化学键合比例,这样就有利于提高复合材料的性能。例如,碳纤维及芳纶纤维增强的复合材料,用低温等离子体对纤维表面进行处理后,就可提高界面的反应性。对于碳纤维复合材料来说,纤维表面的羧基可增加 2.34% ;羟基可增加 3.49% ,与未经表面处理的碳纤维复合材料相比,单向层间剪切强度从 60.4 MPa 提高到了 104.7 MPa,提高率为72%;而经表面处理的芳纶纤维复合材料与未经表面处理的芳纶纤维复合材料相比,其层间剪切强度可从 60.0 MPa 提高到 81.3 MPa ,提高率为36% 。由此可知,表面处理对提高复合材料层间剪切强度的重要性。

界面层是由于复合材料中增强材料表面与基体材料表面的相互作用而形成的,或者界面层是由增强材料与基体材料之间的界面以及增强材料和基体材料的表面薄层构成的。它的结构及性能均不同于增强材料表面和基体材料表面。它的组成、结构和性能,是由增强材料与基体材料表面的组成及它们间的反应性能决定的,如填料复合材料的界面层中,就还包括有偶联剂等物质。复合材料界面层的厚度一般随增强材料加入量的增加而减少,对于纤维复合材料来说,基体材料表面层的厚度为增强纤维的几十倍。基体材料的表面层厚度为一个变量,它在界面层的厚度会影响复合材料的力学性能及韧性参数。增强材料与基体材料表面之间的距离受原子或原子团的大小、化学结合力以及界面固化后的收缩量等方面因素的影响。

界面层的作用是使基体材料与增强材料形成一个整体,并通过它传递应力。为使界面层能均匀地传递应力,就要使复合材料在制造过程中形成一个完整的界面层。若纤维与基体树脂间结合不好,形成的界面不完整,则应力的传递仅为纤维总面积的一部分,将会明显地影响复合材料的力学性能。

4.3 复合阻尼材料界面层的作用机理

界面作用机理是指界面发挥作用的微观机理,许多学者从不同的角度提出许多有价值的理论。虽然这些理论还有争论,还不存在公认的统一理论自可取的观点,目前仍在不断地发展与完善中。

4.3.1 化学键理论

化学键理论认为,增强材料与基体材料之间必须形成化学键才能使黏结界面产生良好的黏结强度,形成界面。例如,无机增强材料表面用硅烷偶联剂处理后,能使其与聚合物基体材料间的黏结强度大大提高,这是由于界面上形成化学键的结果,因硅烷偶联剂一头具有的官能团能与无机增强材料表面的氧化物反应生成化学键,另一头具有的官能团能与基体材料发生化学反应形成化学键,因此提高了界面黏结强度。又如,硫化橡胶与黄铜黏结时,在黄铜界面上生成了硫化亚铜,这也是发生了化学反应,生成化学键的证明;用聚氨酯黏结金属/橡胶,或酚醛/铝片,用差热分析法进行分析的结果也证明发生了化学反应,生成了化学键。这一系列事实证明了化学键理论的正确性。尤其重要的是,界面有了化学键的形成,对黏结接头的抗水和抗介质腐蚀的能力有显著提高,而且界面化学键的形成对抗应力破坏,防止裂纹的扩展也有很大的作用。但是,化学键的形成,必须满足一定的化学条件,不像次价键那样具有普遍性。次价键中的色散力虽然键能小,但键的密度大,总和起来是可观的。而化学键键能虽然高,但只能在有限的活性原子与基团之间发生化学反应而成键。化学键的密度受到表面活性原子与基团数量和化学活性的制约,与色散力的密度比较要小得多。因此,总和起来也不一定很高。因此,在讨论研究黏结过程与机理时,必须分析各种力的贡献及作用,才能取得合理的结果。

4.3.2 物理吸附理论

这种理论主要是考虑两个理想清洁表面,靠物理作用来结合的,实际上就是以表面能为基础的吸附理论。此理论认为,基体树脂与增强材料之间的结合主要取决于次价力的作用,黏结作用的优劣决定于相互之间的浸润性。浸润得好,则被黏体与黏合剂分子之间紧密接触而发生吸附,则黏结界面形成了很大的分子间作用力,同时排除了黏结体表面吸附的气体,减少了黏结界面的空隙率,提高了黏结强度,而偶联剂的主要作用就是促使基体树脂与增强材料表面完全浸润。而实际上,黏结过程是非常复杂的,受许多因素的影响。一些试验表明,偶联剂不一定会促进增强材料与基体树脂互相间的浸润作用,有时可能导致完全相反的结果。因此,仅根据浸润理论来解释是不够的。

4.3.3 机械黏结理论

这是一种直观的理论。这种理论认为,被黏物体的表面粗糙不平,如有高低不平的凸凹结构及疏松孔隙结构,因此有利于胶黏剂渗入坑凹中去,固化之后,黏合剂与被黏合物体表面发生啮合而固定。机械黏结的关键是被黏物体的表面必须有大量的槽沟、多孔穴,黏合剂经过流动、挤压、浸渗而填入这些孔穴内,固化后就在孔穴中紧密地结合起来,表现出较高的黏合强度。机械黏结的例子有很多,如皮革、木材、塑料表面镀金属、纺织品的黏结等都属于此类。一般认为,被黏物体表面形状不规整的孔穴越多,则黏合剂与被黏物体的黏合强度也就越高。

4.4 填料形态对复合阻尼材料性能的影响

通常情况下,橡胶材料需要填充相应的填料起一个增强作用,然后才能作为产品投入使用,这不仅仅是从降低成本的方面来考虑的,而且从提高橡胶综合性能的角度上,这也是必需的一个措施。填料应用作为橡胶行业必不可少的问题,其从形态学上就有很多的分类。本节以不同填料形态作为目标进行讨论,重点研究了球状填料,即炭黑;线或杆状填料,即碳纤维与片状填料,即片状石墨作为讨论对象,对这3种类的填料对基体的增强作用进行讨论,研究不同填料形态对基体的增强行为的区别。炭黑作为橡胶行业中应用最为广泛的填料之一,因其成本低廉而且增强效果较好的特点被广泛应用,几乎在所有种类的橡胶基体中均可以使用炭黑作为主要增强相来使用,在橡胶行业的发展中,几乎离不开炭黑的存在,添加炭黑可使材料基体有良好的耐老化性能与力学性能,在传统橡胶阻尼材料中,通常认为随着炭黑含量的增大,其阻尼性能会逐渐提高,并且当炭黑的粒径较小时,由于填料与基体的界面作用,使材料基体的阻尼效果更显著,然而随着炭黑粒径的减小,其分散性同时也会下降,而分析表明,炭黑在橡胶中的分散性下降时,反而对阻尼性能有利,这与其他填料对阻尼性能的影响规律有所不同。碳纤维作为橡胶填料,通常以短纤维的形式为主,而且常常作为增强相使用,添加纤维量的增加会导致基体材料的力学性能提高,而同时其阻尼性能会有所下降,这主要是因为纤维的加入,其所起的作用主要是增强,其特殊结构会对基体材料分子链产生钉扎作用,使界面的摩擦作用减弱,导致填料对基体的增强作用大于其界面效应。

4.4.1 球状填料对复合阻尼材料性能的影响

材料的储能模量随着炭黑用量的增大呈增加的趋势,随着温度的增加,储能模量呈现一个典型的非线性下降,这即所谓的 Payne 效应,而且随着炭黑用量的增大,Payne 效应越明显,体现在其储能模量的下降速度,沿着储能模量下降做切线。可知,用量较大的材料其模量下降速率最大,其主要原因是随着炭黑用量的增大,填料体积增大,填料与橡胶基体之间的接触面积增大,从而导致填料的有效体积增大,储能模量增大,而改变填料粒径大小可以发现,同样含量的填料用量,随着填料的粒径增大,也体现出了 Payne 效应,这也是填料的有效体积增大所导致的结果。根据临近分子间的相互作用类型,即色散、诱导偶极-偶极、取向、氢键、酸-碱等,在一种材料内部存在不同类型的内聚力,然而在一种物质的整体上,各个分子相互作用使内聚力总和为零。以此为基础,根据 Fowkes 的模型,当相互作用仅仅涉及色散力时,填料-填料或填料-基体之间的黏合能等于其表面自由能的几何平均值,即

$$W_a^d = 2\sqrt{(\gamma_1^d \gamma_2^d)}$$

式中　W_a^d——黏合能的色散分量。

与其相类似,黏合能的极性分量可由表面自由能的极性分量 W_a^p 表示,即

$$W_a^p = 2\sqrt{(\gamma_1^p \gamma_2^p)}$$

因此,总黏合能可表示为

$$W_a = W_a^d + W_a^p + W_a^h + W_a^{ab}$$

式中　W_a^h——由于氢键作用产生的黏合能;

　　　W_a^{ab}——由于酸-碱作用而产生的黏合能。

由公式可得出结论,在一给定的聚合物体系中,与填料网络化有关的聚合物-填料和填料-填料相互作用由填料的表面能和化学性质决定。可知,这种相互作用力是导致填料网络化的重要驱动力,填料的有效体积也会因为填料的网络化而大幅度提高,进而提高主要由填料表面积控制的储能模量。

4.4.2　纤维填料对复合阻尼材料性能的影响

近年来,也极少有关于非球状填料的 Payne 效应的研究,对碳纤维的增强,比较主流的观点是认为纤维在基体中主要起到一个钉扎的作用,而填料网络的理论并不适用,这也是由于碳纤维类型的样品在尺度上与炭黑具有一定的区别。理论一般认为,纤维形状的填料在基体中会对分子链产生钉扎作用,导致分子链难以滑移,从宏观的角度来说,即纤维类型的填料的补强效果要远远大于其阻尼效果。

在纤维样品中,当添加同样质量分数的样品,其模量与其他含量的球状样品略有不同,这是由碳纤维在基体中的分散性不佳,纤维在基体中取向不均匀导致的,如图 4.2 所示;同时,纤维对基体的割裂作用使本来是连续相的基体材料局部分散化,于是导致阻尼性能的下降。

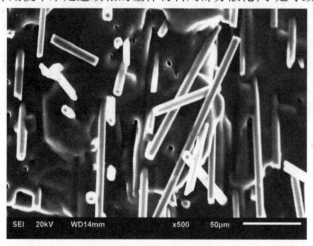

图 4.2　碳纤维在基体中的取向

纤维本身的刚性与其对分子链的钉扎作用使其增强效果优良,随着填料添加量的提高,其损耗因子下降,这也是因添加量提高时,对分子链运动所需要的能量也相应增加了,使分子链的运动更加困难,从而使损耗因子降低。随着填料长径比的增加,其损耗因子基本不变,说明在纤维填料中,损耗因子对填料添加量较为敏感,而对纤维长径比则不敏感,这也侧面说明了纤维增强主要是靠对分子链的钉扎与对分子链运动的阻碍,这也是与炭黑填料网络学说的一个不同之处。

4.4.3　片状填料对复合阻尼材料性能的影响

这里选择片状石墨,绢云母粉与滑石粉作为片状填料的研究对象,片状石墨随着添加量的上升,其储能模量也随之上升,这是一个典型的 Payne 效应的现象之一,片状石墨的团聚性导致结团的片状石墨在基体中对基体分子链产生了钉扎作用,导致了材料体系的储能模量上升,这与传统意义上的填料网络似乎有一定区别,由于片状石墨是一种具有润滑性的填料,其主要阻尼效应为分子链间摩擦效应。添加绢云母粉的样品,片层在其中有较为随机的取向性,如图4.3所示。其断面表面也有一些平行于断面的绢云母片层存在,绢云母粉的分散性较好,其大量添加时,没有较大的片层存在,这说明绢云母粉与基体的结合强度较高,而其片层分散性较好。与片状石墨相区别的是,绢云母粉的润滑效果较差,其与基体的这种结合会对基体分子链运动产生钉扎作用,从而导致基体材料的增强,阻尼性能下降。而滑石粉只有少量细小片层插入基体中,这说明在制备样品过程中,滑石粉缺乏取向性,于是才会出现断面形貌所示的随机性很大的形态分布,由图4.4可知,滑石粉片层颗粒较小,并没有出现很严重的团聚现象,然而从表面分布的某些片层来看,片层大多处于断面表面,这也说明在材料脆断过程中,有很大的可能性材料沿着片层进行脆性断裂,说明滑石粉与丁腈橡胶基体结合强度较低,其在基体中增强作用及阻尼作用均不明显。

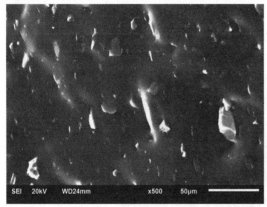

图4.3　基体加入绢云母粉断面微观形貌　　　图4.4　基体加入滑石粉断面微观形貌

随着片状填料厚度的减小,其在尺度上有别于传统填料,与传统填料 Payne 效应完全相反。例如,在低浓度时,氧化石墨烯保持较少的层数,其在基体分子链间参与摩擦作用,使体系表现出损耗模量增大的现象,而在较高浓度,共混物并未收益于氧化石墨烯的高强度,反而由于氧化石墨烯的团聚,力学性能稍有变差。由此可知,片状填料的增强机制与炭黑、纤维等并不完全相同,片状填料由于其特殊结构,在基体中有强烈的自聚集的趋势。在实际应用中,应通过降低其表面能以及采取合适添加量的办法来使用。

4.5　增强填料的主要改性方式

聚合物复合材料是由填充或增强材料与基体树脂两相组成的,两相之间存在着界面,并通过界面的作用使两种不同种类的材料结合在一起,使复合材料具备了原单一组成材料所不能体现出来的性能。例如,填料增强聚合物复合材料,由于填料的表面光滑且有水膜形成,因而与聚合物之间的黏合性能很差,实用价值不高。因此,填料的表面状态及其与聚合物基体之间的界面状况对填料增强复合材料的性能有很大的影响。

人们要设计合理的界面黏附状态,首先应估计粉粒填料、纤维和树脂各自对表面处理剂的敏感性,以及处理后粉粒填料、纤维的表面自由能的下降,下降的程度取决于表面处理剂中 R 基团的结构特性,通常有机表面处理剂 R 基团中还可带极性基团如—NH_2,—OH,—SH 或环氧基、不饱和双键以及非极性的饱和烃。因此,研究不同的表面处理剂使填充、增强剂表面能改变(表面性质改变)及其对树脂的浸润吸附和相互作用等性能的影响,将为选择合适的树脂基体和最佳复合工艺及合理设计界面层提供科学依据。大量研究结果表明,粉粒填料及填料表面处理所采用的表面处理剂不仅只是具有一端以化学键(或同时有配位键、氢键)与粉粒填料、纤维相结合,而且另一端可溶解打一散于界面区的树脂中,与树脂大分子链发生纠缠或形成互穿聚合物网络(IPN)等,而且表面处理剂本身应含有长的柔软链,以便形成柔性的利于应力松弛的界面层,吸收分散冲击能,使复合材料具有更好的抗冲击强度。此外,在提高纤维、粉粒填料表面对树脂的润湿性及相互作用时,还应使界面区域相互作用后余留的极性基团尽可能减少,以提高复合材料的抗湿性。

下面介绍一些常用的填充、增强材料的表面处理理论、表面处理剂及具体实施的方法。

4.5.1　氧化法

氧化法主要有气相氧化法、液相氧化法和阳极氧化法。

气相氧化法中使用的氧化剂有空气、氧气、臭氧或二氧化碳等。最常使用的方法为空气氧化法。空气氧化法是在空气中不同的温度下氧化碳纤维,一般是在空气中 400～500 ℃条件下进行处理,处理过程中采用铅和铜的盐作为催化剂。这种方法使用的设备简单,容易实现连续化处理,但操作较困难,氧化程度也难以控制,有时会使碳纤维发生严重损伤。

液相法的种类比较多,所使用的氧化剂有浓硝酸、次氯酸钠,次氯酸钠/硫酸、磷酸等。处理的方法就是把碳纤维在一定的温度下浸入氧化剂里浸泡一段时间,然后将碳纤维表面残存的酸液洗去。这种方法可增加碳纤维表面的粗糙程度和羧基含量,改善纤维的表面性能,提高复合材料的层间剪切强度。但是,碳纤维吸附的酸不易洗净,公害严重,而且处理时间长,效果不佳也不易工业化,仅在实验室中使用。

阳极氧化法是目前工业上普遍采用的一种碳纤维表面处理的方法。其方法就是将碳纤维作为阳极、石墨及其他金属材料作为阴极,在含有 $NaOH$,HNO_3,H_2SO_4 等电解质溶液中通电对碳纤维的表面进行电解表面阳极氧化处理,阳极氧化处理的效果较好,均匀性好,层剪切强度可提高 40%～80%。其缺点是比空气氧化法工序多,施工过程中产生大量酸性废液,污染环境,纤维需经水洗、干燥等工序,纤维强度稍有降低。

4.5.2　硅烷偶联剂改性

工程应用中,部分填料与聚合物基体的黏合性较差,因此常用有机分子进行接枝改性,其中硅烷偶联剂是最为常用的一种改性剂。有机硅烷偶联剂的研究以及在工业上的应用都比较成熟。下面就硅烷偶联剂的结构、偶联机理、改性效果和应用技术等方面予以介绍。

目前工业上所使用的硅烷偶联剂的一般结构式为

$$R—Si—X_n$$
$$(CH_3)_{3-n}$$

式中　X——可水解基团,遇水溶液、空气中的水分或无机物表面吸附的水分均可分解为

SiOH 基,能与无机物表面有较好的反应性。X 基团可以是 Cl,OR,O(OCH$_3$),—N(CH$_3$)$_2$,Br 基等;

R——能与高聚物反应的有机官能团,可以是—CH ＝CH$_2$,—CH$_2$CH$_3$,—C$_6$H$_5$ 等。由于通过这两种不同的基团的反应,能把两种不同性质的材料连接起来,故称偶联剂。硅烷偶联剂对填料表面的处理机理有以下 4 个方面:

①硅烷偶联剂水解

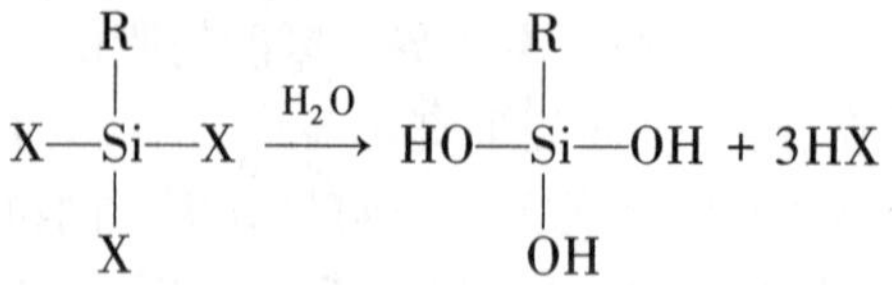

$$X—\underset{\underset{X}{|}}{\overset{\overset{R}{|}}{Si}}—X \xrightarrow{H_2O} HO—\underset{\underset{OH}{|}}{\overset{\overset{R}{|}}{Si}}—OH + 3HX$$

②硅醇之间进行缩合反应,形成低聚体

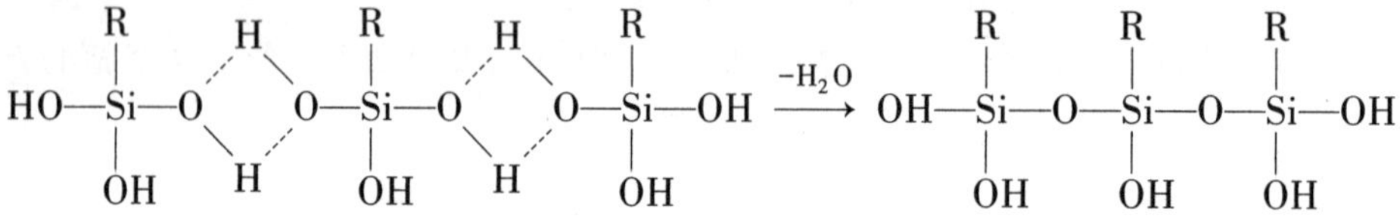

③填料表面与硅醇之间形成氢键连接

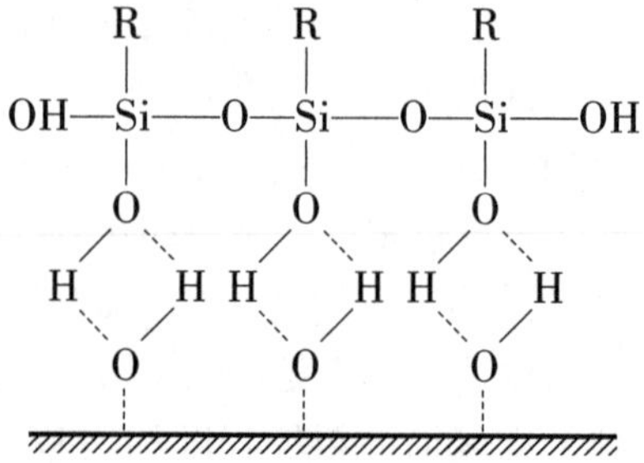

④样品表面干燥,填料表面与硅醇之间形成共价键

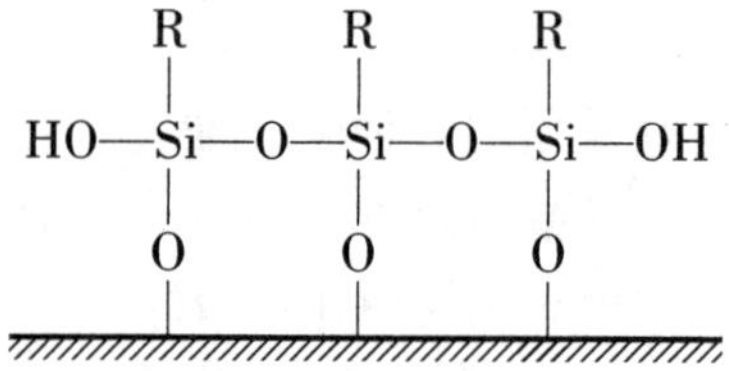

这样,硅烷偶联剂就跟填料的表面结合起来了。硅烷当中的 R 基团可以与基体树脂反应,则使填料的表面具有了亲高聚物的性质。硅烷偶联剂的品种有很多,现将有代表性的品种及适用范围列于表 4.2 中。

表 4.2　常用的硅烷偶联剂

牌号	名称	相对分子质量	适用范围		
			热固性	热塑性	橡胶
A-151	乙烯基三乙基硅烷 CH$_2$ ＝CHSi(OC$_2$H$_5$)$_3$	190.3	不饱和聚酯、环氧树脂	聚乙烯、聚丙烯、聚四氟乙烯	丁苯橡胶

牌号	名称	相对分子质量	适用范围		
			热固性	热塑性	橡胶
A-172	乙烯基-三(β-甲氧乙氧基硅烷)	280.4	不饱和聚酯、环氧树脂	聚碳酸酯、聚乙烯、尼龙等	乙丙橡胶
KH550 A-1100	γ-氨基丙基三乙氧基硅烷	221.4	环氧酚醛、密胺、腈/酚醛	聚乙烯聚丙烯等	聚硫橡胶聚氨酯橡胶
KH570 A-174	γ-甲基丙烯酸丙酯基三甲氧基硅烷	248.4	不饱和聚酯、环氧树脂	聚乙烯、尼龙、聚苯乙烯	乙丙橡胶
KH560 A-187 Z-6040	γ-缩水甘油醚基丙基三甲氧硅烷	236.3	三聚氰胺、环氧树脂、酚醛树脂		聚氨酯橡胶
KH590 A-189 Z-6062	γ-硫基丙基三甲氧基硅烷	196.4	不饱和聚酯、环氧树脂、酚醛树脂		天然橡胶丁苯橡胶
A-143 Y-4351	γ-氯丙基三甲氧基硅烷	198.7	环氧树脂		
南大-42	苯胺基甲基三氧乙基硅烷		不饱和聚酯、环氧树脂、酚醛树脂		
A-186 Y-4086	B-(3,4-环氧环己基)乙基三甲氧基硅烷	246.4	不饱和聚酯		聚硫橡胶
A-1120	γ-(乙二胺基)丙基三甲氧基硅烷	222.4	环氧树脂、三聚氰胺		

硅烷偶联剂一般要配制成溶液后使用,通常用酒精和水配制成 0.1% ~2% 的稀溶液,也可单独用水溶解,但要先配成 0.1% 的醋酸水溶液,以改善溶解性和促进水解。一般来说,pH 值为 4~6 时,偶联效果较好。

目前,工业上采用硅烷偶联剂处理填料表面的方法主要有以下 3 种:

①在填料清洁的表面涂敷硅烷偶联剂。

②在填料单独成型的过程中就用硅烷偶联剂进行处理。

③在填料增强高聚物成型时,把偶联剂直接掺混到基体当中。这时,偶联剂的用量要大一些,为基体树脂用量的 1% ~5%,则可依靠偶联剂分子的扩散作用迁移到界面处去起到偶

联剂的作用。

这 3 种方法相比,第三种的偶联效果要差一些。主要原因可能是由于硅烷偶联剂分子未迁移到填料表面之前就已水解,缩合成硅氧烷聚合物而失去偶联剂的作用;或者由于在赫稠的树脂中不易迁移到填料表面,因此效果降低。

硅烷偶联剂作为表面处理剂,在复合材料中应用得比较广泛,效果也较明显。例如,填料经表面处理之后,可改善填料增强复合材料的耐水性、电绝缘性及耐老化性能等。

4.5.3 共价键改性

填料的有机共价键反应一般包括两个路径:一是有机基团直接和填料表面的基团反应;二是有机基团和填料表面的游离官能团进行反应。例如,芳香重氮化合物,4-硝基苯重氮化合物等有机物,在溶液中可与石墨烯等填料进行反应,接枝于填料表面。以氧化石墨烯为例,其主要通过强酸和臭氧氧化石墨或者剥离石墨得到。氧化石墨烯可通过其表面的羟基,环氧和羧基官能团与有机化合物反应,这个方式与石墨烯的自由基反应和偶极环加成反应相比具有更多的可塑性,可更加方便地根据不同种类的需求来设计改性的方式。利用氨基和羟基的亲核性质与羧基发生的加成反应进行功能化修饰是其中一种主要的方法,羧基分布在氧化石墨烯边沿,羧基的消失同时酰胺基团的出现是成功改性有利的证据。众多研究者用低聚噻吩、3-己基噻吩(P3HT)、吡咯烷酮环、异氰酸酯等有机试剂成功地与石墨烯表面的游离基团反应,实现了对石墨烯材料的改性与功能化。

4.5.4 非共价键改性

采用非共价键的方式对填料进行改性不会破坏其自身结构,也不会产生大量对环境有害的有机试剂。因此,开发更多的填料表面物理吸附方法得到了广泛关注。利用填料表面的范德华力以及同特殊化学分子之间的离子键相互作用,如研究人员在芘丁酸溶液中通过水合肼还原氧化石墨烯,发现芘能通过非共价键改性还原石墨烯,产物在溶液中有良好的分散性,通过石墨烯表面 π-π 相互作用,使用一步法制备聚苯乙烯-功能化石墨烯纳米片,还有研究报道利用铁卟啉进行非共价键修饰填料,得到的复合材料具有很好的生物兼容性。

思考题

1.简述复合材料增强填料与基体之间形成良好界面的条件。

2.如何衡量基体的耐热性? 如何提高聚合物的玻璃化转变温度,简述界面性能影响聚合物玻璃化转变温度的原因。

3.什么是表面活性剂? 其分子结构有什么特点?

4.总结固体复合物表面张力的测试方法。

5.为什么说界面对复合材料的性能起着重要的作用?

6.界面结合强度是否越强越好? 为什么?

第 **5** 章
复合材料常用成型方法

5.1 复合材料的设计与工艺

复合材料设计是基础,复合材料制备是关键。在制备复合材料前,还需了解复合材料的制备工艺原理。任何类型的复合材料,其制备方法在大类上都可分为液相法、气相法和固相法。3 种方法主要涉及的问题分别是润湿动力学、沉积动力学和烧结动力学。每个问题的侧重方向不同,下面分别予以介绍。

5.1.1 润湿动力学

固体或液体中每个质点周围都存在力场。在固体或液体内部,质点力场是对称的。但是,在表面质点排列的周期重复性中断,处于表面层质点力场的对称性被破坏,即一方面表面质点受到体相内相同物质原子的作用,另一方面受到性质不同的另一相物质原子的作用,该作用力不能相互抵消。因此,界面处分子会显示出一些独特性质。材料表面原子受到体相内相同物质原子的作用力大于与之接触的另一相物质对其的作用力,于是表面原子就沿着与表面平行的方向增大原子间的距离,总的结果相当于有一种张力将表面原子间的距离扩大了,称此力为表面张力。不同材料(液体)的表面张力不同,这与分子间的作用力(包括色散、极性和氢键)大小有关。相互作用力大的物体,其表面张力高;相互作用力小的物体,其表面张力低。但不论表面张力大小,物体总是力图减小其表面,以降低其表面能,使体系趋于稳定。需要注意的是,表明张力不是一种力,其单位是 N/m。

表面能也称表面自由能,是指表面层原子比物体内部原子具有的多余能量。或者说,表面层中或两相界面处的全部分子所具有的全部势能的总和,称为表面能或界面能,即在恒温恒压条件下,使体系可逆地增加单位表面积引起系统自由能的增量,单位是 J/m^2。由于表面层的分子都受到指向内部的力的作用,若要把分子从内部移到表面层去,环境就必须克服这个力而做功,这个功称为表面功。

比表面自由能是保持体系的温度、压力和组成不变,可逆地增加单位表面积时,吉布斯自由能(函数)的增加值,又称比表面吉布斯自由能(函数),或简称比表面能,用符号 γ 或 σ 表示,单位为 J/m^2。

γ 具有表面张力、表面自由能和比表面能三重含义。其中,表面张力和表面自由能分别是力学方法和热力学方法研究液体表面现象时采用的物理量,具有相同的量纲,却又具有不同的物理意义。对液体表面,表面张力等于表面能;对固体表面,表面张力不等于表面能。由于固体表面张力很小,因此固体的表面能数值大于表面张力。

制备复合材料时主要涉及的是固-液润湿和毛细现象。固-液润湿过程的 3 种情况如图 5.1 所示。设气-固、气-液和固-液的界面张力分别为 $\sigma_{g\text{-}s}$,$\sigma_{g\text{-}l}$ 和 $\sigma_{l\text{-}s}$。下面分别对 3 种情况讨论。

如图 5.1(a)所示为将气-液界面和气-固界面转变为液-固界面的过程。当界面均为 1 个单位面积时,在恒温、恒压下,这个过程中系统的吉布斯自由能变化为

$$\Delta G_s = \sigma_{g\text{-}s} - \sigma_{g\text{-}l} - \sigma_{l\text{-}s}$$

如图 5.1(b)所示为将气-固界面转变为液-固界面的过程,而液体表面在这个过程并没有变化。同理,当界面均为 1 个单位面积时,在恒温、恒压下,这个过程中系统的吉布斯自由能变化为

$$\Delta G_s = \sigma_{l\text{-}s} - \sigma_{g\text{-}s}$$

在图 5.1(c)中,液-固界面取代了气-固界面的同时,气-液界面也扩大了同样的面积。该润湿过程又称铺展。在恒温、恒压下,当铺展面积为一个单位面积时,系统的吉布斯自由能变化为

$$\Delta G_s = \sigma_{l\text{-}s} + \sigma_{g\text{-}l} - \sigma_{g\text{-}s}$$

此时,ΔG 又称铺展系数,记为 S。当 $S \geqslant 0$ 时,液体可在固体表面自动铺展,这是复合材料制备时的理想状态。碳纤维表面处理的目的就是提高 $\sigma_{g\text{-}s}$,以达到聚合物在纤维表面自动铺展的目的。

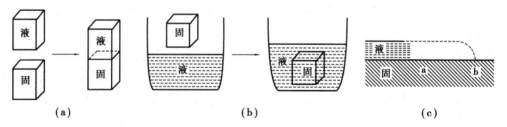

图 5.1 固-液润湿的 3 种过程示意图

以上只是从热力学角度对润湿情况进行分析,但在实际应用中,只有 $\sigma_{l\text{-}s}$ 可通过实验获得,$\sigma_{l\text{-}s}$ 和 $\sigma_{g\text{-}s}$ 尚无法直接测定。为此,人们引入了接触角的概念。平衡时,3 个界面张力在三相交界线任意点上,力的矢量和为零,得到界面张力和接触角的关系为

$$\sigma_{g\text{-}s} = \sigma_{l\text{-}s} - \sigma_{g\text{-}l} \cos \theta$$

这便是著名的杨氏方程(Young 方程),又称润湿方程。在用液态法进行复合材料制备时,可先测定基体和纤维的接触角。若接触角太大,需改善纤维表面或基体特性,以提高两者润湿性。

而在工业生产中,通常不会有足够的时间给予有关体系达到热力学平衡。因此,在复合材料制备时还需考虑润湿的动力学问题。假设任意时刻液体界面张力 $\sigma_{g\text{-}l}$ 与液固界面张力 $\sigma_{l\text{-}s}$ 的夹角为 φ,液体黏度为 η,单位流体宽度为 δ,则 $\sigma_{l\text{-}s}$ 随时间变化的关系式为

$$\frac{\mathrm{d}\cos\varphi}{\mathrm{d}t}=\frac{\sigma_{\mathrm{g\text{-}l}}}{\eta\delta}(\cos\theta-\cos\varphi)$$

式中表明,液体的黏度越大,其趋向平衡的速率越小;液体越趋近平衡状态,其流动速率越小,甚至趋于零,这与实验结果一致。因此,在制备复合材料时,通常采用其他辅助措施,以得到最佳的润湿速率。

上述讨论是基于固体表面平坦的情况进行的。实际上,纤维表面是比较粗糙的,有很多沟壑。此时,润湿过程由所施压力驱动。Bikerman 假设一个 V 形凹槽缝隙组成的固体表面模型。当 V 形凹槽有一部分被液体润湿填充时,其跨越曲面所施加的压力可由 Laplace 毛细公式给出,即

$$\Delta P=\frac{\sigma_{\mathrm{g\text{-}l}}}{r}$$

式中　r——曲率半径。

由 $x_1=r\cos(\theta-\alpha)$,可得

$$\Delta P=\frac{\sigma_{\mathrm{g\text{-}l}}\cos(\theta-\alpha)}{x_1}$$

进一步推导可得

$$\frac{\mathrm{d}y}{\mathrm{d}t}=-\frac{x_0\cos(\theta-\alpha)\sigma_{\mathrm{g\text{-}l}}}{3\eta}\left(\frac{1}{y}-\frac{1}{y_0}\right)$$

可知,y 越接近 y_0,润湿速率越慢。这暗示固体表面的缝隙永远不能被完全充满,且液体黏度越大,填充缝隙所需时间越长只需加相当小的压力就能加速润湿。因此,很多复合材料制备工艺中都有加压辅助工艺。

由于多孔体中孔隙的直径一般都小于 1 mm,因此用液相法制备复合材料时还会有明显的毛细现象。毛细现象是指毛细管插入浸润液体中,管内液面上升,高于管外,毛细管插入不浸润液体中,管内液体下降,低于管外的现象。下面分析毛细现象在复合材料制备时的应用。

由于毛细管直径较小,因此可忽略重力的作用。在没有外力作用的情况下,浸渗过程中液体受到的作用力主要有 3 种,即毛细管力 P_1、液体在流动过程中的阻力 P_2、孔隙中气体受压后产生的阻力 P_3,如图 5.2 所示。

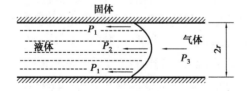

图 5.2　浸渗模型及受力分析

①毛细管力 P_1。根据 Young-Laplace 方程,毛细管作用力可表示为

$$P_1=-\frac{2\sigma_1\cos\theta}{r}$$

式中　σ_1——液体的表面张力,对金属硅溶体 $\sigma_1=1$ N/m;

　　　r——毛细管半径。

当液-固界面润湿角 $\theta<90°$ 时,P_1 为负压,即毛细管力指向孔隙内部;当 $\theta>90°$ 时,P_1 为正压,阻碍液体浸渗到孔隙中。在毛细管力的作用下,对孔隙半径为 r 平行排列的毛细管阵列,

液体渗透的深度 h 为

$$h = -\frac{2\sigma_1 \cos\theta}{\rho g r}$$

式中　ρ——液体的密度,金属硅溶体 $\rho = 200 \text{ g/cm}^3$;

　　　g——重力加速度,9.8 m/s^2。

当毛细管半径为 1 μm,液固界面润湿角 $\theta = 0°$ 时,熔融硅的最大渗入深度高达 100 m。由此可知,毛细管力足以保证渗透驱动力的要求。

②黏性流动阻力 P_2。通常认为液体在毛细管中的流动状态是层流,液体的黏性流动阻力为

$$P_2 = -\frac{8\mu l \eta}{r^2}$$

式中　μ——液体的流速;

　　　η——熔体的黏度(1450 ℃);金属硅溶体的黏度为 0.45 Pa·s;

　　　l,r——毛细管的长度和半径。

显然,流动阻力随毛细管直径的减少而急剧增加。毛细管长度越大,则流动阻力越大。

③气体的阻力 P_3。当液体进入孔隙时,孔隙内的气体受到压缩,体积逐渐减小,对液体的阻力不断增大,气体的阻力可由真实气体的状态方程描述,即

$$PV = RT\left(1 + \frac{B}{V}\right)$$

式中　P,V——气体的压力和体积;

　　　R——气体常数;

　　　T——温度;

　　　B——第二维里数。

由上述分析可知,流动阻力由液体的性质和多孔体中孔隙的性质所决定,为了减少浸渗过程的阻力,在液相法的工艺中一般采用真空辅助工艺。

5.1.2　沉积动力学

化学气相沉积(Chemical Vapor Deposition,CVD)法是以烷烃类气体或挥发性金属卤化物、氢化物或金属有机化合物等蒸气为原料,进行气相化学反应,生成所需要材料的方法。化学气相沉积方法主要应用于制备涂层。为进一步应用于复合材料制备,又有了化学气相渗透(Chemical Vapor Infiltration,CVI)法。两种方法的基本原理相同,此处介绍 CVI。

CVI 过程分为 4 个重要的阶段,即反应气体向基体内部扩散阶段,反应气体吸附于纤维或已生成的基体表面阶段,在纤维或基体表面上产生的气相副产物脱离表面阶段,以及留下的反应物形成新的基体阶段。CVI 速率由反应物扩散和化学反应速率共同决定,在不同阶段主导因素不同。

扩散的驱动力为浓度差。气体分子在多孔体中的扩散可根据分子运动的平均自由程与孔径大小的差别分为分子扩散(菲克扩散,Fick diffusion)和努森扩散(Knudsen diffusion)两种。分子扩散是通过气体分子之间的碰撞进行的,二元组分的分子扩散系数为

$$D_F - C\frac{T^{1.5}}{p\sigma^2 \Omega}\sqrt{(M_A + M_B)/(M_A \cdot M_B)}$$

式中　　DF——分子扩散系数(组分 A 在组分 B 中的扩散系数一般记为 DAB,于 DAB = DBA,
这里统称分子扩散系数);

C——常数;

T——温度;

P——压强;

M_A, M_B——A,B 的相对分子质量;

σ——分子截面积;

Ω——分子体积。

努森扩散和分子扩散不同,主要是通过气体分子和孔壁的碰撞,以及在固体表面的迁移进行的。因此,努森扩散与压强无关,但与孔径直径 d 成正比,则

$$D_K = \frac{d}{3}\sqrt{\frac{8RT}{\pi M}}$$

式中　　d——孔径直径;

R——气体常数;

T——温度;

M——气体相对分子质量。

气体分子在多孔预制体中的扩散总是同时以上述两种方式进行的,因而总的扩散系数应为包括分子扩散和努森扩散的有效扩散系数 D_{eff},则

$$\frac{1}{D_{eff}} = \frac{1}{D_F} + \frac{1}{D_K}$$

相对分子质量小的烃类分子在孔径大于 10 μm 的多孔体扩散时,即在 CVI 初始阶段,努森扩散系数较低,可忽略不计。

为了表征扩散过程对基体生成速率的影响,人们引入有效系数 η 和西勒(Thiele)模数 φ 的概念。其中,有效系数定义为存在内扩散和消除内扩散影响得到的两个沉积速率的比值;西勒模数则表征化学反应速率和扩散速率的比值。在一级化学反应中,把孔径看成均匀的圆柱形,则西勒模数和有效系数的关系为

$$\eta = \frac{\tan h\varphi}{\varphi}, \quad \varphi = L\sqrt{\frac{K_s}{D_{eff}}}$$

式中　　L——扩散路径长度;

k_s——反应速率常数;

D_{eff}——有效扩散系数。

西勒模数和有效系数按不同孔径模型会有不同的关系式,但趋势相同。对分解反应的 CVI 过程,在等温等压条件下,原料气的浓度会沿着扩散路径逐渐降低,沉积速率也相应减小,即在细孔内的沉积速率永远不会大于在孔径口处的沉积速率。只有减小西勒模数才能使基体在孔径内部生成的速率增大,并接近在孔径口的生成速率,如图 5.3 所示。因此,西勒模数不仅反映了化学反应速率和气体扩散速率的比值,而且反映了气体扩散路径的长度,是等温、等压化学气相渗透工艺的重要参数。

因为孔径大小会影响扩散机制,所以在 CVI 不同阶段,沉积速率的控制因素不同。在初始阶段,预制体内孔径都在数百微米,扩散主要靠分子扩散进行。由于扩散系数和压强成反

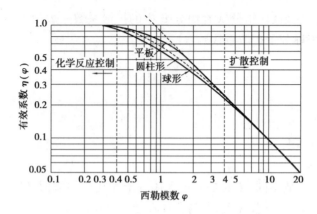

图 5.3　化学气相渗透中有效系数和西勒模数的关系

比,因此当反应器内部总压升高时,扩散系数降低,西勒模数增大,有效系数降低,基体在预制体内部的生成速率降低,不利于 CVI 的进行。在 CVI 后期,大孔都被致密化,孔的平均直径都降到 10 μm,努森扩散成为主要扩散方式。由于努森扩散系数远小于分子扩散系数,因而等温,等压 CVI 后期沉积速率会非常缓慢。对一级反应,为提高沉积速率,可适当提高气源分压。这是因为努森扩散和压力无关,提高气源分压不会改变西勒模数,但会加快反应速率。

5.1.3　烧结动力学

对很多颗粒增强或晶须增强的陶瓷基复合材料,制备过程都要经过烧结。烧结主要是指粉体经加热而致密化的简单物理过程,不涉及化学变化。但是,在复合材料制备时,往往会为促进烧结而加入一些添加剂,或者粉体本身中含有杂质,因而可能会存在部分化学反应。本节只讨论没有化学反应的烧结过程。

烧结可根据是否存在液相而分为液相烧结和固相烧结。从热力学观点看,不论是哪种烧结,烧结的推动力都是以下 3 个:粉体表面能与多晶烧结体的晶界能之差,即能量差;颗粒弯曲表面的压力差,即压力差;颗粒表面的空位浓度和内部空位浓度差,即空位差。

从烧结动力学来看,烧结的过程主要是质量传递的过程。质量传递的速率直接影响烧结速率。固相烧结和液相烧结的传质机理不同,前者主要是蒸发-凝聚传质和扩散传质,后者主要是流动传质和溶解-沉淀传质。下面分别对其介绍。

蒸发凝聚-传质主要在高温下蒸气压较大的系统内进行,在球形颗粒表面有正的曲率半径,而在两个颗粒连接处有一个小的负曲率半径。固体颗粒表面曲率不同导致其蒸气压不同,其压差可表示为

$$\ln \frac{P_{r_0}}{P_r} = \frac{\gamma M}{\rho RT}\left(\frac{1}{r_0}+\frac{1}{x}\right)$$

式中　　P_{r_0},P_r——曲率半径为 r_0 和 r 的蒸气压;

γ——表面张力;

M——相对分子质量;

ρ——密度;

R——气体常数;

T——绝对温度。

由上述模型和压差公式可知,物质将从蒸气压高的凸形颗粒表面蒸发,通过气相传递而凝聚到蒸气压低的凹形颈部,从而实现质量传递。由于该传质方式和颗粒曲率半径有关,因此烧结时初始粒度至少为 10 μm。研究表明,球形颗粒接触面颈部的生长速率为

$$\frac{x}{r} = \left[\frac{3\sqrt{\pi}\,\gamma M^{\frac{3}{2}} P_r}{\sqrt{2}\rho^2 R^{\frac{3}{2}} T^{\frac{3}{2}}} \right]^{\frac{1}{3}} r^{-\frac{2}{3}} t^{\frac{1}{3}}$$

式中　t——烧结时间。

可知,原料起始粒度和烧结温度是烧结工艺的重要参数;粉末的起始粒径越小,烧结速率越快;由于蒸气压 P_r 随温度而指数增加,因此提高温度也可提高烧结速率。此外,接触颈部生长随时间 t 的 1/3 次方变化。这在烧结初期可观察到此规律。随着烧结的进行,颈部增长很快停止。因此,对此类传质过程,延长烧结时间不能达到促进烧结的效果。

由蒸发-传质模型可知,在传质机理下,烧结过程中球与球之间的中心距不变。因此,在这种传质过程中,只改变气孔形状,坯体不发生收缩,也不影响坯体的密度。若要再进一步烧结,还需依靠扩散传质。对碳化物、氮化物等陶瓷基复合材料,由于高温下蒸气压低,因此传质更易通过固态内质点的扩散来进行。

根据扩散路径的不同,扩散可分为表面扩散、晶界扩散和体积扩散。表面扩散是指质点沿颗粒表面进行的扩散;晶界扩散是指质点沿颗粒之间的界面迁移;体积扩散主要是指晶粒内部的扩散。根据扩散传质烧结进行的程度,可将扩散过程分为烧结初期、中期和后期。不同阶段起主导作用的扩散方式有所不同。其中,表面扩散起始温度低,远远低于体积扩散,在烧结初期作用较为明显。而晶界扩散和体积扩散则在烧结中期和后期起主导作用。

从烧结动力学来看,在烧结初期,扩散传质为主的烧结过程中,每种烧结机制的烧结速率有所不同。库津斯基综合了各种烧结机制,给出了烧结初期的典型方程,即

$$\left(\frac{x}{r}\right)^n = \frac{F_T}{r^m} t$$

式中　F_T——温度的函数。

在不同的烧结机制中,包含有不同的物理常数,如扩散系数、饱和蒸气压和表面张力等。这些参数都是温度的函数。各种烧结机制的区别反映在指数 m,n 的不同。显然,蒸发-凝聚过程也适用于该公式。不同传质方式的指数见表 5.1。

表 5.1　不同传质机制下的指数

传质方式	蒸发-凝聚	表面扩散	晶界扩散	体积扩散
m	1	3	2	3
n	3	7	6	5

可知,不管哪种方式,在烧结初期,致密化速率都会随时间延长而稳定下降,并产生一个明显的终点密度。因此,以上述几种传质为主要传质手段的烧结,用延长烧结时间来达到坯体致密化的目的是不恰当的。

在烧结中期,Coble 根据十四面体模型确定出坯体的密度与烧结时间呈线性关系。因此,烧结中期致密化速率较快。而烧结后期和中期并无显著差异,当温度和晶粒尺寸不变时,气孔率随时间延长而线性减少。

对有液相存在的液相烧结,传质机制主要是流动传质和溶解-沉淀传质。在高温下依靠黏性液体流动而致密化是大多数硅酸盐材料烧结的主要传质过程。其在烧结全过程中的烧结速率公式为

$$\frac{\mathrm{d}\theta}{\mathrm{d}t} = \frac{3}{2} \frac{\gamma}{r_0 \eta}(1-\theta)$$

式中　θ——相对密度,即体积密度/理论密度;

　　　γ——液体表面张力;

　　　r_0——气孔尺寸;

　　　η——黏度系数;

　　　t——烧结时间。

式中表明,黏度越小,颗粒半径越小,烧结就越快。因此,颗粒半径一定时,黏度和黏度随温度的迅速变化是需要控制的最重要的因素。另外,当烧结时液相含量很少时,高温下液体流动传质不能看成黏性流动,应属于塑性流动。上述就公式不再适用,但液体表面张力、粒径大小和黏度对烧结速率的影响是一致的。当固相在液相中有可溶性时,液相烧结的传质过程变为部分固相溶解而在另一部分固相上沉淀,即溶解-沉淀传质过程。发生溶解-沉淀传质的条件:有显著数量的液相,固相在液相中有显著的可溶性,液相和液相有良好的润湿性。当烧结温度和起始粒径固定后,溶解-沉淀传质过程的收缩速率为

$$\frac{\Delta L}{L} = K\gamma^{\frac{-4}{3}} t^{\frac{1}{3}}$$

式中　ΔL——中心距收缩的距离;

　　　K——与温度、溶解物质在液相中的扩散系数、颗粒间的液膜厚度,液相体积、颗粒直径及固相在液相中的溶解度等有关的系数;

　　　γ——液体表面张力;

　　　t——烧结时间。

可知,溶解-沉淀传质过程影响因素较多,故其研究也更为复杂。

由烧结的传质机理可知,烧结是一个很复杂的过程。实际制备复合材料时,可能是几种机理在相互作用,在不同的阶段也可能存在不同的传质机理,还可能存在化学反应,尤其是增强体和界面的界面反应。因此,需要考虑烧结过程的各个方面,如原料粒径、粒径分布、杂质、烧结助剂、烧结气氛及温度等,才能真正掌握和控制整个烧结过程。

5.2　树脂复合阻尼材料制备工艺

5.2.1　概述

树脂基体种类繁多,不同的基体有不同的制备工艺。总体来说,树脂基复合材料的制备工艺可分为一步法和二步法。一步法(又称"湿法")是将纤维直接浸渍树脂一步固化成型形成复合材料;二步法则是预先对纤维浸渍树脂,使之形成纤维和树脂预先混合的半成品,再由半成品成型制备出复合材料制品。早期制造复合材料都是采用一步法工艺,如成型模压制品

126

是先将纤维或织物置于模具中,倒入配好的树脂后加压成型。一步法工艺简便,设备简单,但存在以下不足:树脂不易分布均匀,在制品中形成富胶区和贫胶区,严重时会出现"白丝"现象;溶剂、水分等挥发物不易去除,形成孔洞;生产效率低,生产环境恶劣。针对一步法的缺点,发展了二步法("干法"):预先将纤维树脂预先混合或纤维浸渍树脂,经过处理使浸渍物成为一种干态或稍有黏性的材料,即半成品材料,再用半成品成型为复合材料制品。二步法由于将浸渍过程提前,可很好地控制含胶量并解决纤维树脂均匀分布问题;在半成品制备过程中烘去溶剂、水分和低分子组分,降低了制品的孔隙率,也改善了复合材料成型作业的环境;通过半成品的质量控制,可有效保证复合材料制品的质量。对连续纤维增强树脂基复合材料,习惯上把这种成型用材料称为预浸料。它是制备复合材料制品的重要中间环节,其质量直接影响成型工艺条件和产品性能。

5.2.2 预浸料的制备

预浸料是将树脂体系浸涂到纤维或纤维织物上,通过一定的处理过程后储存备用的半成品。为了使复合材料达到良好的性能,基体对纤维的浸渍是必要的。

预浸料的分类是多种多样的。按照增强材料的纺织形式,预浸料可分为预浸带、预浸布和无纺布等;按照纤维的排布方式,可分为单向预浸料和织物预浸料;按纤维类型,可分为玻璃纤维预浸料、碳纤维预浸料和有机纤维预浸料等。按宽度分类,可分为宽带、窄带(数毫米或数十毫米)预浸料,按基体品种分则有热塑性预浸料和热固性预浸料,按固化温度,可分为低温(80 ℃)、中温(120 ℃)和高温(180 ℃)固化预浸料。其中,按增强体种类分类是最常用的分类方式,两者的性能对比见表 5.2。

表 5.2 热固性预浸料和热塑性预浸料性能对比

热固性预浸料	热塑性预浸料
低温储存	室温长期储存
冷藏运输	没有运输限制
低黏度(易浸渍)	高黏度(浸渍需要高压)
低温到中温固化温度(<200 ℃)	高的熔融/固结温度(>300 ℃)
限制性的回收利用(焚烧、磨碎)	能回收重复使用(熔融)

1)热固性预浸料的制备

制备热固性预浸料的主要方法包括湿法和干法。

(1)湿法

湿法也称溶液法,可分为轮鼓缠绕法和连续浸渍法。

①轮鼓缠绕法。

轮鼓缠绕法是一种间歇式的预浸料制造工艺。其浸渍用树脂系统通常要加稀释剂以保证黏度足够低。其原理如图 5.4 所示。从纱团引出的连续纤维束,经导向轮进入胶槽浸渍树脂,经挤胶器除去多余树脂后,由喂纱嘴将纤维依次整齐排列在衬有脱模纸的轮鼓上,待大部分溶剂挥发后,沿轮鼓母线将纤维切断,就可得到一定长度和宽度的单向预浸料。该法特别适用于实验室的研究性工作或小批量生产。

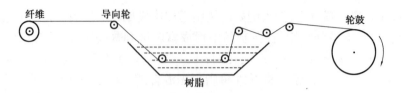

图5.4 轮鼓缠绕法工艺示意图

②连续浸渍法。

该方法是由数束至数十束的纤维平行地同时通过树脂基体溶液槽浸胶，再经过烘箱使溶剂挥发后收集到卷筒上制备预浸料的。其长度不像滚筒法那样受到金属圆筒直径的限制。

湿法具有设备简单、操作方便、通用性强等特点。其主要缺点是难以精确控制增强纤维与树脂基体比例，不易实现树脂基体材料的均匀分布，难以控制挥发成分的含量。此外，（由于湿法过程中使用的溶剂挥发会造成环境污染，并对人体健康造成危害，因此湿法工艺已逐步被淘汰。

（2）干法

干法也称热熔法，是首先将树脂在高温下熔融，然后通过不同的方式浸渍增强纤维制成预浸料的。根据树脂熔融后的加工状态，干法可分为一步法和两步法：

①一步法。

一步法是直接将纤维通过含有熔融树脂的胶槽浸胶，然后烘干收卷获得热固性预浸料。

②两步法。

两步法又称胶膜法，是首先在制膜机上将熔融后的树脂均匀地涂覆在浸胶纸上制成薄膜，然后与纤维或织物叠合经高温处理。

为了保证预浸料树脂含量的稳定，树脂胶膜与纤维束通常以"三明治"结构叠合，最后在高温下使树脂熔融嵌入纤维中形成预浸料。

热熔法的优点是预浸料树脂含量控制精度高，挥发分少，对环境、人体危害小，制品表面外观好，制成的复合材料孔隙率低，避免了因孔隙带来应力集中而导致复合材料寿命减少的危害，对胶膜的质量控制较方便，可随时监测树脂的凝胶时间、黏性等。热熔法的缺点是设备复杂，工艺烦琐，要求热固性树脂的熔点较低，且在熔融状态下黏度较低，无化学反应，对厚度较大的预浸料，树脂不容易浸透均匀。为了得到较好的纤维，树脂界面，现通常在与树脂基体复合前对增强纤维进行加热处理，以提高纤维表面的活性，改善纤维树脂的界面结合。

2）热塑性预浸料制造

热塑性纤维增强复合材料预浸料制造。按树脂状态的不同，可分为预浸渍技术和后浸渍技术两大类。预浸渍技术包括溶液预浸和熔融预浸两种，其特点是预浸料中树脂完全浸渍纤维；后预浸技术包括膜层叠、粉末浸渍、纤维混杂、纤维混编等，其特点是预浸料中树脂以粉末、纤维成包层等形式存在，对纤维的完全浸渍要在复合材料成型过程中完成。

溶液浸渍是将热塑性高分子树脂溶于适当的溶剂中，使其可采用类似于热固性树脂的湿法浸渍技术进行浸渍，将溶剂除去后即得到浸渍良好的预浸料。该工艺的优点是可使纤维完全被树脂浸渍并获得良好的纤维分布，可采用传统的热固性树脂的设备和类似浸渍工艺。其缺点是成本较高且造成环境污染，残留溶剂很难完全除去，影响制品性能，只适用于可溶性聚合物，对其他类溶解性差的聚合物应用受到限制。

熔融预浸是将熔融态树脂由挤出机挤到特殊的模具中浸渍连续通过的纤维束或织物。原理上,这是一种最简单和效率最高的方法,但热塑性树脂的高黏度使这种技术难以达到好的浸渍效果。

膜层叠是将增强剂与树脂薄膜交替铺层,在高温高压下使树脂熔融并浸渍纤维,制成平板或其他一些形状简单的制品的方法。增强剂一般采用织物,使之在高温、高压浸渍过程中不易变形。这一工艺具有适用性强、工艺及设备简单等优点。粉末浸渍是将热塑性树脂制成粒度与纤维直径相当的微细粉末,通过流态化技术使树脂粉末直接分散到纤维束中,经热压熔融即可制成充分浸渍的预浸料的方法。粉末浸渍的预浸料有一定柔软性,铺层工艺性好,比膜层叠技术浸渍质量高,成型工艺性好,是一种被广泛采用的纤维增强热塑性树脂复合材料的制造技术。纤维混编或混纺技术是将基体先纺成纤维,再使其与增强纤维共同纺成混杂纱线或编织成适当形式的织物,在物品成型过程中,树脂纤维受热熔化并浸渍增强纤维。该技术工艺简单,预浸料有柔性,易于铺层操作,但与膜层叠技术一样,在制品成型阶段,需要足够高的温度、压力及足够的时间,且浸渍难以完成。

5.2.3　手糊成型工艺

手糊成型工艺又称接触工艺,是一种最原始和最简单的成型方法。它是指用手工或在机械辅助下将增强材料和热固性树脂铺覆在模具上,树脂固化形成复合材料的一种成型方法。对量少、品种多及大型制品,较宜采用此法。手糊成型工艺制造复合材料制品一般要经过以下工序:

①增强材料剪裁。
②模具准备。
③涂擦脱模剂。
④喷涂胶衣。
⑤成型操作。
⑥固化。
⑦脱模。
⑧修边。
⑨装配。
⑩制品。

1)原材料

手糊成型工艺所需原材料有玻璃纤维及其织物、合成树脂、辅助材料等。

(1)玻璃纤维及其织物

手糊成型工艺对玻璃纤维及其织物的要求如下:

①增强材料易被树脂浸润。
②有足够的形变性,能满足制品复杂形状的成型要求。
③气泡容易被去除。
④能满足制品使用条件的物理/化学性能要求。
⑤价格合理,来源丰富。

手糊成型工艺常用的玻璃纤维及其织物有以下 5 种:

①无捻粗纱。

②无捻粗纱布。

③短切原丝毡。

④加捻布。

⑤玻璃布带。

（2）合成树脂

从手糊成型工艺的特点出发,对合成树脂的要求有：

①在手糊条件下易浸润纤维增强材料,易排除气泡,与纤维黏结力强。

②在室温条件下可以凝胶和固化,而且要求收缩小,挥发物少。

③黏度适宜：一般为 $0.2 \sim 0.5$ Pa·s,不能产生流胶现象。

④无毒或低毒。

⑤价格便宜,来源广泛。

在手糊成型工艺中,常用的热固性树脂有不饱和聚酯树脂、环氧树脂和酚醛树脂。对 3 种热固性树脂的性能、价格等方面作一对比,得出不饱和聚酯树脂因为其工艺性能好、价格便宜、制品性能满足大部分的应用要求的优点,应用最广泛;酚醛树脂因其优异的阻燃性能,可用于对阻燃性能要求极高的场合,如飞机、火车、船舶的内装饰材料以及公共场所的装潢材料;环氧树脂主要用于力学性能要求较高的复合材料制品。

（3）辅助材料

手糊成型工艺用的辅助材料包括各种固化剂、引发剂、促进剂、填料、稀释剂、触变剂、消泡剂及脱模剂等。在此着重介绍脱模剂、填料、触变剂。

①脱模剂。

为了把已固化成型的复合材料制品容易地从模具上取下来,必须在模具的工作面上涂以脱模剂,以制得表面平整光洁的制品,并保证模具完好无损,能重复使用。脱模剂一般是由非极性或极性很弱的物质制成,因这些物质与树脂的黏结力非常小,具有极好的脱模效果。脱模剂的选择应符合以下基本要求：

a. 不腐蚀模具,不影响树脂固化,对树脂黏结力小于 0.01 MPa。

b. 成膜时间短,表面光滑,厚度均匀。

c. 使用安全,无毒害作用。

d. 耐热,能耐受加热固化温度的作用。

e. 操作方便,价格便宜。

选用脱模剂时,需要考虑的因素有模具材料、树脂种类、固化温度、制品的制造周期及脱模剂的涂刷时间等。脱模剂的种类很多,一般分为三大类：薄膜型、溶液型和油蜡型。

②颜料。

在热固性树脂中,加入填料的目的是降低固化收缩率和热膨胀系数,减少固化时的发热量以防龟裂;改善制品的耐热性、电性能、耐磨耗性、表面平滑性及遮盖力,提高黏度或赋予触变性;降低成本。填料种类繁多,主要有黏土、碳酸钙、白云石、石英砂、金属粉（铁、铝等）、石墨、聚氯乙烯粉等。在某些场合,为使材料色泽美观,在树脂中加入无机颜料（因有机染料在树脂化过程会使色泽产生大幅度的变化）,颜色有黄、橙、红、绿、蓝、乳白、淡蓝、淡黄、灰白、白、黑色等颜色。

③触变剂。

在热固性树脂中加入触变剂,可赋予树脂触变性。所谓触变性,是指在混合搅拌、涂刷等动作状态下,树脂黏度变低,而静止时黏度又变高的性质。触变度大小是用测定黏度的方法,以 6 r/min 与 60 r/min 下测定的黏度值之比来表示,一般在 1.2 以上为宜。具有触变性的树脂在立面上成型复合材料时,可防止树脂的流挂、滴落、麻面;使成型操作容易进行。

2)模具

模具是复合材料手糊成型工艺中的主要装备,模具的结构形式和材料对复合材料制品的质量和生产成本有很大的影响。

设计模具时,必须综合考虑以下要求:

①满足产品设计的精度要求,模具尺寸精确、表面光滑。

②要有足够的强度和刚度,保证模具在使用过程中不易变形和损坏;容易制造,脱模方便。

③不受树脂侵蚀,不影响树脂固化。

④有足够的热稳定性,制品固化和加热固化时,模具不变形。

⑤质量轻,材料来源充分,造价低,材料容易获得,使用寿命长等。

手糊成型工艺所使用的模具分单模和对模两类。单模又分阴模和阳模两种。不论单模或对模都可根据工艺要求设计成整体式或拼装式。

(1)阴模

阴模的工作面是向内凹陷的。用阴模生产的复合材料制品外表面光滑,尺寸准确。但是,凹陷深的阴模操作不便,排风困难,也不容易控制质量。阴模常用于生产船壳等外表面要求高的制品。

(2)阳模

阳模的工作面是凸出的。用阳模生产的制品内表面光滑,尺寸准确,操作方便,质量容易控制,便于通风。在手糊成型工艺中,大多采用阳模成型。

(3)对模

对模是由阳模和阴模两部分组成的。用对模生产的制品内外表面均很光滑,厚度精确。对模一般用来生产表面精度及厚度要求高的制品,但阳模在装出料时要经常搬动,故不适合大型制品的生产,如图 5.5 所示。

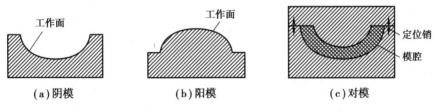

(a)阴模　　　　　(b)阳模　　　　　(c)对模

图 5.5　模具示意图

常用的模具材料有木料、石蜡、水泥、金属、石膏、玻璃钢、陶土、可溶性盐等。

3)手糊成型工艺过程

工艺过程是首先在模具上涂刷含有固化剂的树脂混合物,再在其上铺贴一层按要求剪裁好的纤维织物,用刷子、压轮或刮刀挤压织物,使其均匀浸胶并排除气泡后,又再涂刷树脂混合物和铺贴第二层纤维织物,反复上述过程直至达到所需厚度为止。然后热压或冷压成型,最后得到复合材料制品。

（1）生产准备

①增强材料的准备。

如果增强材料采用玻璃纤维，玻璃纤维织物的裁剪设计很重要，一般小型和复杂的制品应预先裁剪，以提高工效和节约用布。简单形状可按尺寸大小裁剪，复杂形状则需要用纸板作成样板，照样板裁剪。裁剪时，应注意以下两点：

a. 玻璃布的经纬向强度不同，对要求正交各向同性的制品，则将玻璃布经纬向交替铺放。

b. 裁剪玻璃布的大小，应根据制品尺寸、性能要求和操作难易来确定。玻璃布越大制品强度越高。因此，玻璃布裁剪时应尽可能大。

②树脂材料准备。

树脂胶液的配制是将树脂、固化剂或引发剂、促进剂、填料及助剂等混合均匀，常温固化的树脂具有很短的适用期，必须在凝胶以前用完。树脂胶液的配制是手糊成型工艺的重要步骤之一。它直接关系制品的质量。

树脂胶液配制的关键是凝胶时间和固化程度的控制。凝胶时间是指在一定温度下树脂、引发剂、促进剂混合以后到凝胶所需要的时间。手糊成型工艺要求树脂在成型操作完以后的一段时间内凝胶，使树脂能充分浸透增强材料。如果凝胶时间过短，在成型操作过程中树脂黏度迅速增加，树脂胶液难以浸透增强材料，造成黏结不良，影响制品质量；如果树脂凝胶时间过长，成型操作完以后长期不能凝胶，引起树脂胶液流失和交联剂挥发，使制品固化不完全，强度降低。树脂的凝胶时间除与配方有关外，还与环境温度、湿度、制品厚度等有关。

配制树脂时，要注意以下问题：

a. 防止树脂液中混入气泡。

b. 配树脂不能过多，每次配量尽量保证在树脂凝胶前用完。

c. 树脂黏度适中，黏度过高会造成涂胶困难且不易浸透纤维布；黏度过低又会产生流胶现象，造成制品出现缺胶，影响质量。

手糊成型树脂黏度一般控制在 $0.2 \sim 0.8$ Pa·s。其中，不饱和聚酯胶液的配制可首先将引发剂和树脂混合搅匀，然后在操作前再加入促进剂搅拌均匀后使用，也可先将促进剂和树脂混合均匀，操作前再加入引发剂搅拌均匀后使用。环氧树脂胶液的配制可先将稀释剂及其他助剂加入环氧树脂中，使用前加入固化剂，搅拌均匀使用。环氧树脂胶液的黏度、凝胶时间和固化度对制品的质量影响很大。

③模具准备。

模具准备主要包括模具清理、模具组装和涂脱模剂等。

（2）糊制与固化

①糊制。

手工铺层糊制可分为干法和湿法两种：

a. 干法铺层糊制是以预浸布为原料，先将预浸料按样板裁剪成坯料，铺层时加热软化，然后再一层一层地紧贴在模具上，并注意排除层间气泡。干法铺层糊制多用于后期采用热压罐和袋压进一步成型固化。

b. 湿法铺层糊制是直接在模具上将增强材料浸胶，一层一层地紧贴在模具上，排出气泡，使之密实。一般手糊工艺多用湿法铺层糊制，湿法铺层糊制又分为胶衣层糊制和结构层糊制。

②固化。

手糊制品一般采用常温固化。糊制工段的室温应保持在 15 ℃ 以上,湿度不高于 80%。温度过低、湿度过高都不利于聚酯树脂的固化。制品在凝胶后,需要固化到一定程度才可脱模,脱模后继续在大于 15 ℃ 的室温条件下固化或加热处理。室温固化的不饱和聚酯复合材料制品一般在成型后 24 h 可达到脱模强度,在脱模后再放置一周左右即可使用,但要达到最高强度值,往往需要很长的时间。

判断复合材料的固化程度,除强度外,常用的方法是测定其巴柯尔硬度值。一般巴柯尔硬度值达到 15 时便可脱模;对尺寸精度要求高的制品,巴柯尔硬度达到 30 时方可脱模。

为了缩短复合材料制品的生产周期,通常采用加热后处理措施,后处理的升、降温制度,要考虑多种影响因素。

复合材料制品从凝胶到加热后固化之间的时间间隔,对复合材料制品的耐气候性影响很大,特别是后固化温度超过 50 ℃ 时,更应重视。因此,在加热固化处理时,应先将复合材料制品在室温下放置 24 h。

加热处理的方式很多,一般小型复合材料制品可在烘箱内加热处理,稍大一些的制品可放在固化炉内处理,大型制品则多采用加热模具或采用红外线加热处理等。

(3)脱模与修整

①脱模。

当制品固化到脱模强度时,便可进行脱模;脱模最好用木制或铜制工具,以防将模具或制品划伤。脱模方法有以下 4 种:

a. 顶出脱模:在模具上预埋顶出装置,将制品顶出。

b. 压力脱模:模具上留有压缩空气或水入口,脱模时将压缩空气或水压入模具和制品之间,同时用木槌和橡胶锤敲打,使制品和模具分离。

c. 大型制品脱模:可借助千斤顶、吊车和硬木楔等工具进行脱模。

d. 复杂制品可采用手工脱模方法:首先在模具上糊制两三层玻璃纤维布,待其固化后从模具上剥离,然后放在模具上继续糊制到设计厚度,固化后很容易从模具上脱下来。

②修整。

分为尺寸修整和缺陷修补两种。

a. 尺寸修整。成型后的制品,按设计尺寸切除多余部分。

b. 缺陷修补。包括穿孔修补、气泡/裂缝修补和破孔补强等。

4)手糊成型工艺特点

手糊成型工艺的优点如下:

①成型不受产品尺寸和形状限制,适宜尺寸大、批量小、形状复杂的产品生产。

②易于满足产品设计需要,可在产品不同部位任意增补和增强材料。

③手糊制品的树脂含量高,耐腐蚀性能好。

④成型设备简单、投资少、见效快。

⑤工艺简单、生产技术易掌握。

手糊成型工艺的缺点如下:

①生产效率低、速度慢、生产周期长,不宜大批量生产。

②产品质量不易控制,产品力学性能较低,性能稳定性不高。
③生产环境差、气味大。

5.2.4　模压成型工艺

模压成型工艺是指将模压料置于金属对模中,在一定的温度和压力下,压制成型复合材料制品的一种成型工艺。具体来说,将定量的模塑料或颗粒状树脂与短纤维的混合物放入敞开的金属模中,闭模后加热使其熔化,并在压力作用下充满模腔,形成与模腔相同形状的模制品,再经加热使树脂进一步发生交联反应而固化,或冷却使热塑性树脂硬化,脱模后得到复合材料制品。

模压成型工艺大致可分为以下 9 种类型:

①短纤维料模压法:将经预浸的纤维状模压料放置于金属模具内,在一定的温度和压力下成型、制备树脂基复合材料的方法。该方法简便易行,用途广泛。

②毡料模压法:将浸毡机组制备的连续玻璃纤维预浸毡剪裁成所需形状,在金属对模中压制成制品的一种方法。

③碎布料模压法:将浸渍过树脂的玻璃布或其他织物的边角料剪成碎块,在模具中压制成型。这种方法适用于形状简单、性能一般的复合材料制品。

④层压模压法:介于层压与模压之间的一种工艺。它是将预浸过树脂胶液的玻璃纤维布或其他织物,裁剪成所需的形状,然后在金属模具中经加温或加压成型树脂基复合材料制品的方法。

⑤缠绕模压法:结合缠绕成型与模压成型的一种工艺方法。它是将预浸渍的玻璃纤维或布带缠绕在一定的模型上,再在金属对模中加热加压成型制品。它适用于有特殊要求的管材或回转体截面制品。

⑥织物模压法:将预先织成所需形状的两维或三维织物浸渍树脂后,在金属对模中压制成型的一种方法。其中,三维织物由于在 z 向引进了增强纤维,而且纤维的配置也能根据受力情况合理安排,因而明显地改善了层间性能。它与一般模压制品相比,有更好的重复性和可靠性,是发展具有特殊性能要求模压制品的一种有效途径。

⑦定向铺设模压法:按制品的受力状态,进行定向铺设,然后将定向铺设的坯料放在金属对模内成型。这种方法适用于单向,双向大应力制品的制造。

⑧预成型坯模压法:先将玻璃纤维用吸附法制成与制品形状相似的预成型坯,再把它放入金属模具内,预成型坯上倒入配制好的树脂,在一定的温度压力下压制成型。这种方法适用于形状复杂制品的制造,具有材料成本低、容易实现自动化的优点。

⑨片状模塑料模压法:片状模塑料是用不饱和聚酯树脂作为黏结剂浸渍短切纤维或毡片,经增稠后得到片状模塑料。片状模塑料的特点是较低的模压温度和压力,尤其适应大面积制品的成型。其缺点是设备造价高,设备操作及过程控制较复杂,对产品设计的要求较高。

1)模压料

在模压成型工艺中所用的原料半成品,称为模压料,通常也称模塑料。此处主要介绍短纤维料模压料。

短纤维模压料的基本组分是:树脂、短纤维增强材料和辅助材料等。

(1)树脂

模压成型工艺对树脂的基本要求是：

①满足模压制品特定的性能要求。

②要有良好的流动特性,在室温常压下处于固体或半固体状态(不粘手),在压制条件下具有较好的流动性,使模压料能均匀地充满压模模腔。

③适宜的固化速度,且固化过程中副产物少,体积收缩率小。

树脂基体包括各种类型的酚醛树脂和环氧树脂。酚醛树脂有氨酚醛、镁酚醛、钡酚醛、硼酚醛以及由聚乙烯醇缩丁醛改性的酚醛树脂等;环氧树脂有双酚 A 型,酚醛环氧型及其他改性型。

(2)增强材料

在模压成型工艺中,主要采用纤维型增强材料。常用的增强材料有玻璃纤维、高硅氧纤维、碳纤维、芳纶纤维、尼龙纤维、丙烯腈纤维、晶须及石棉纤维等。纤维长度多为 30~50 mm,质量分数一般为 50%~60%,短纤维模压料呈散乱状态。

(3)辅助材料

为了使模压料具有良好的工艺性和满足制品的特殊性能要求,如改善流动性、尺寸稳定性、阻燃性、耐化学腐蚀性等,可分别加入一定量的辅助材料。辅助材料主要包括各种稀释剂、偶联剂、增黏剂、脱模剂及颜料等。

短纤维模压料的制备方法有预混法、预浸法和浸毡法 3 类。

预混法是首先将玻璃纤维切成 15~30 mm,然后与一定量的树脂搅拌均匀,最后经撕松、烘干而制得。这种模压料的特点是纤维较松散且无定向,流动性好,在制备过程中纤维强度损失较大。预浸法是将整束玻璃纤维通过浸胶,烘干,短切而制得,其特点是纤维成束状比较紧密,在备料过程中纤维强度损失较小,模压料的流动性及料束之间的互溶性稍差。浸毡法是将短切玻璃纤维均匀撒在玻璃底布上,然后用玻璃面布覆盖再使夹层通过浸胶、烘干,剪裁而制得,其特点是短切纤维呈硬毡片状,使用方便,纤维强度损失稍小,模压料中纤维的伸展性较好,适用于形状简单、厚度变化不大的薄壁大型模压制品。但是,由于有两层玻璃布的阻碍,树脂对纤维的均匀快速渗透较困难,而且需消耗大量玻璃布,成本增加。因此,浸毡法的应用没有其他两种方法广泛。

短纤维模压料可选用手工预混和机械预混两种方法。手工预混适合于小批量生产,机械预混适用于大批量生产。

2)模压成型工艺过程

模压成型工艺过程通常包括预压、预热和成型固化并脱模 3 个方面。

(1)预压

将料在室温或不太高的温度下预先压成与制品相似的形状,缩小压缩比,或铺、缠成一定的形状,再进行压制。预压的作用有:

①防止物料不均匀并避免溢料产生,实现准确、简便和高效加料。

②有效降低料粒间的空气含量,提高物料的导热效率,缩短预热和固化时间,从而提高生产效率。

③通过预压使模塑料成为坯件形状,可有效地减少物料体积,提高制品质量。

④可有效改善物料的压缩率,经预压后,物料的压缩率可由原来的 2.8~3.1 降至 1.25~1.4,这样物料受热会更均匀,有利于提高物料流动性,改进黏度。

⑤预压可消除粉状模塑料在加料时飞扬造成的环境污染问题。

⑥可有效地提高预热温度和缩短固化时间。预浸料等在高温加热时会发生烧焦或黏附在支承物上，而预压过的坯料就不会发生此类现象。

（2）预热

在压制前料的预先加热称为料的预热，料的预热能改善料的工艺性能。预热作用包括缩短成型周期，提高制品的力学性能、降低模压压力等。预热工艺温度范围通常因为树脂类型的不同而不同。

（3）成型固化并脱模

模压成型工艺过程包括放置嵌件、加料、闭模、排气、保压固化、脱模、清理模具等。

放置嵌件时，要注意以下事项：

①埋入塑料的部分要采用滚花、钻孔或设置凸出的棱角、型槽等以保证连接牢靠。

②安放时，要正确平稳。

③嵌件材料收缩率要尽量与塑料相近。

加料：加料方法包括质量法、容量法、计数法等。

合模：阳模未触及物料前要快，触及物料后要放慢速度。

放气：闭模后需再将塑模松动少许时间，以便排出其中的气体，一般 1~2 次，20 s/次。

保压固化：热固性塑料依靠在型腔中发生交联反应达到固化定型目的。

脱模：制品脱模可由模具的顶出机构顶出；用压缩空气吹出；用手工及辅助设备取出等，一般慢速成型在 60 ℃以下脱模，脱模操作要谨慎细心，防止损坏损伤制品、模具。

清理模具型腔：用钢刷或铜刷刮去残留的塑料，并用压缩空气吹净。

模压成型固化的控制因素包括压力、温度和时间，俗称"三要素"。

模压压力：可使模压料在模腔内流动，增加原料的密实性，克服树脂在缩聚反应中放出的低分子物和其他挥发物所产生的压力，避免出现脱层等缺陷；同时，可使模具紧密闭合，使制品具有固定的尺寸和形状，以及防止制品在冷却过程中发生变形。

模压温度：可使模压料熔融流动充满型腔并为固化过程提供所需热量。调节和控制模压温度的原则是保证充模固化定型并尽可能缩短模塑周期，一般模压温度越高，模塑周期越短。对厚壁制品，应适当降低模压温度，以防表面过热，而内部得不到应有的固化。模压温度与物料是否预热有关，预热料内外温度均匀，塑料流动性好，模压温度可比不预热的高些。其他影响因素也应确保各部位物料的温度均匀，包括材料的形态、成型物料的固化特征等。

模压时间：指熔融体充满型腔到固化定型所需时间。当模具温度不变时，壁厚增加需要时间延长。此外，模压时间还受预热、固化速率、制品壁厚等因素影响。

通常，模压压力、温度和时间三者并不是独立的，实际生产中一般是凭经验确定 3 个参数中的一个，由试验调整其他两个参数，再根据产品质量对已确定的参数进行调整。

3）模压成型工艺特点

与其他成型工艺相比，该工艺具有生产效率高、制品尺寸精确、表面光洁、价格低廉，容易实现机械化和自动化，多数结构复杂的制品可一次成型，不需要有损于制品性能的辅助加工（如车、铣、刨、磨、钻等），制品外观及尺寸的重复性好等优点。这种工艺的主要缺点是压模的设计与制造较复杂，初次投资较高，制品尺寸受设备限制，一般只适于制备中、小型复合材料制品。

5.2.5　层压成型工艺

层压成型工艺,是把一定层数的浸胶布(纸)叠在一起,送入多层液压机,在一定的温度和压力的作用下压制成板材的工艺。层压成型工艺属于干法、压力成型范畴,是复合材料的一种主要成型工艺。该工艺生产的制品包括各种绝缘材料板、人造木板、塑料贴面板及覆铜箔层压板等。

1)预浸胶布

预浸胶布是指生产复合材料层压板材、卷管和布带缠绕制品的半成品。

增强材料浸渍树脂、烘干等的工艺过程,称为浸胶。对不同性能要求的制品,可采用纸、棉布、玻璃布及碳纤维布等不同增强材料浸渍各种树脂胶液(如酚醛树脂、环氧树脂、三聚氰胺甲醛树脂、有机硅树脂等),以制得胶纸、胶布,供压制、卷管或布带缠绕用。树脂基体、增强材料、浸胶工艺条件等因素都对复合材料制品的质量有直接的影响,如果上胶工艺掌握不当,会导致制品起泡、分层、起壳、粘皮、发花等现象,影响制品的机械性能和绝缘性能。因此,根据制品的性能要求,既要选择合适的树脂基体和增强材料,又要掌握最佳的浸胶工艺条件。

浸胶的工艺过程:增强材料经过导向辊进入盛有树脂胶液的胶槽内,经过挤胶辊,使树脂胶液均匀地浸渍增强材料,然后连续地通过热烘道干燥,以除去溶剂并使树脂反应至一定程度(B 阶),最后将制成的胶布或胶纸裁剪成块。

影响浸胶质量的主要因素是胶液的浓度、黏度和浸渍的时间。另外,浸渍过程中的张力、挤胶辊、刮胶辊等也会影响浸胶质量。因此,只有合理地选择和控制这些影响因素,才能确保浸胶的质量。

2)层压成型工艺过程

层压工艺过程大致是:叠料→进模→热压→冷却→脱模→加工→热处理。

(1)叠料

叠料包括备料和装料两个操作过程。

(2)进模

将装好的板料组合逐格(或整体)推入多层压机的加热板间,并检查板料在热板间的位置,待升温加压。

(3)热压

热压工艺中,温度、压力和时间是 3 个重要的工艺参数。在整个热压工艺过程中,增强材料除了被压缩外,没有发生其他变化,而树脂发生了化学反应,其化学性能和物理性能都发生了根本的变化。因此,热压工艺参数的选定,应根据树脂的固化特性来考虑。此外,还应适当地考虑制品的厚薄、大小、性能要求以及设备条件等因素。温度的控制温度的确定主要取决于胶布中树脂的固化特性及胶布的含胶量、挥发物和不溶性树脂含量等质量指标。另外,还必须考虑传热速度问题,这对厚板尤为重要。一般热压工艺的升温曲线可分 5 个阶段。

此处 3 个重要工艺参数与模压成型工艺相似,不再叙述,在此介绍热压过程中的 5 个阶段,如图 5.6 所示。

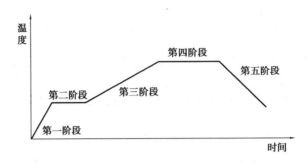

图 5.6　热压工艺升温曲线示意图

第一阶段:预热阶段。一般从室温到开始反应的温度这一段,称为预热阶段。预热阶段主要目的是使胶布中的树脂熔化,使熔化的树脂往增强材料的间隙中深度浸渍,并使挥发物再跑掉一些。此时,压力一般为 1/3 ~ 1/2 全压。

第二阶段:中间保温阶段。这一阶段的作用是使树脂在较低的反应速度下固化。保温时间的长短主要取决于胶布的老嫩程度以及板料的厚度。在这一阶段应密切注意树脂沿模板边缘流出的情况。当流出的树脂已经硬化,即不能拉成细丝时,应立即加全压,并随即升温。

第三阶段:升温阶段。这一阶段的作用在于逐步提高反应温度,以加快固化反应速度。升温速度不宜过快,升温过快则会使固化反应剧烈,在制品中容易产生裂缝、分层等缺陷。

第四阶段:热压保温阶段。这一阶段的作用是使树脂获得充分的固化。该阶段的温度高低主要取决于树脂的固化特性,保温时间和层压板的厚度有关。

第五阶段:冷却阶段。在保压的情况下,采取自然冷却或者强制冷却到室温,然后卸压,取出产品。冷却时间过短,容易使产品产生翘曲、开裂等现象。冷却时间过长,对制品质量无明显帮助,但会使生产效率明显降低。

3)层压成型工艺特点

层压工艺主要用于生产各种规格的复合材料板材。层压成型工艺的特点是制品表面光洁、质量较好且稳定以及生产效率较高。其缺点是只能生产板材,且产品的尺寸大小受设备的限制。

5.2.6　缠绕成型工艺

缠绕成型是一种将浸渍了树脂的纱或丝束缠绕在回转芯模上、常压下在室温或较高温度下固化成型的一种复合材料制造工艺。它是一种生产各种尺寸回转体的简单有效的方法。

1)原材料

缠绕成型的基本材料包括纤维、基体树脂、芯模及内衬。

(1)纤维

缠绕成型工艺对增强材料的要求是:有较高的强度和模量,对黏结剂有良好的浸润性,成型过程中不起毛、不断头。

常用的增强材料有玻璃纤维、碳纤维、芳纶纤维及超高分子量聚乙烯纤维等。可根据制品的性能要求选用。

(2)基体树脂

对基体树脂的要求是:工艺性好,黏度与适用期最重要,适用时间大于 4 h,黏度一般为

0.35～1 Pa·s;树脂基体的断裂伸长率与增强材料相匹配;固化收缩率低、毒性刺激小;来源广,价格低。

常用的树脂有热固性聚酯、乙烯基酯、不饱和聚酯树脂、环氧树脂、酚醛树脂及聚酰亚胺树脂等。

(3)芯模

芯模决定了制件的基本几何尺寸。因此,在缠绕和固化过程中,芯模必须能支承未固化的复合材料,并使其在允许的精度范围内发生变形。芯模的种类主要包括金属芯模、膨胀芯模和一次性使用芯模等。

对芯模的要求是:有足够的强度和刚度;必须满足制品的精度要求;制作工艺简单、周期短,材料来源广,价格低。制品完成后,要求芯模能顺利清除干净,而不影响制品质量。

常用的芯模材料及结构形式有隔板式石膏空心芯模、金属组合芯模、木-玻璃钢组合芯模、金属-玻璃钢芯模、石膏-砂芯模及蜡芯模等。

(4)内衬

纤维缠绕成型的复合材料气密性较差,制成内压容器当承受一定压力后,会发生渗漏,一般采用内衬来解决这个问题。当内衬具有一定的强度和刚度时,不仅起密封作用,还同时起芯模作用。

对内衬材料的要求是:气密性好、耐腐蚀、耐高温、耐低温以及满足成型工艺的需要。一般情况下,铝、钢、橡胶及塑料内衬基本上能满足复合材料内压容器的要求。

①金属内衬。

金属内衬具有良好气密性和刚性;能起芯模作用而且变形极小,使用温度适用范围较广,但制造工艺较复杂,质量较重。常用的金属内衬有铝、钢和不锈钢等。

②非金属内衬。

常用的非金属内衬有橡胶和塑料,使用这类内衬后疲劳次数大大提高,耐腐蚀性良好,质量轻,是较好的内衬材料,尼龙及 ABS 塑料的应用,克服了非金属类内衬存在的许多不足,发展前景良好。但是,非金属内衬的慢速渗漏问题尚需解决。

2)缠绕成型工艺过程

缠绕成型工艺过程包括树脂胶液的配制,纤维热处理烘干、浸胶、胶纱烘干,在一定张力下进行缠绕、固化、检验、加工成成品。对具体制品,究竟是采取干法还是湿法或半干法的缠绕工艺,要根据制品的技术要求、设备情况、原材料性能及生产批量等确定。

缠绕成型工艺按树脂基体的状态不同,可分为干法、湿法和半干法 3 种。

①干法。在缠绕前预首先将玻璃纤维制成预浸渍带,然后卷在卷盘上待用。使用时,使浸渍带加热软化后绕制在芯模上。干法缠绕可大大提高缠绕速度,缠绕速度可为 100～200 m/min。缠绕张力均匀,设备清洁,劳动条件得到改善,易实现自动化缠绕,可严格控制纱带的含胶量和尺寸,制品质量较稳定。但缠绕设备复杂、投资较大。

②湿法。缠绕成型时玻璃纤维经集束后进入树脂胶槽浸胶,在张力控制下直接缠绕在芯模上,然后固化成型。此法所用设备较简单,对原材料要求不高,对纱带质量不易控制、检验,张力不易控制,对缠绕设备如浸胶辊、张力控制辊等,要经常维护、不断洗刷;否则,一旦在棍上发生纤维缠结,就将影响生产正常进行。

③半干法。这种方法与湿法相比增加了烘干工序;与干法相比,缩短了烘干时间,降低了

胶纱的烘干程度,使缠绕过程可在室温下进行,这样既除去了溶剂,又提高了缠绕速度和制品质量。

浸胶完成后,再在缠绕机上缠绕。增强材料在芯模表面上的铺放形式,称为缠绕线型。尽管复合材料内压容器的缠绕形式是多种多样的,但缠绕规律可归结为环向缠绕、纵向缠绕和螺旋缠绕 3 种类型。

①环向缠绕。

缠绕时,芯模绕自己轴线做匀速转动,绕丝头在平行于芯模轴线方向均匀缓慢地移动,芯模每转一周,绕丝头向前移动一个纱片宽度,如此循环直至纱片均匀布满芯模筒身段表面为止,环向缠绕只在筒身段进行,不能缠封头,邻近纱片之间相接而不相交。缠绕角通常为 85°～90°,布带的缠绕角通常为 75°～90°。环向缠绕的纤维方向即为筒体的一个主应力方向,较好地利用了纤维的单向强度。因此,一般内压容器的成型都是采用环向缠绕和纵向缠绕结合的方式。

②纵向缠绕。

纵向缠绕又称平面缠绕。这种缠绕规律的特点是绕丝头在固定平面内做圆周运动,芯模绕自己轴线做慢速间隙转动,绕丝头每转一周,芯模转过一个微小角度,反映在芯模表面上是一个纱片宽度。纱片与芯模轴线间成 0°～25°的交角,纤维轨迹是一条单圆平面封闭曲线。

③螺旋缠绕。

螺旋缠绕又称测地线缠绕。缠绕时,芯模绕自己轴线匀速转动,绕丝头按特定速度沿芯模轴线方向往复运动,于是在芯模的筒身和封头上就实现了螺旋缠绕,如图 5.7 所示。其缠绕角为 12°～70°。

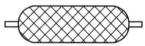

图 5.7　螺旋缠绕示意图

螺旋缠绕的特点是每条纤维都对应极孔圆周上的一个切点;相同方向邻近纱片之间相接而不相交,不同方向的纤维则相交。因此,当纤维均匀缠满芯模表面时,就形成了双纤维层。

3)缠绕成型工艺特点

缠绕成型的主要特点是:能按性能要求配置增强材料,结构效率高;自动化成型,产品质量稳定,生产效率高。它主要用于固体火箭发动机及其他航天、航空结构、压力容器、管道及管状结构、电绝缘制品、汽车、飞机、轮船和机床传动轴、储罐及风力发电机叶片等。该成型工艺最大的缺点是制件固化后须除去芯模,并且它不适宜于带凹曲表面制件的制造,使其适用范围受到一定限制。

5.2.7　拉挤成型工艺

拉挤成型工艺是将浸渍过树脂胶液的连续纤维束或带状织物在牵引装置作用下通过成型模定型,在模中或固化炉中固化,制成具有特定横截面形状和长度不受限制的复合材料型材的方法。

1)原材料

（1）树脂

拉挤成型工艺所用的树脂主要是不饱和聚酯树脂,根据制品的性能要求,也可用环氧树脂、甲基丙烯酸酯树脂、乙烯基酯树脂、酚醛树脂及热塑性树脂等。拉挤成型用的树脂要求有较高的耐热性能、较快的固化性能和较好的浸润性能。

（2）增强材料

增强材料是纤维增强复合材料的支承骨架。它从根本上决定了拉挤制品的性能。拉挤成型工艺对增强材料的主要要求有不产生悬垂现象,纤维张力均匀,成带性好,断头少、不易起毛,浸润性好,树脂浸渍速度快,以及强度及刚度高等。

在拉挤复合材料的增强材料中,应用最广泛的是玻璃纤维无捻粗纱(纤维原丝进行合股、络纱而得到的未加捻的纱线)、玻璃纤维连续毡及短切毡,也有的制品采用玻璃纤维无捻粗纱布及布带等;另外,应用较多的是聚酯纤维(涤纶)及其织物。应用于航空航天工业及汽车工业等领域的先进拉挤复合材料,则应用芳纶、碳纤维等高性能纤维及其织物作为增强材料。

为了增加横向强度,在工艺中采用连续纤维原纱毡与无捻粗纱的组合。前者提供适当的横向强度,后者提供纵向强度和刚度。

（3）辅助材料

拉挤成型工艺所用的辅助材料有填料、内脱模剂和颜料等。颗粒状填料的加入可降低收缩率、改善制品外观和物理机械性能、降低成本。常用的填料有二氧化硅、滑石粉、碳酸钙及氢氧化铝等。填料用量一般是树脂基体的 8% ~ 25%。

在拉挤成型过程中,为降低产品表面粗糙度,防止产品粘模,需要使用内脱模剂。内脱模剂主要含有两种成分:一种是与树脂相溶的成分,它可减少树脂分子间的内聚力,降低树脂黏度,从而削弱聚合物间以及聚合物与模具间的摩擦,使流动平稳;另一种是微溶性成分,在成型过程中易从树脂内部迁移至表面,在模具表面形成润滑层,从而降低树脂纤维体和模具表面间的摩擦,防止粘模。

2）拉挤成型工艺过程

拉挤成型工艺工程主要包括排纱、浸渍、预成型与固化、牵引及切割等。

（1）排纱

将增强材料放置在纱架上并将这些材料按设计要求引出。纤维从纱架上引出的方式有两种:一种是纤维从纱筒的内壁引出;另一种是纤维从纱筒的外壁引出。前者的纱筒是静止地放在纱架上的,当纤维从内壁引出时,必然产生扭转现象。后者的纱筒是放置在旋转芯轴上的,可避免纤维扭转现象,纤维从纱架的一侧引出后,通过孔板导纱器或塑料管导纱器集束进入下一道生产工序。

（2）浸渍

增强材料在树脂混合物中的充分浸渍与增强材料的正确排放一样重要。浸渍装置主要由树脂槽、导向辊、压辊、分纱栅板及挤胶辊等组成。浸渍方法要有以下 3 种:

①长槽浸渍法。

其浸渍槽一般是钢制的长槽。入口处有纤维滚筒,纤维从滚筒下进入浸渍槽而被浸在树脂里。槽内有一系列分离棒,它们将纤维纱和织物分开,以使它们都能被树脂充分浸渍,被浸渍后的增强材料从浸渍槽出来后进入下一个工序。

②直槽浸渍法。

在浸渍槽的前后各设有梳理架,上设有窄缝和孔,分别用于梳理纤维纱、纤维毡及轴向纤维,纤维纱和纤维毡首先通过槽后梳理板,进入浸渍槽,然后浸渍树脂后通过槽前梳理板,再进入预成型导槽。

③滚筒浸渍法。

在浸渍槽前有一块导纱板,浸渍槽中有两个钢制滚筒,滚筒直径以下部分都浸泡在树脂中,滚筒通过旋转将树脂带到滚筒的上部,纤维纱紧贴在滚筒上部进行树脂浸渍。

(3)预成型与固化

预成型的主要作用是诱导浸胶后的扁平带状增强材料逐渐演变成拉挤最终产品的形状,同时挤去增强材料中多余的树脂并排除带入材料中的气泡以获得大体积分数的拉挤复合材料制品。材料从预成型模具中拉出后,进入固化模具,在模具中固化成型后从模具中拉出,这一过程是拉挤工艺过程中最重要的工艺环节。

(4)牵引

当制品在模具中固化后,还需要一个牵引力将制品从模具中拉出,这种牵引力来自牵引装置。为了满足拉挤工艺的需求,对牵引装置应满足以下要求:

①在拉挤过程中,牵引装置必须保证连续牵引,否则会破坏模具内的热平衡,造成堵模等严重工艺事故。

②牵引力、牵引速度可调,因为不同截面、不同尺寸及不同材料制品所需的牵引力大小各不相同,而牵引速度则应根据树脂基体化学反应特性、模具分布、模具长度等因素调节。牵引速度过慢,树脂在模具内的停留时间长,凝胶点及脱离点靠前,会造成脱模困难,反之则会使树脂固化不完全而影响制品的性能。

③夹持力可调,因为牵引力是靠夹持力产生的摩擦力传递给制品的,因而不同牵引力其夹持力也不同。

④夹头可随意更换,并在夹持时有衬垫。

(5)切割

切割是拉挤工艺的最后一道工序。它是由移动式切割机来完成的。由于制品是在连续牵引过程中进行切割,因此切割机按照制品的长度被固定在牵引机的某一固定位置上,其运动速度与牵引速度保持同步。

3)拉挤成型工艺特点

拉挤成型的工艺特点是:设备造价低、生产效率高、可连续生产任意长的各种异型制品、原材料的有效利用率高,基本上无边角废料。但它只能加工不含有凹凸结构的长条状制品和板状制品;制品性能的方向性强,剪切强度较低;必须严格控制工艺参数。

5.3 金属基阻尼复合材料制备工艺

金属基复合材料是以金属为基体,以纤维、颗粒、晶须等为增强材料,并均匀地分散于基体材料中而形成的两相或多相组合的材料体系。用于制备这种复合材料的方法,称为复合材料制备技术。金属基复合材料的性能、应用、成本等在很大程度上取决于材料的制备技术。因此,研究和发展有效的制备技术一直是金属基复合材料研究中最重要的问题之一。

为了得到性能良好、成本低廉的金属基复合材料,制备技术应满足以下5个方面的要求:

①能使增强材料以设计的体积分数和排列方式分布于金属基体中,满足复合材料结构和强度设计要求。

②不得使增强材料和金属基体原有性能下降,特别是不能对高性能增强材料造成损伤;能确保复合材料界面效应、混杂效应或复合效应充分发挥,有利于复合材料性能的提高或互补,不能因制造工艺不当造成材料性能下降。

③尽量避免增强材料和金属基体之间各种不利化学反应的发生,得到合适的界面结构和性能,充分发挥增强材料的增强增韧效果。

④设备投资少,工艺简单易行,可操作性强,便于实现批量或规模生产。

⑤尽量能制造出接近最终产品的形状、尺寸和结构,减少或避免后加工工序。

由于金属所固有的物理化学性质与增强材料差别很大,造成二者复合过程中存在一些问题,主要难点如下:

①增强材料与金属基体润湿性差。绝大多数金属基体对陶瓷增强材料润湿性差,甚至不润湿,造成界面不相容,复合困难。一般需要对金属基体进行合金改性或对增强材料进行表面处理以提高基体对增强体的润湿性。

②高温复合过程中发生不利的化学反应。金属基复合材料制备需要很高的温度(接近或超过金属基体的熔点)。在高温下,金属基体往往会与增强材料发生界面反应,对增强材料造成损伤,降低增强效果。对界面反应可加以利用以提高二者的界面结合强度,但界面反应产物往往是脆性相,在外载荷作用下容易产生裂纹,成为复合材料整体失效的裂纹源,降低复合材料的整体性能。因此,界面反应需合理控制。

③增强材料在金属基体中的均匀分布。增强材料在金属基体中的分布情况对复合材料性能有重要影响。增强材料种类很多,连续纤维、短切纤维、晶须、颗粒等材料的尺寸、形态和理化性能不同,在金属基体均匀分散困难,如何提高增强材料在基体中的分散性是制备工艺研究中的关键问题。

金属基复合材料品种繁多。多数制造过程是将复合过程与成型过程合为一体,同时完成复合和成型。由于基体金属的熔点、物理、化学性质不同,增强物的几何形状、化学、物理性质不同,应选用不同的制造方法。归纳起来大致分为以下 3 类:

1)固态法

固态法是金属基体处于固态情况下与增强材料混合组成新的复合材料的方法。它包括粉末冶金法、热压固结法、轧制法、挤压法和拉拔法及爆炸焊接法等。

2)液态法

液态法是金属基体处于熔融状态下与增强材料混合组成新的复合材料的方法。它包括真空压力浸渍法、挤压铸造法、搅拌铸造法、液态金属浸渍法、共喷沉积法及原位反应生成法等。

3)原位自生法

原位自生法是指金属基复合材料制备过程中,在一定条件下,通过化学反应在金属基体内原位生成一种或几种增强相制备成金属基复合材料的方法。它主要包括定向凝固法和反应自生成法等。

5.3.1　固态制备工艺

固态法典型的特点是制备过程中温度较低,金属基体与增强相处于固态,可抑制金属与增强相之间的界面反应。现对固态制备工艺的几种方法进行介绍。

1)粉末冶金法

粉末冶金法是最早开发用于制备金属基复合材料的工艺。粉末冶金法制备复合材料是指将金属基体与增强体粉末混合均匀后压制成型,利用原子扩散使金属基体与增强体粉末结合在一起制备复合材料的方法。

粉末冶金法的主要工艺步骤包括金属(合金)粉末筛分、粉末与增强体均匀混合制得混合粉体、经过压制成型、热压或热等静压致密化等工艺制备锭块胚体、通过二次加工(挤压、锻造、轧制,超塑性成型等)制备零部件,或在致密化过程中净成型直接制备最终产品。

粉末处理是保证复合材料质量的一个重要环节。金属粉末与颗粒、晶须的均匀混合及防止金属粉末的氧化是粉末处理的关键。一般混粉的方式有普通干混、球磨和湿混。其中,普通干混及湿混容易出现增强体分布不均匀及大量的团聚、分层等现象。目前,较为常用且有效的为球磨,利用下落研磨体(如钢球等)的冲击作用及研磨体与球磨内壁的研磨作用将物料粉碎并混合。采用高能机械球磨可实现亚微米乃至纳米颗粒的均匀混合,并可有效细化基体晶粒,获得均匀的超细复合结构。高能球磨是一种制备高强度/韧性、高热稳定粉末冶金金属基复合材料的重要手段。

金属粉末容易吸附水蒸气并氧化(如 Al),粉末生坯在加热过程中将释放大量的水蒸气、氢气、二氧化碳及一氧化碳气体。因此,生坯在热加工前应经过除气处理,避免制品中出现气泡和裂纹;除气温度一般应等于或者稍高于随后的热压、热加工变形和热处理温度,以避免压块中残存的水和气体造成材料中产生气泡和分层。但是,如果温度过高,合金中其他一些元素可能出现烧损,还会使合金中起强化作用的金属间化合物聚集、粗化,导致材料性能降低。

粉末冶金法具有以下优点:

①由于制备温度低于同类金属材料的铸造法,大大减轻了金属与陶瓷的界面反应。

②可大范围内精确调整增强体体积分数,且增强体的选择余地较大,可设计性强。

③利于增强相与金属基体的均匀混合(对增强相与金属基体的密度和润湿性要求不高)。

④组织致密、细化,均匀,内部缺陷明显改善。

⑤产品尺寸精度较好,易于实现少切削、无切削。

粉末冶金法也存在以下缺点:

①制品往往致密度较差。

②高纯金属粉末制备复杂。

③成本较高,工艺过程复杂。

近年来,超微粉制备技术,快速冷凝、机械合金化、快速全向压制、高速压制、电磁成形、选择性激光烧结、放电等离子烧结、微波烧结、电场活化烧结、自蔓延烧结及粉末注射成形技术等新技术快速发展,促进了粉末冶金法制备的材料向全致密、高性能方向发展。该方法已成为制备非连续增强金属基复合材料的成熟技术。

2)扩散结合法

扩散结合法是制备连续纤维增强金属基复合材料的传统工艺方法。扩散结合是利用在高温的较长时间和较小塑性变形作用下,接触部位原子间的相互扩散使纤维/金属基体之间以及金属基体相互之间结合在一起的方法。结合表面在加热加压条件下发生变形、移动,表面膜破坏,经过一定的高温时间,纤维与金属粉末之间发生界面扩散和体扩散,结合界面最终消失,完成材料复合。

扩散结合法的主要工艺流程:首先将经过预处理的连续纤维按设计要求与金属基体组成复合材料预制片,然后将预制片按设计要求剪裁成所需的形状并进行叠层排布。根据对纤维的体积分数要求,在叠层时适当添加基体箔,随后将叠层置于模具中,进行加热加压,最终制得所需的纤维增强金属基复合材料,如图 5.8 所示。

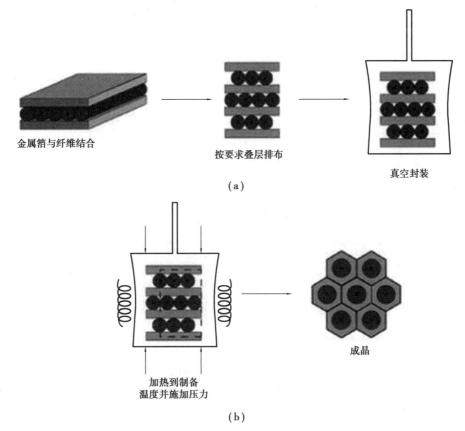

金属箔与纤维结合　　　按要求叠层排布　　　真空封装

(a)

加热到制备
温度并施加压力　　　成晶

(b)

图 5.8　扩散结合法工艺过程

在金属基复合材料的热压制备过程中,预制片制备和热压过程是最重要的两个工序,直接影响复合材料中纤维的分布、界面的特性和性能。

(1)预制片制备

预制片的主要制备方法有等离子喷涂、离子涂覆(物理气相沉积、化学气相沉积等)、箔黏结法及液态金属浸渍法。对直径较粗的纤维,如硼纤维、钨纤维等,直径为 $100 \sim 400 \ \mu m$,容易排列,可用等离子喷涂、离子涂覆法或箔黏结法制作复合材料预制片。而对碳纤维、碳化硅束丝、氧化铝纤维等,因纤维直径较细,数百数千根纤维集成一束,为使金属充分填充到纤维孔隙间,需采用液态金属浸渍法制成复合丝或复合带,再排布成预制片。

(2)热压

热压过程是整个复合材料制备过程中最重要的工序,在此工艺过程中最终完成复合。影响扩散结合过程的主要参数是温度、压力和保温保压时间。热压温度不宜过高,一般控制在稍低于金属基体的固相线;温度也不宜过低,以免造成扩散受阻,样品致密性不足。加压的压力范围也可在较大范围内选择,但压力过大容易造成纤维的损伤,而压力过小时金属不能充分扩散包围纤维,容易形成"眼角"等孔洞缺陷。增大压力、提高温度、增加保温时间有利于纤维与金属基体的扩散结合,但可能会加剧纤维的损伤。因此,选择合适的热压参数尤为重要。

热等静压法是更先进的热压技术,通过密闭容器中的惰性气体为传压介质,工作压力可达200 MPa,在高温高压的共同作用下,被加工件的各向均衡受压,所得制品组织细化、致密、均匀,一般不会产生偏析、偏聚等缺陷,可使孔隙和其他内部缺陷得到明显改善。该方法的具体过程是:将预制体按一定比例排布后放入金属包套中,抽真空密闭后装入高压容器中加热加压,保温保压一定时间后,降温减压并取出工件,制备成金属基复合材料。热等静压技术适用于制造多种复合材料的管、筒、柱及形状复杂的工件。

采用热等静压法制造金属基复合材料过程中,温度、压力、保温保压时间是主要工艺参数。温度是保证工件质量的关键因素,一般选择的温度低于热压温度,以防止发生严重的界面反应。压力根据基体金属在高温下变形的难易程度而定,易变形的金属压力选择低一些,难变形的金属则选择较高的压力。保温保压时间主要根据工件的大小来确定,工件越大,保温时间越长,一般为30 min至数小时。

典型热等静压工艺有以下3种:

①先升压后升温。

其特点是无须将工作压力升到最终所要求的最高压力,随着温度升高,气体膨胀,压力不断升高,直至达到所需要压力,这种工艺适用于金属包套工件的制造。

②先升温后升压。

此工艺对于用玻璃包套制造复合材料比较合适,因玻璃在一定温度下软化,加压时不会发生破裂,又可有效传递压力。

③同时升温升压。

这种工艺适用于低压成型、装入量大、保温时间长的工件制造。

热压和热等静压技术除了用于连续纤维增强技术即复合材料外,也是粉末冶金法中混合粉体致密化的主要手段,将混合粉末放入模具中通过加压加热方式致密化制备非连续金属基复合材料。

3)轧制法、挤压法和拉拔法

轧制、挤压和拉拔技术都是金属塑性加工常用的方法,在金属基复合材料中主要用来进行复合材料的二次加工。

轧制法主要用来将已复合好的颗粒、晶须、纤维增强金属基复合材料锭坯进一步加工成板材,适用的复合材料有 SiC/Al,SiC/Cu,Al_2O_3/Al 等。轧制法也可将由金属箔和连续纤维组成的预制片制成复合材料板材,如铝箔与硼纤维、铝箔与碳纤维、铝箔与钢丝。由于增强纤维塑性变形能力差,因此轧制过程主要是完成纤维与基体的黏结。为了提高黏结强度,常在纤维表面涂上 Ni,Ag,Cu 等金属涂层,并且轧制时,为了防止高温氧化,常用钢板包覆。与金属材料的轧制相比,长纤维/金属箔轧制时单次变形量小,轧制道次多。

挤压法和拉拔法主要用于颗粒、晶须、短纤维增强金属基复合材料的坯料进一步形变,加工制成各种形状的管材、型材、棒材及线材等。经拉拔、挤压后,复合材料的组织更加均匀,缺陷减少甚至消除,性能显著提高。短纤维和晶须还有一定的择优取向,轴向抗拉强度明显提高。

挤压法和拉拔法可直接制造金属丝增强金属基复合材料。其工艺过程是:在基体金属坯料上钻长孔,将增强金属制成棒放入基体金属的孔中,密封后经挤压或拉拔,增强金属棒变为丝,即获得金属丝增强复合材料。另外,将颗粒或晶须与基体金属粉末混合均匀后装入金属管中,密封后直接热挤压或热拉拔,即可获得复合材料管材或棒材。

5.3.2　液态制备工艺

液态法是指金属基体处于熔融状态下与固体增强材料复合而制备金属基复合材料的工艺过程。液态成型时,温度较高,熔融状态的金属流动性好,在一定条件下利用液态法可容易制得性能良好的复合材料。相比于固态成型具有工程消耗小、易于操作、可实现大规模工业生产及零件形状不受限制等优点。液态法是金属基复合材料的主要制备方法。根据增强体与液态金属加入方式的不同,此类工艺可分为三大类:

①液态金属浸渗法,是将液态金属浸渗进入增强预制体。

②液态金属搅拌铸造法,是将增强体加入液态金属。

③共喷沉积法,是将金属液体与增强体边混合边成型。

1)液态金属浸渗法

液态金属浸渗法是指在一定条件下将液态金属浸渗到铸型内具有一定形状和孔隙率的增强材料预制件内,并凝固获得复合材料的制备方法。

液态金属浸渗法的第一步是增强体预制件的制备。各种类型增强体(纤维、颗粒)预制件应具有一定的抗变形能力,以防止在金属熔体浸渗过程中发生位移而造成增强材料在基体分布不均匀,同时要有一定量的连通孔隙,以保证液态金属的浸渗。预制件的制备过程是:一般在含有有机剂黏结的溶剂中加入增强物,然后压成所需体积分数的预制件。预制件经高温处理,有机黏结剂挥发形成连通孔隙,保证液态金属的浸渗。

在预制体制备过程中,胶黏剂是决定预制件质量的关键因素。通常胶黏剂有无机胶黏剂和有机胶黏剂两类。常用的无机胶黏剂有水玻璃、硅胶和磷酸盐等。无机胶黏剂能赋予预制件很好的室温与高温强度,但高温处理后不会完全挥发,部分残留在预制件中,从而会影响复合材料的性能,因而用量要适中。常用的有机胶黏剂有聚乙烯醇、羟甲基纤维素钠盐、酚醛树脂、环氧树脂、淀粉和糊精等,可赋予预制件很好的室温强度,在高温下容易分解挥发,残留少。预制件的强度随胶黏剂的增加而增强,但过多的胶黏剂残留在预制体中会损害复合材料的性能。

预制体制备完成后,下一步是将液态金属浸渗进预制体中并凝固获得复合材料。根据液态金属浸渗条件不同,此工艺可分为真空(或负压)浸渗、挤压浸渗技术、真空压力浸渗技术及无压(或自发)浸渗技术等。

(1)真空浸渗技术

真空浸渗技术是把增强体预制件抽真空后注入金属熔体,金属吸入预制件空隙中凝固获得金属基复合材料的方法。

如图 5.9 所示为真空浸渗法制备纤维增强金属基复合材料的工艺过程。先把连续纤维用绕线机缠在圆筒上,用聚甲基丙烯酸甲酯等能热分解的有机高分子化合物黏结剂制成半固化带,再把数片半固化带叠在一起压成预制件。把预制件放入铸型中,加热到 500 ℃将有机高分子分解、去除。将铸型的一端浸入基体金属液内,另一端抽真空,使液体金属抽入铸型内浸渗纤维,待冷却、凝固后将复合材料从铸型内取出。

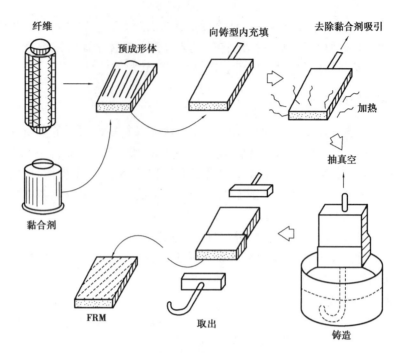

图 5.9 真空浸渗法工艺过程

真空浸渗法使用范围广,适用于多种熔点不是特别高的金属基体材料,如 Al,Cu,Ti 合金等为基体的金属基复合材料,也适用于连续纤维、短切纤维、晶须和颗粒等增强体的复合材料。增强材料的形状、尺寸、含量基本不受限制,可直接制备复合材料工件,特别是形状复杂的工件,基本无须后续加工。金属浸渗过程在真空下进行,铸件缺陷少,组织致密、性能好。但是,真空浸渗设备比较复杂,工艺周期长,大尺寸工件需要大型设备完成。

(2)无压浸渗技术

无压浸渗工艺是指金属熔体在无外界压力作用下,借助浸润导致的毛细管压力自发浸渗入增强体预制块而形成复合材料。为了实现自发浸渗,金属熔体与固体颗粒需要满足以下 4 个条件:

①金属熔体对固体颗粒浸润。

②粉体预制件具有相互连通的渗入通道。

③体系组分性质需匹配。

④渗入条件不宜苛刻。

金属熔体与陶瓷颗粒的润湿性一般较差,并且金属熔体与增强体容易发生严重的化学反应,难以实现自发浸渗。为此,常采取以下几种技术措施:

①通过合金化改善润湿性。

②增强体表面金属化改性,其原理是利用润湿性良好的金属/金属复合来替代金属/陶瓷的直接复合。

③金属间化合物的自发渗入,将与共价键陶瓷增强体反应的金属替换为金属间化合物,可大大减弱反应的剧烈程度,并得到较好的浸润效果。

无压浸渗方法可分为直接浸渗法和间接浸渗法。直接浸渗法即预制件与基体金属熔体直接接触。它可分为蘸液法、浸液法和上置法 3 种,如图 5.10 所示。

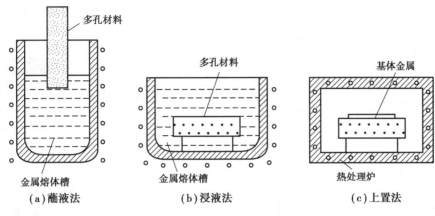

（a）蘸液法　　　　　（b）浸液法　　　　　（c）上置法

图 5.10　3 种无压浸渗方法

①蘸液法。蘸液法的主要特点是：金属熔体在毛细管压力的驱动下自下而上地渗入预制件间隙。浸渗前沿呈简单几何面向前推进，预制件内气体随渗入前沿向上推进而排出预制件，这样能有效地减少缺陷实现致密化。但该方法可能导致重力作用下制品上下渗入程度欠均匀及凝固时上下熔体补缩量不一致。

②浸液法。浸液法是将预制件淹没在熔体内，基体在毛细管压力作用下由周边渗入预制件内部。与蘸液法相比，优缺点恰好相反。但是，此方法操作简单，可实现规模生产。预制件内的气体排出受液、气表面能降低驱动，经过较复杂的过程最终能完全排除。

③上置法。固体状金属放置在支架支承着的预制件上部，同置于加热系统中，加热熔化后，熔体自上而下渗入预制件内。该方法可避免重力作用产生的不均匀性，但凝固补缩及渗流的可控性较差，一般在复合材料的初步研制中采用。

间接自发浸渗法的原理如图 5.11 所示。在间接浸渗法中，预制件试样置于与试样相同材质的立于基体金属熔体的导柱上。自发浸渗时，熔体先覆盖导柱表面并达到导柱与试样的间隙，然后再自下而上地自发浸渗预制件试样。该方法主要适用于润湿性非常好的体系。

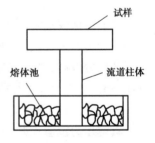

无压浸渗具有工艺简单、成本较低、可实现近终成型等优点，主要适用于润湿性良好的体系。目前，已成功制备出低熔点韧性金属/高温合金复合材料、金属/陶瓷复合材料和金属间化合物/陶瓷复合材料等。

图 5.11　间接自发浸渗法

（3）挤压浸渗技术

挤压浸渗工艺是在外加压力作用下将金属基体溶液充入增强体预制件的孔隙中，从而形成金属基复合材料。其工艺过程如图 5.12 所示。首先把预制件预热到适当温度，然后将其放入预热的铸型中，浇入液态金属并加压，使液态金属浸渗到预制件的孔隙中，保压直至凝固完毕，从铸型中取出即可获得复合材料。

该方法的主要工艺参数包括预制件预热温度、熔体温度和压力。浸渗时，金属熔体一旦进入预制件，热量部分会传给增强体，熔体前端温度下降，浸渗到一定深度后部分熔体开始凝固，造成预制体内熔体浸渗的通道变窄，当通道完全被凝固层堵塞时，浸渗过程结束。提高金属熔体温度和预制体预热温度可减慢熔体在预制体表面凝固的速度。但是，熔体浇铸温度过

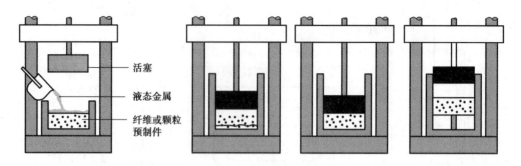

活塞
液态金属
纤维或颗粒
预制件

图 5.12　挤压浸渗工艺过程

高会带来铸件质量下降等问题,因而浇铸温度一般控制在金属液相线以上 $50 \sim 60 \ ℃$。尽量提高预制件预热温度是工艺过程的主要措施,浇入金属熔体前预制件要充分预热,预热温度要高于基体金属的凝固温度,以防孔隙通道的阻塞。

压力浸渗的优点有:

①工艺简单、生产效率高,制造成本低,适合批量生产。

②复合材料与铸型很好接触,利用散热,冷速快,形成的组织致密。

③压力较大($70 \sim 100 \ MPa$),有效地改善了增强体与金属熔体之间的润湿性,并且增强体与金属熔体在高温下的接触时间较短,不会出现严重的界面反应,同时液态金属可有效地填充,孔隙率低。

因此,采用挤压浸渗工艺制造出的复合材料力学性能较好,挤压浸渗工艺已成为批量制造陶瓷短纤维、颗粒、晶须增强铝(镁)基复合材料零部件的主要方法之一。

压力浸渗的缺点:

①浸渗需要压室,并且由于压力较大,要求压室有一定的壁厚。

②该方法仅适合制备不连续增强体(如颗粒、晶须等)增强复合材料,不适合连续制造金属基复合材料型材,也不能生产大尺寸零件。

③压力较高,要求预制件有较高的力学性能,能承受较高压力而不变形,并且在制备纤维预制件时,可能会发生增强体的偏聚。

(4)真空压力浸渗技术

真空压力浸渗工艺是在真空和高压惰性气体共同作用下,将液态金属压入增强材料制成的预制件孔隙中,制备金属基复合材料的方法,其兼具压力浸渗和真空吸铸的优点。熔体进入预制件分为底部注入式和顶部注入式两种。

图 5.13 为底部注入式真空压力浸渗炉示意图。其具体浸渗过程是:首先将增强材料预制件放入模具,并将基体金属装入坩埚中;然后将装有预制件的模具和装有基体金属的坩埚分别放入浸渗炉的预热炉和熔化炉内,密封和紧固炉体;将预制件模具和炉腔抽真空,当炉腔内达到预定真空度后开始通电加热预制件和熔化金属基体。控制加热过程使预制件和熔融基体达到预定温度,保温一定时间,提升坩埚,将模具升液管插入金属熔体,并通入高压惰性气体。在真空和惰性气体高压的共同作用下,液态金属浸渗预制件中并充满增强材料之间的孔隙,保持一段时间后,完成浸渗过程,形成复合材料。降下坩埚,接通冷却系统,待完全凝固后,即可从模具中取出复合材料零件或坯料。底部注入式的优点是能够将铸型置于低温区,帮助金属迅速凝固,减少金属与预制件在高温下的接触时间。

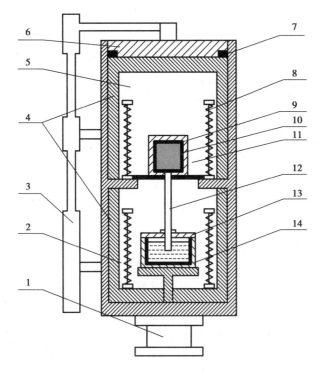

图 5.13　真空压力浸渗炉示意图

1—汽缸;2—熔融棒;3—上芯体;4—隔热板;5—浸渍室;6—上盖板;7—密封圈;

8—加热线圈;9—模具;10—石墨片;11—纤维布;12—立管;13—保护壳;14—石墨坩埚

真空压力浸渗法制备金属基复合材料过程中,预制件的制备和工艺参数的控制是获得高性能复合材料的关键。复合材料中纤维、颗粒等增强材料的含量、分布、排列方向是由预制件决定的,应根据需要采取相应的方法制造满足设计要求的预制件。

真空压力浸渗工艺参数包括预制件预热温度、金属熔体温度、浸渗压力及冷却速度。预制件预热温度和熔体温度是影响浸渍是否完全和界面反应程度的最主要因素。从浸渗角度分析,金属熔体的温度越高,流动性越好,越容易浸渗入预制件中;预制件温度越高,可避免因金属熔体与预制件接触而发生迅速冷却凝固,因此浸渍越充分。浸渍压力与增强材料的尺寸和体积分数、金属基体对增强材料的润湿性及黏度有关。

真空压力浸渗法主要有以下特点:

①适用面广,可用于多种金属基体和连续纤维、短纤维、晶须和颗粒等增强材料的复合,增强材料的形状、尺寸、含量基本上不受限制。

②可直接制成复合零件,特别是形状复杂的零件,基本上无须进行后续加工。

③浸渍在真空中进行,在压力下凝固,无气孔、缩松、缩孔等铸造缺陷,组织致密,材料性能好。

④工艺参数易于控制,可根据增强材料和基体金属的物理化学特性,严格控制温度、压力等参数,避免严重的界面反应。

⑤真空压力浸渗法的设备比较复杂,制造大尺寸的零件要求大型设备,投资大,且工艺周期长、效率低、成本高。

2)搅拌铸造法

液态金属搅拌铸造法是一种适合工业规模生产颗粒增强金属基复合材料的主要方法,工艺简单,制造成本低廉。其基本原理是:首先将不连续增强体直接加入熔融的基体金属中,并通过一定的方式搅拌,使增强体混入且均匀弥散地分散在金属基体中,与金属基体复合成金属基复合材料熔体;然后浇铸成锭坯、铸件等。搅拌复合时,根据搅拌温度的不同,基体合金在液相区称为搅拌铸造法,在液-固两相区称为半固态铸造或者复合铸造法。

在液态金属搅拌工艺过程中,由于增强颗粒的团聚、沉淀以及增强颗粒与金属基体润湿性较差,颗粒较难在金属基体中均匀分散;强烈的搅拌容易造成金属熔体的氧化和大量空气的吸入。该方法最关键的问题是颗粒在金属基体中的均匀分散及金属的氧化防护。主要措施如下:

①在金属熔体中添加合金元素。某些合金元素可降低金属熔体的表面张力,改善液态金属与陶瓷颗粒的润湿性。例如,在铝熔体中加入钙、镁、锂等元素,可明显降低熔体的表面张力,提高铝熔体对陶瓷颗粒的润湿性,有利于陶瓷颗粒在熔体中的分散,提高其复合效率。

②颗粒表面处理。比较简单有效的方法是对颗粒进行高温热处理,使有害物质在高温下挥发、脱除。有些颗粒(如SiC)在高温处理过程中发生氧化,在表面生成SiO_2薄层,可明显改善熔融铝合金基体对颗粒的润湿性,也可通过电镀、化学镀等方法使陶瓷颗粒表面改性,从而改善润湿性。

③复合过程的气氛控制。由于液态金属氧化生成的氧化膜阻止金属与颗粒的混合和润湿,吸入的气体又会造成大量的气孔,严重影响复合材料的质量,因此要采用真空或惰性气体保护来防止金属熔体的氧化和吸气。

④有效的搅拌。强烈的搅动可使液态金属以高的剪切速度流过颗粒表面,能有效改善金属与颗粒之间的润湿性,促进颗粒在液态金属中的均匀分布。通常采取高速旋转的机械搅拌或超声波搅拌来强化搅拌过程。

⑤缩短凝固时间。由于增强颗粒与金属熔体密度不同,在停止搅拌后及浇入铸型的凝固过程中会发生增强颗粒的上浮或下沉现象,造成增强颗粒的分布不均匀。因此,需要减少搅拌后的停留时间及缩短凝固时间来避免增强颗粒在金属基体中的分布不均匀。

⑥选择适当的铸造工艺。因固体颗粒的加入,熔体的流动性显著降低,充型能力不好,故一般采用挤压铸造、液态模锻等工艺比较合适。

金属搅拌铸造法根据工艺特点及所选用的设备,可分为旋涡法、杜拉肯法和半固态搅拌铸造法(复合铸造法)3种。

①旋涡法。旋涡法的基本原理是利用高速旋转的搅拌器的桨叶搅动金属熔体,使其强烈流动,并形成以搅拌器转轴为对称中心的旋涡,将颗粒加到旋涡中,依靠旋涡的负压抽吸作用将颗粒吸入金属熔体中。经过一定时间的强烈搅拌,颗粒逐渐均匀地分布在金属熔体中,并与之复合在一起。旋涡法的主要工序有基体金属熔化、除气和精炼、颗粒预处理、搅拌金属复合、浇铸、冷却凝固、脱模等。旋涡法的主要工艺参数为:搅拌速度(一般控制在500~1 000 r/min)、搅拌时金属熔体的温度(一般选基体金属液相线以上100 ℃)、颗粒加入速度。

②杜拉肯法。杜拉肯法是20世纪80年代中期由Alcon公司研究开发的一种无旋涡搅拌法。其主要工艺过程是:首先将熔炼好的基体金属熔体注入真空或有惰性气体保护的搅拌炉中;然后加入颗粒增强体,搅拌器在真空或氩气条件下进行高速搅拌。颗粒在金属熔体内分

布均匀后,经浇铸获得颗粒增强金属基复合材料。

该方法与旋涡法的主要区别:

a. 基体金属熔化、精炼与通过搅拌加入颗粒分别在不同装置中进行,不仅可使每种设备的复杂程度降低,而且可适应大生产规模。

b. 搅拌金属熔体和加入颗粒是在真空或保护气氛下进行的,避免了金属氧化和吸气。

c. 采用多级倾斜叶片组成的搅拌器。

采用杜拉肯法复合好的颗粒增强金属基复合材料熔体中气体含量低、颗粒分布均匀,铸成的锭坯的气孔率小于1%,组织致密,性能优异。该方法适用于多种颗粒和基体,主要应用于铝合金,包括形变铝合金 LD2,LD10,LY12,LC4,以及铸造铝合金 ZL101,ZL104 等。

③半固态搅拌铸造法(复合铸造法)。半固态搅拌铸造法的特点是搅拌在半固态金属中进行,而不是在完全液态的金属中进行。其工艺过程为:首先将颗粒增强体加入正在搅拌的含有部分结晶颗粒的基体金属熔体中,半固态金属熔体中有 40% ~60% 的结晶粒子,加入的颗粒与结晶粒子相互碰撞、摩擦,导致颗粒与液态金属润湿并在金属熔体中均匀分散;然后再升至浇铸温度进行浇铸,获得金属基复合材料。

该方法可用来制造颗粒细小,含量高的颗粒增强金属基复合材料,也可用来制造晶须、短纤维增强的金属基复合材料。该方法存在的主要问题是基体合金体系的选择受限较大,即必须选择结晶温度区间较大的基体材料,并且必须对搅拌温度严格控制。

3)共喷沉积法

共喷沉积法是指将液态金属在惰性气体气流的作用下雾化成细小的液态金属液滴,同时将增强颗粒加入,与金属液滴混合后共同沉积在衬底上,凝固而形成金属基复合材料的方法。

图 5.14 为共喷沉积法的工艺设备示意图。共喷沉积法工艺包括基体金属熔化、液态金属雾化、颗粒加入以及与金属液滴的混合、沉积和凝固等工序。其中,液态金属雾化过程决定了熔滴尺寸大小、粒度分布及液滴的冷却速率,是制备金属基复合材料的关键工艺过程。液态金属在雾化过程中形成大小不同的液滴,并在气流作用下迅速冷却,部分细小的液滴迅速冷却凝固,大部分液滴处于半固态(表面已经凝固,内部仍为液体)和液态。为了使增强颗粒与基体金属复合良好,要求液态金属雾化后液滴的大小有一定的分布,使大部分金属液滴到达沉积表面时保持半固态和液态,在沉积表面形成厚度适当的液态金属薄层,以利于填充到颗粒之间的孔隙,获得均匀致密的复合材料。

共喷沉积法制备颗粒增强金属基复合材料的主要特点有:

①适用面广。

可用于铝、铜、镍、钴等有色金属基体,也可用于铁、金属间化合物基体;增强颗粒可以为 SiC,Al_2O_3,TiC,Cr_2O_3 及石墨等材料。

②生产工艺简单、高效。

与粉末冶金相比,不需要繁杂的制粉、研磨、混合、压型、烧结等工序,可实现一次复合成型,雾化速率为 25 ~200 kg/min,沉淀凝固迅速。

③冷却速度快。

冷却速度可为 $10^3 \sim 10^6$ K/s,晶粒细小,无宏观偏析,组织均匀。

④颗粒分布均匀。

通过工艺参数调控,可实现增强颗粒与金属基体的均匀混合。

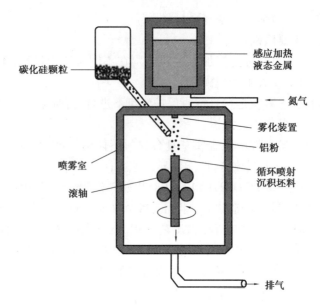

图 5.14　共喷沉积法的工艺设备示意图

⑤复合材料中的气孔率较大。

气孔率在 2% ~ 5%,获得的毛坯件需经致密化处理。

共喷沉积法作为一种高效的快速凝固成型工艺,已被成功应用于铁基、铜基、钛基和铝基等颗粒增强复合材料的制备领域,增强颗粒主要为氧化铝、碳化硅等。

5.3.3　增材制造工艺

增材制造技术又称加成制造,是 20 世纪 70 年代末 80 年代初出现的快速原型技术发展而来的一种先进制造技术。

按照美国材料与试验协会(American Society for Testing and Materials, ASTM)增材制造技术委员会(F42)的定义,增材制造技术是根据 3DCAD 模型数据,通过增加材料逐层制造的方式,直接制造与相应数学模型完全一致的三维模型的制造方法。其核心是将所需成型的工件通过切片处理转化成简单的 2D 截面组合,而不需要采用传统的加工机床。增材制造工艺涉及的技术包括 CAD 建模、测量技术、接口软件技术、数控技术、精密机械技术、激光技术及材料技术等。

1)增材制造技术的工艺方法及过程

目前,典型的增材制造技术包括光固化立体成型(SLA)、熔融沉积成型(FDM)、三维打印成型(3DP)、分层实体成型(LOM)及激光选区烧结成型(SLS)等。

(1)光固化立体成型(SLA)

光固化立体成型属于“液态树脂固化成型”。其技术原理是:在树脂槽中盛满有黏性的液态光敏树脂,在紫外线光束照射下光敏树脂快速固化。成型过程开始时,可升降工作台处于液面下一个截面层厚的位置,沿液面扫描,使被扫描区域树脂固化,从而得到具有截面轮廓的薄片,然后工作台下降一层薄片厚度,再进行下一层面树脂的固化。

国际上有许多公司在研究 SLA 技术,其中成果较为突出的主要有光固化快速成型技术的开创者——美国 3DSystems、德国 EOS 公司、日本 C-MET 和 D-MEC 公司等。目前,光固化所用的预聚物类型基本包括了所有预聚物类型,但预聚物必须引入可在光照射下发生交联聚合的双键或环氧基团,如能发生游离基聚合的不饱和聚酯、聚酯丙烯酸酯等,能发生游离加成的聚硫醇-聚丙烯等以及能发生阳离子聚合的环氧丙烯酸等。

SLA 主要应用于树脂高分子材料的成型。其工艺过程比较简单,此处不做陈述。后来,也将 SLA 应用于陶瓷材料的成型,其基本过程是将陶瓷粉与可光固化树脂混合制成陶瓷料浆,铺展在工作平台上,通过计算机控制紫外线选择性照射液面,陶瓷料浆中的溶液通过光聚合形成高分子聚合体并与陶瓷相结合;通过控制工作平台沿试件高度方向的移动,可使未固化料浆流向已固化部分表面,如此反复工作,最终就可形成陶瓷坯体。Brady 等对 Al_2O_3、SiO_2 和羟基磷灰石(HA)进行立体光刻成型,将陶瓷粉末与丙烯酸酯光敏树脂混合得到成型浆料,固相体积分数为 50% 以上。Michelle 等采用丙烯酰胺水和二丙烯酸盐非水溶液作为光聚合溶液进行 SiO_2,Si_3N_4,Al_2O_3 的立体光刻成型,发现 Al_2O_3 和 SiO_2 水基体系浆料固化深度和流动性均适合成型,固化成型的 Al_2O_3 试件在 1 550 ℃烧结后均匀、致密,平均晶粒尺寸为 1.5 pm,可达到理论密度且层间界面不明显。

Cheah 等将短纤维混合在液态光敏树脂中,经紫外线扫描,光敏树脂发生固化反应使短纤维与树脂复合在一起形成复合材料。将短玻璃纤维与丙烯酸基光敏聚合物混合通过光固化成型复合材料零件,零件的抗拉强度提高 33%,同时降低了后固化过程引起的收缩变形。Karalekas 等利用 SLA 技术进行纤维增强树脂基复合材料制造,成型过程中在试件中间层加入一层连续纤维编织布,在光敏聚合物发生聚合反应转变为固体过程中,将纤维布嵌入树脂基体中形成复合材料,复合材料的极限抗拉强度与弹性模量都有明显的提高。

SLA 工艺具有以下优势:

①是最早出现的一种快速成型工艺,成熟度最高。

②成型速度快,系统稳定性高。

③打印尺寸变化幅度较大。

④尺寸精度高,表面质量好。

但是,SLA 工艺具有以下不足:

①设备造价高昂、使用和维护成本较高。

②对环境要求苛刻。

③成型材料多为树脂材料或树脂浆料,不利于长期保存。

④成型产品对储藏要求高等。

(2)熔融沉积成型(FDM)

熔融沉积成型又称熔丝沉积,是目前使用最广泛的增材制造技术之一。FDM 是将热塑性塑料、蜡或金属等低熔点材料熔化后,通过由计算机数控的精细喷头按 CAD 分层截面数据进行二维打印,喷出的丝材经冷却、黏结、固化生成一薄层截面,层层叠加形成三维实体的技术。该方法也可使用陶瓷-高分子复合原料通过挤制工艺形成的细丝来成型三维立体陶瓷坯体。在此工艺中,陶瓷粉体与高分子黏结剂混合制备细丝是关键,需要合适的黏度、柔韧性、弯曲模量、强度及结合性能等。

FDM 工艺也用于制备高质量颗粒增强预制体。其主要原理是:增强体/高分子混合原料经过加热形成塑性浆料,通过喷头挤压打印,形成特定形状,在高温下处理除去高分子,得到增强预制体,然后经过金属液态浸渗技术等制备金属基复合材料。这一技术的关键在于供料中增强颗粒的分布及浆料的流动性,除了增强体颗粒,混合原料一般包含聚合物、增黏剂、塑化剂及分散剂。聚合物用于保证混合原料的强度,增黏剂保证原料的黏结性,塑化剂提高原料的流动性,分散剂用于保证增强体在其中的分散性。Bandyopadhyay 等通过 FDM 技术制备了 Al_2O_3 陶瓷预制体,通过改变 Al_2O_3 陶瓷预制体的结构,可灵活调节增强体的含量及分布,实现了复合材料的性能调节。

FDM 工艺具有以下优势:

①设备使用和维护简单,维护成本较低。

②设备体积小巧。

③成型速度快。

④成型材料来源广泛,热塑性材料、金属和陶瓷粉体/高分子均可。

⑤原材料利用率高。

⑥后处理过程简单。

但是,FDM 工艺也存在一定不足:

①成型精度低,表面有明显台阶效应。

②成型过程中需要支承结构,支承结构需要手动剥除,同时影响制件表面质量。

(3)三维打印成型(3DP)

三维打印成型也称粉末材料选择性黏结,是一种基于喷射技术。从喷嘴喷射出液态微滴或连续熔融材料束,按照一定路径逐层堆积成型的快速成型技术。该方法是通过喷头喷出黏结剂将材料结合在一起,主要研究树脂、陶瓷、石膏及铸造砂等无机非金属材料。3D 打印具体工作过程如下:

①采集粉末原料。

②将粉末铺平到打印区域。

③打印机喷头在模型截面定位,喷黏结剂。

④送粉活塞上升一层,实体模型下降一层,以继续打印。

⑤重复上述过程直至模型打印完毕。

⑥去除多余粉末,固化模型,进行后处理操作。

3DP 技术可用于不同增强颗粒,可灵活控制预制体的形状及密度分布,可实现复合材料的不同功能设计及梯度复合材料的制备。Brian D. Kernan 等使用 WC/Co_3O_4 混合粉末为原料,通过三维打印技术将粉体成型,在 Ar/H_2 混合气体中经过高温处理,Co_3O_4 还原为 Co 金属,进而得到 WC 增强 Co 基复合材料。3DP 技术在金属基复合材料制备中的另一应用是增强预制体的制备。首先通过三维打印成型技术将增强颗粒/纤维黏结固化制备多孔预制体,然后通过金属液态浸渗技术制备颗粒增强金属基复合材料。N. Travitzky 等首先通过 3DP 制备多孔碳预制体,然后通过自发浸渗技术将 TiCu 合金高温浸入多孔碳预制体,高温下碳与 Ti 发生反应,原位生成 TiC 增强体,制备了 TiC/Ti-Cu 复合材料。

3DP 工艺具有以下优势:

①成本低,体积小。

②成型速度快。

③材料类型广泛。

④工作过程无污染。

⑤运行费用低且可靠性高。

但是,其也存在以下不足:制件强度低,制件精度有待提高,只能使用粉末原型材料。

（4）分层实体成型（LOM）

分层实体成型是通过材料层层叠加裁剪制备构件的一种方法。原材料为片层状。其基本原理是:片层状材料在高温加热条件下通过结合层叠加,叠加的每一层通过高能激光按照三维模型切割,一层一层叠加得到最终构件。

LOM 工艺具有以下优势:原型精度高,无须后固化处理,废料易剥离,制件尺寸大,以及成型速度快等。

但是,LOM 工艺也存在以下不足:不能直接制备塑料工件,工件的抗拉强度不够好,工件表面有台阶纹,前、后处理费时费力,以及不能制造中空结构件等。

（5）激光选区烧结成型（SLS）

激光选区烧结成型利用高能量激光（如 CO_2 激光器）作为热源,在依据零件形状构建的三维模型控制下,选择性逐层烧结粉末制造构件的一种增材制造技术。其基本工艺过程为:通过分层切片软件将零件三维结构进行分割,形成若干个薄层平面。烧结成形时,首先用铺粉装置进行铺粉,然后激光根据层面的几何形状有选择地对材料进行扫描,使粉末熔化,并使其黏结在下层材料上,而未被激光扫描烧结部分仍保持粉末状态,用作零件支承体。在完成一层烧结后,工作台下降一个切片厚度,重新铺粉、烧结,重复这样的过程,直到烧结完成,最终去除未烧结粉末,得到整个零件。与光固化立体成型、熔融沉积成型等其他增材制造技术相比,激光选区烧结成型中未烧结的粉末可用于已烧结构件的支承,不需要单独提供零件支承。

激光选区熔融成型技术（SLM）是由德国 Frauhofer 研究所于 1995 年最早提出,在金属粉末选区激光烧结技术的基础上发展起来的。其工艺过程与激光选区烧结成型技术类似,区别在于选区激光烧结技术中粉末材料往往是一种金属材料与另一种低熔点材料的混合物。成形过程中,仅低熔点材料熔化或部分熔化把金属材料包覆黏结在一起,其原型表面粗糙、内部疏松多孔、力学性能差,需要经过高温重熔或渗金属填补空隙等后处理才能使用;而激光选区熔融成型技术利用高亮度激光直接熔化金属粉末材料,无须黏结剂,烧结致密,性能优异,在高性能金属构件制备中使用广泛,并且激光直接制造属于快速凝固过程,金属零件完全致密、组织细小,性能可超过铸件。

激光选区烧结技术具有以下优势:

①适用范围广,可用于多种材料体系。

②制造速度快,节省材料,降低成本。

③可生产用传统方法难于生产甚至不能生产的形状复杂的零件。

④可在零件不同部位形成不同成分和组织的梯度功能材料结构等。

⑤激光选区熔融成型技术利用高亮度激光直接熔化金属粉末材料,无须黏结剂,烧结致密,性能优异,在高性能金属构件制备中使用广泛。

⑥激光直接制造属于快速凝固过程,金属零件完全致密、组织细小,性能可超过铸件。

SLS 工艺缺点也较为明显:

①工作时间长。在加工之前,需要大约 2 h,把粉末材料加热到黏结熔点的附近,在加工之后,需要 5～10 h,等到工件冷却之后,才能从粉末缸里面取出原型制件。

②后处理较复杂。SLS 技术原型制件在加工过程中,是通过加热并融化粉末材料,实现

逐层黏结的,因此制件的表面呈现出颗粒状,需要进行一定的后处理。

③烧结过程会产生异味。高分子粉末材料在加热、融化等过程中,一般都会发出异味。

④设备价格较高。为了保障工艺过程的安全性,加工室里面充满了氮气,进而提高了设备成本。

2)增材制造技术的特点

增材制造技术具有以下特点和优势。

①数字制造。借助 CAD 等软件可将产品结构数字化,数字化文件还可通过网络进行传递,实现异地分散化制造的生产模式,驱动机器设备加工制造成器件。

②节约成本。不用剔除边角料,提高材料利用率,通过摒弃生产线而降低了成本。增材制造不再需要传统的刀具、夹具和机床或任何模具,就能直接从计算机图形数据中生成任何形状的零件;不需要模具,任何高性能、难成型的部件均可通过"打印"方式一次性直接制造出来,无须通过组装拼接等复杂过程来实现。

③高精度和复杂结构。可进行曲线外形和功能梯度等设计,通过从下而上的堆积方式,"无中生有"生长出三维物体。原理上增材制造技术可制造出任何复杂的结构,而且制造过程更柔性化。

④快速高效。可自动、快速、直接及精确地将计算机中的设计转化为模型,甚至直接制造零件或模具,从而有效地缩短产品研发周期;增材制造工艺流程短、全自动、可实现现场制造。

⑤组装性能好。增材制造大幅降低组装成本,甚至可挑战大规模生产方式。

任何一个产品都应该具有功能性,而如今由于受材料等因素限制,增材制造也存在一定问题和不足,具体如下:

①技术问题。与国外相比,国内整个产业的技术储备不足,增材制造相关的核心技术及专利都被国外企业把持。

②精度问题。由于分层制造存在"台阶效应",每个层次虽然很薄,但在一定微观尺度下,仍会形成具有一定厚度的"台阶"。如果需要制造的对象表面是圆弧形的,那么就会造成精度上的偏差。

③材料的局限性。目前,打印机所使用的材料非常有限,并且打印机对材料也非常挑剔。能应用于增材制造的材料非常单一,主要包括石膏、陶瓷粉体、光敏树脂、塑料及部分金属等。

思考题

1.聚合物基复合材料有哪些主要的成效方式,讨论其中 3 种方式的优缺点。

2.简述粉末冶金法制备金属基复合阻尼材料的优缺点。

3.什么是增材制造工艺?

第6章
复合材料常用表征手段

6.1 红外光谱

红外光谱法是通过红外光谱分析,研究聚合物表面与界面的物理性质及化学性质的。由于红外辐射的能量比较低,不会对聚合物本身产生破坏作用,因此是一种常用的研究手段。

红外光谱(Infrared Spectroscopy,IR)是由于在分子振动时引起偶极矩的变化而产生的吸收现象,对分子的极性基团及化学键比较敏感。红外光谱的横坐标为波数或波长,纵坐标为强度或其他随波长变化的性质,所得到的图谱就为试样中分子或原子团吸收了红外射线的特征图谱。

现在已有很多方法可获得聚合物界面的红外光谱,如透射光谱法、表面研磨法、内反射光谱法、漫反射光谱法及反射-吸收光谱法等。不同的方法可应用于不同的试样。对于厚度小于 5 μm 的薄膜样品,采用透射光谱法就可很方便地获得红外光谱图。但是,采用此法所使用的试样膜不能过厚,否则所得到的透射光谱反映的将是试样的本体结构而不是它的表面特征。因此,这种方法对那些不能成膜或难以得到符合厚度要求的试样是不适用的。那么,对较厚的薄膜试样,就可采用表面研磨技术制样,然后测定其透射光谱。这种方法可测定厚度为 100 nm 左右的试样。目前,对聚合物表面性能的研究,通常采用一种内反射光谱法。这是一种非常简便的表面测定方法。当入射的红外光以一个大于临界角 θ 的入射角 θ_1 射入具有高折射率 η_s 的物质中,再投射到试样(折射率为 η_c,且 $\eta_s > \eta_c$)的表面上,就会立即被试样反射出来,这称为内反射。

θ 是入射光刚好发生全反射时的入射角,称为临界角。当入射角大于或等于临界角时,入射光不会发生折射,而是在界面处发生全反射。当一个能选择性地吸收辐射光的试样与另一个折射率大的反射表面紧密接触时,则部分入射光就会被吸收,而不被吸收的光就会被反射或透过,这时辐射光发生了衰减,其衰减程度与试样的吸光系数大小有关。被衰减了的辐射光通过红外分光光度计测量,对强度与波长或波数作图,即为试样的内反射吸收光谱,或称衰减全反射吸收光谱,一般都称为 ATR 光谱。

在 ATR 光谱中,谱带的强度主要跟入射光透入试样表面层的有效深度有关,而与试样的厚度关系不大。此外,为了获得满意的 ATR 光谱,还需要使试样与棱镜界面密切接触。如果试样表面粗糙,不但会损坏棱镜的抛光面,还会使入射光不能在试样与棱镜的界面上发生全反射,以致得不到 ATR 光谱,故要求固体试样必须要有一个光滑的平面。

内反射光谱法可用于许多方面的表面研究。例如,聚合物薄膜、黏合剂、粉末、纤维、泡沫塑料表面等的定性分析,透明聚合物折光指数等的测定,聚合物表面发生氧化、分解及其他反应的研究,聚合物表面的定量分析,聚合物表面的扩散、吸附及聚合物内低分子成分迁移表面的研究,以及单分子层的研究等。原则上来讲,对特别黏稠的液体,在普通溶剂中不溶解的固体、弹性体以及不透明表面上的涂层,都可使用 ATR 技术。

傅里叶变换红外光谱(简称 FT-IR)技术在研究复合材料界面方面已成为经常使用的一种方法。这种光谱是非色散型的,通过干涉仪将两束受干涉的光束经过试样,探测放大后,通过计算机的数学运算而得到的精确度较高的红外光谱。

例如,红外光谱可用来研究复合材料中填料改性的有效性,也可研究不同基体间的结合情况。

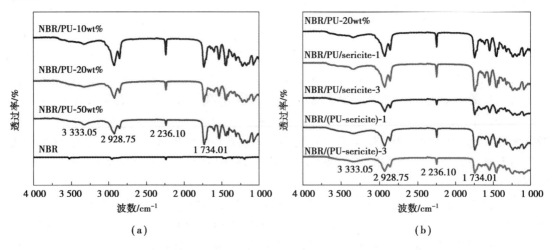

图 6.1　NBR/PU,NBR/PU/sericites and NBR/(PU-sericites)红外光谱

图 6.1 为 NBR/PU 共混物以及 NBR/PU/sericites 三元共混物的红外光谱示意图。可知,在 1 734.01 cm^{-1} 观察到了 C =O 的强吸收峰,在 2 236.10 cm^{-1} 观察到了 N =C =O 的伸缩振动吸收峰,而在 2 928.75 cm^{-1} 与 3 587 cm^{-1} 则分别观察到了碳氢键的拉伸振动吸收峰与氢氧键的伸缩振动吸收峰,这说明在 NBR/PU 二元体系中,PU 的加入的确使复合材料产生了分子内氢键,而随着绢云母粉的加入,氢键强度略有升高,说明在三元体系中,分子间作用力的增强有助于材料体系综合性能的提高。

红外光谱也可研究复合材料在热处理前后其内部结构变化与材料内部的聚集态结构。

由图 6.2 可知,对 NBR 杂化共混物,随着退火温度的提高,材料内部基团种类以及数量均保持不变,并且纤维的加入均使缔合氢键消失。这表明,材料内部微观结构并不随温度的改变而改变,分子间作用力始终保持不变,热稳定性性能优良。但纤维的加入,使共混物阻尼值下降很快,缔合氢键的消失是其原因之一;同时,纤维作为一种增黏剂加入共混物样品中,改变了共混物的黏弹性属性,其阻尼性能主要由丁腈橡胶基体 NBR 来决定。

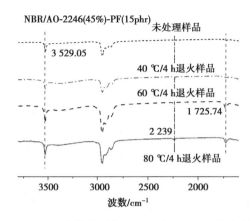

图 6.2　NBR 杂化共混物经退火处理后的红外光谱图

6.2　X 射线衍射

X 射线衍射仪是利用 X 射线在入射到晶体后,受到内部原子散射(其他 X 射线被吸收或穿透材料)。由于晶面间距与 X 射线波长在相同数量级,各原子散射的 X 射线会相互干涉。X 射线从不同的角度照射样品时,散射的 X 射线在大多数方向上相互抵消或减弱,但在特定方向上产生衍射,通过收集衍射信号来表征材料物相性能的仪器。

X 射线衍射仪的英文名称是 X-ray powder diffractometer,简写为 XPD 或 XRD。有时,会把它称为 X 射线多晶体衍射仪,英文名称为 X-ray polycrystalline diffractometer,简写仍为 XPD 或 XRD。

X 射线衍射仪的发射管由 5 个部分组成,如图 6.3 所示。

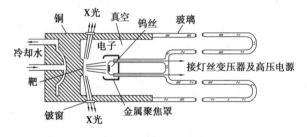

图 6.3　X 射线管结构

1)**阴极**

阴极一般用钨丝做成,用于产生大量的电子。

2)**阳极**

阳极又称靶,由不同的金属组成,从阴极发出的电子高速向靶撞击,产生 X 射线(快速移动的电子骤然停止其运动,则电子的动能可部分转变成 X 光能,即辐射出 X 射线),不同金属制成的靶产生的 X 射线是不同的。

3)**冷却系统**

当电子束轰击阳极靶时,其中只有 1% 能量转换为 X 射线,其余的 99% 均转变为热能。

4）焦点

焦点是指阳极靶面被电子束轰击的面积。

5）窗口

窗口是指 X 射线射出的通道。一般 X 射线管有 4 个窗口,分别从它们中射出一对线状和一对点状 X 射线束。

XRD 中的 X 射线由在 X 射线管(真空度 10^{-4} Pa)中 30～60 kV 的加速电子流,冲击金属(如纯 Cu 或 Mo)靶面产生。常用的射线是 MoKα 射线,包括 Kα1 和 Kα2 两种射线(强度 2∶1),波长为 71.073 pm。

X 射线在特定方向上产生衍射,由布拉格定律确定。

如图 6.4 所示,布拉格方程反映了衍射线方向与晶体结构之间的关系。其中,d 为晶面间距;θ 为布拉格角度;λ 为 X 射线的波长;n 为反射级数。探测器接收从特定晶面上反射的 X 射线衍射光子数,从而得到角度和强度关系的谱图。

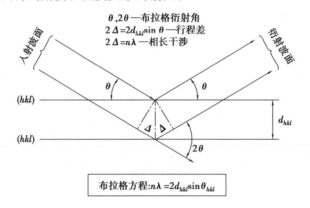

图 6.4　布拉格方程

例如,复合材料中添加填料,考察填料的性能与分散水平。

图 6.5 为绢云母粉添加于复合材料基体中的 XRD 谱图。NBR/PU 的主要衍射峰在 20°左右,峰宽而缓和,说明此共混物在一定程度上构成了橡塑共混体系,其二元相有一定的兼容性。当添加绢云母粉时,在 9.05°,27.05°,45.76° 出现了尖锐的新峰,而通过 PU-sericites 有机-无机杂化方式添加的绢云母粉,其峰位置基本不变,但峰强度减弱,并且峰的尖锐程度也有所降低,这说明通过有机-无机杂化方式添加绢云母粉改善了绢云母粉的性能,直接添加的绢云母粉晶体化程度较强,而杂化方式使绢云母粉非晶化,其在 PU 中形成了纳米分散的非晶结构,从而改善填料的分散水平以及性能。

也可对填料本身进行结构表征。

图 6.6 为石墨、氧化石墨烯、改性氧化石墨烯的 XRD 谱图。可知,石墨的 XRD 衍射在 $2\theta=29.6°$ 处有一个尖峰(换算层间距为 0.30 nm),GO 的衍射峰在 $2\theta=8.95°$(换算层间距为 0.98 nm),对应于 GO 的(001)晶面 MGO 的衍射峰在 $2\theta=7.60°$(换算层间距为 1.16 nm),石墨制备成氧化石墨烯后,层间距大量增大,在表面枝接后,表面处理扩大了石墨烯的层间距,层间距的扩大有利于有机分子的插入,既有利于其在有机溶剂中的分散,也有利于其在基体材料中的分散。

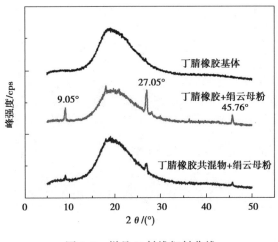

图 6.5　样品 X 射线衍射曲线

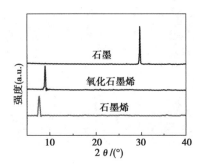

图 6.6　石墨、氧化石墨烯、改性氧化石墨烯的 XRD 谱图

6.3　电子显微镜

常用的电子显微镜主要有透射电子显微镜（Transmission Electron Microscopy，TEM）和扫描电子显微镜（Scanning Electron Microscopy，SEM）。它们有助于对聚合物的表面及复合材料的断面等进行研究。

使用 TEM 来观测的试样是有一定要求的。例如，试样必须是对电子有高透明度的材料，为使电子束透过，样品的厚度需在 0.2 μm 以下，最好是 0.05 μm 为宜。使用 TEM 可研究聚合物合金内部的结构和分散状态；交联聚合物的网络、交联程度和交联密度以及聚合物的结晶形态等。例如，使用 TEM 对聚氯乙烯/聚丁二烯复合体系及聚氯乙烯/丁腈橡胶的复合体系进行观察时发现，聚氯乙烯/聚丁二烯是不相容的体系，其相畴粗大，相界面明显，因而两相之间的结合力小，抗冲击强度小。而对于聚氯乙烯/丁腈橡胶的复合体系来说，当丙烯腈的含量为 20% 左右时为半相容体系，其相畴适中，相界面模糊，因而两相结合力较大，抗冲击强度很高。而当丙烯腈含量超过 40% 时，基本上为一种完全相容的体系，其相畴极小，抗冲击强度也很小。又如，根据在复合材料中表面处理剂的处理机理，处理剂在玻璃纤维表面的最理想状态是单分子层，通过 TEM 对用硅烷处理的玻璃纤维进行观察时发现，只要用 0.03% ~ 0.04% 硅烷水溶液就可在玻璃纤维纸表面形成单分子层。

如图 6.7 所示，通过透射电镜测定了碳纳米管表面改性的聚多巴胺层的厚度。图 6.7（a）显示了单个 MWCNT 的表面形态，其侧壁上附有有机聚多巴胺层。由图 6.7（a）可知，单个碳纳米管表面显示出比较粗糙，晶格条纹清晰可见。如图 6.7（b）和图 6.7（c）所示，在多巴胺自聚合后，可清楚地观察到无定型态的出现，聚多巴胺在碳纳米管表面沉积的物质比较光滑。此外，碳纳米管表面的聚多巴胺厚度也逐渐从 2 nm 增加到 4 nm。如图 6.7（d）所示，随着多巴胺浓度进一步增加，碳纳米管表面形成了厚度大于 4 nm 的非对称聚多巴胺包覆层。透射电镜结果可以总结为多巴胺浓度越高，多巴胺层越厚。

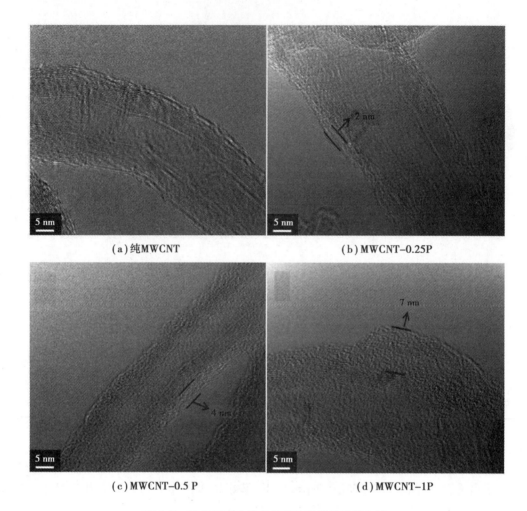

(a)纯MWCNT   (b)MWCNT-0.25P

(c)MWCNT-0.5 P   (d)MWCNT-1P

图6.7 聚多巴胺改性多壁碳纳米管的透射电镜

TEM 也可对填料本身的性能进行表征。

如图6.8所示为氧化石墨烯(GO)与石墨烯(MGO)的透射电镜形貌。GO 在分散液中基本上以单层的形式存在,其片层较大且较为完整,片层大小为微米级,GO 表面有很多皱褶,这是因为单层 GO 具有很大的表面能,在分散条件下,有团聚的倾向,而通过改性后的 MGO 形貌可以看出,改性并没有改变其尺寸,MGO 依然以单层形式分散,并且片层同样较大,但其表面相对 GO 要平整得多,这是由于改性后的 MGO 减小了其表面能,使其并不那么容易就团聚,在 NBR 基体中可起到更好的分散效果。

SEM 与 TEM 相比,对试样的要求要简单得多,此法制样不需进行薄片切割。首先将表面进行适当处理,如磨平、抛光等,然后用适当的蚀镂剂浸蚀之,再用真空法涂上厚 0.02 μm 的金属薄层,以防止在电子束中带电。这样处理之后,即可将大块试样放入扫描电镜中进行观察。SEM 现已广泛地被应用于研究聚合物复合材料,包括纤维增强复合材料以及聚合物与金属黏合的复合材料等,可通过观察复合材料破坏表面的形貌来评价纤维与树脂、金属与聚合物界面的黏结性能,以及结构和力学性能之间的关系。SEM 还可用于研究聚合物,共聚物和共混物的形态,表面断裂及裂纹发展形貌,两相聚合物的细微结构,以及聚合物网络、交联程度与交联密度等。

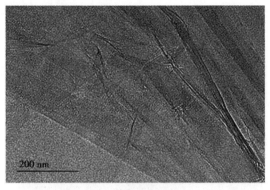
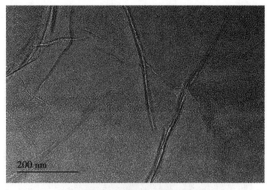

(a) 氧化石墨烯　　　　　　　　　　　　(b) 改性氧化石墨烯透射电镜形貌

图 6.8　氧化石墨烯 (GO) 与石墨烯 (MGO) 的透射电镜形貌

利用 SEM 观察复合材料断面时,如果观察到基体树脂黏结在纤维表面上时,则表示纤维表面与基体之间有良好的黏结性;如果基体树脂与纤维黏结得不好,则可观察到纤维从基体中拔出,表面仅有很少树脂或很光滑,并在复合材料的断面上留下了孔洞。还有一些研究者用 SEM 观察纤维复合材料的断口形貌,研究不同纤维增强材料和基体树脂界面的黏结情况对复合材料力学性能影响时发现,基体树脂在玻璃纤维表面能形成一层厚薄均匀的包覆层,复合材料的破坏主要发生在包覆层和基体树脂之间;而未经表面处理的碳纤维增强材料则不同,其表面没有基体包覆层,破裂发生在碳纤维和基体之间。另外,用 SEM 研究聚酰亚胺-聚四氟乙烯共混合金的断面时发现,采用不同的共混方式,所得的聚合物合金的性能是不一样的。气混粉碎共混法与普通机械共混法相比,可使聚四氟乙烯的粒径变小,分散均匀,相对减少了应力集中,而使共混合金的冲击强度有所提高。

如图 6.9 所示,上部为复合材料共混体系,下部为 A 相。可知,B 相的断面形貌有大量的短裂纹分布于整个断面,而 A 相基本是光滑的,在靠近中部的地方有少量的短裂纹存在,这说明这两相有着很大的力学性能方面的区别,B 相较为硬脆,而 A 相韧性较好,在混合区可观察到两相的混合情况,可观察到混合区中有岛状的相形成,A 相的较高分子量以及高黏度使其在混合区中作为连续相的方式存在,而 B 相更多地作为分散相,构成了一个岛状的结构,这种特殊的微观结构的形成有利于提高两相之间的兼容性和力学性能,也能让绢云母粉在复合材料体系中达到纳米级别的分散性,从而达到性能提高的效果。从上面的结构分析可以提出复合材料的形成过程。首先,A 相与 B 相预聚体的混合物相互混合,在这个过程中,聚氨酯预聚体分子链将与丁腈橡胶分子链互相渗透,聚氨酯预聚体的剩余—NCO 基团与绢云母粉上的—OH 相互反应,形成有机-无机杂化体系,而后流动性较强的 A 相形成连续相,把 B 相隔开,B 相变为分散相均匀分布于 A 相中,而绢云母粉则形成纳米颗粒,分散于 B 相之中与 B 相与 A 相的交界处,复合材料通过高温固化把这一特殊结构固定下来,绢云母粉在界面产生摩擦等作用,使得材料的阻尼性能有所提高。

如图 6.10 所示为填充纤维样品的 SEM 断面形貌。从断面上看,纤维样品与基体材料的结合力较弱,在断面处大量存在纤维被拔出的孔洞,然而在纯橡胶中,可观察到某些纤维上依然有部分基体附着,而在小分子杂化体系的样品中,可看到这种结合力变弱了,在纤维被拔出的过程中,基本没有基体的附着,深圳纤维能被整根脱离基体,留下孔洞,同样可观察到的是,纤维的加入同样破坏了杂化体系的氢键网络。与炭黑等不同的是,其能量耗散主要依靠纤维与基体间的摩擦,而在交变应力作用下,纤维本身并没有断裂,即纤维本身的能量耗散基本可被忽略,其与基体的相互作用是产生宏观损耗的主要原因。

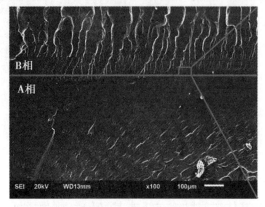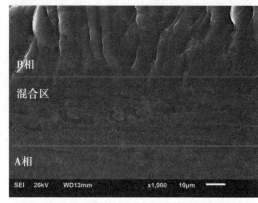

图 6.9 复合材料 A/B 相结合情况

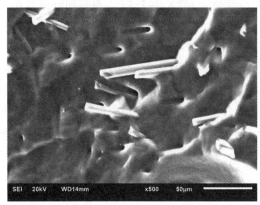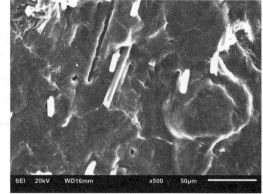

图 6.10 碳纤维在 NBR 与 NBR 小分子杂化体系中断面形貌

如果使用备有拉伸装置附件的扫描电镜,还可观察复合材料在加载条件下断裂发生的动态过程,研究其裂纹萌生、扩展和连续的微观断裂过程。

6.4 X 射线光电子能谱

X 射线光电子能谱(XPS)是利用光电效应,以一束固定能量的 X 射线来激发试样的表面,并对其光电子进行检测。XPS 技术的典型取样深度小于 10 nm,是通过测定内层电子能级谱的化学位移,进而确定材料中原子结合状态和电子分布状态,并根据元素具有的特征电子结合能及谱图的特征谱线,可鉴定出除氢、氦以外的元素周期表上的所有元素。XPS 作为一种非破坏性表面分析手段,除了可测定试样表面的元素组成外,还可给出试样表面基团及其含量的状况,因此已被认为是研究固态聚合物表面结构和性能最好的技术之一。这种方法在黏结、吸附、聚合物降解、聚合物表面化学改性以及聚合物基复合材料的界面化学研究中得到了广泛的应用。

黏结是一种很普遍的现象。涂料在涂件表面上附着就是一个界面黏结的问题,而复合材料的复合工艺质量与增强剂及基体间界面黏结状况有关。因此,深入了解界面状况对提高界面黏结质量是很重要的。过去对黏结现象的了解很不全面,而近年来,先进的表面分析技术(如电子能谱)的出现,才对黏结现象有了更深入的认识。例如,为改善聚苯乙烯的表面性能,将铜真空沉积在表面经氧等离子体处理过的聚苯乙烯基片和未经表面处理过的聚苯乙烯基片上,发现前者涂层黏结得非常牢固,胶带黏结不脱落,而后者黏结不牢,胶带一粘贴就会脱落。用 X 射线电子能谱研究证实铜和处理过的聚苯乙烯基片界面之间确实发生了相互作用,而形成了金属-氧-聚合物的络合物,从而使黏结强度提高。

同时,XPS 也是研究填料与基体相互作用的主要表征手段之一。

如图 6.11 所示,通过 XPS 光谱对碳纳米管表面改性化学元素及结合能进行进一步分析。在原始碳纳米管中[图 6.11(a)]全谱图主要显示了 C 元素的存在。通过对原始碳纳米管 C1s 核心谱进行分析,可将其分解为两个峰值曲线的拟和,其中 284.6 eV 的 C—C 键和 285.42 eV 的 O—C ≕O 键,O—C ≕O 键是多壁碳纳米管在制备过程中形成的。

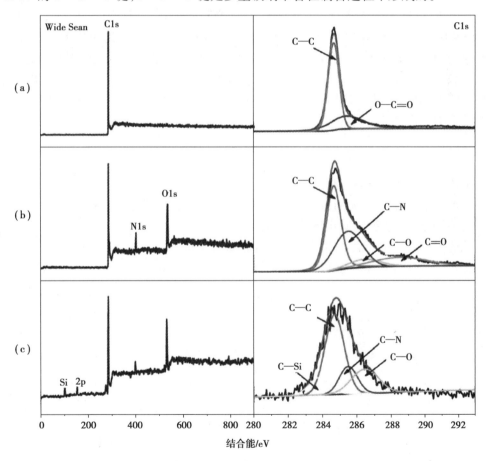

图 6.11　PDA-KH550 改性碳纳米管的 XPS 光谱对比

聚多巴胺包覆碳纳米管以后,在 XPS 全谱中可清晰地看见 O1s 和 N1s 的出现。C1s 核心光谱可分解为 4 个两个峰值曲线的拟和,分别对应于 284.6 eV 的 C—C 键,285.5 eV 的 C—N 键,286.45 eV 的 C—O 键,288.5 eV 的 C ≕O 键 C—N 键,C—O 键和 C ≕O 键的出现表明聚多巴胺成功包覆在碳纳米管表面。MWCNT-P-KH550 在全谱当中出现了 Si 元素,其 C1s 核心光谱可分解为两个峰值曲线的拟,分别为 C—Si(282.6 eV),C—C(284.6 eV),C—N(285.5 eV),C—O(286.45 eV),其中 C—Si 键的出现进一步证实了多巴胺与 KH550 的接枝反应是成功的。此外,C≡N 键的出现及 C≡O 的消失表明了 KH550 与聚多巴胺进行的是迈克尔加层反应。

表 6.1 XPS 测试的 PDA0.25-KH550,PDA0.5-KH550 和 PDA1.0-KH550 元素比

样本	元素含量/%				元素比
	C	O	N	Si	Si/C
PDA0.25-KH550	81.73	10.74	5.22	2.31	0.028
PDA0.5-KH550	73.13	15.63	5.64	5.60	0.076
PDA1.0-KH550	73.39	15.16	4.94	6.51	0.089

表 6.1 中,通过 XPS 光谱研究了 PDA0.25-KH550,PDA0.5-KH550 和 PDA1.0-KH550 元素比。从 PDA0.25-KH550 到 PDA1.0-KH550,Si/C 比从 0.028 增加到 0.089,明显缩小了同 KH550 理论值 0.111 的差距。因此,可判断碳纳米管表面高密度的聚多巴胺修饰可有效增加 KH550 接枝层的修饰密度。XPS 测得 KH550 典型硅元素由低密度修饰的 2.31% 提升到了高密度修饰的 6.51%,提升了 181% 的 KH550 接枝量。PDA0.5-KH550 和 PDA1.0-KH550 为高密度改性碳纳米管填料。

思考题

1. 试述物质对 X 射线的吸收。
2. 试推导布拉格方程,并对方程中主要参数范围确定进行讨论。
3. 简述红外光谱表征物质化学结构的原理。
4. 试述扫描电子显微镜,透射电子显微镜的成像原理。
5. 为什么透射电镜的样品要求非常薄,而扫描电镜无此要求?

参考文献

[1] 植村益次,牧广.高性能复合材料最新技术[M].贾丽霞,白淳岳,译.北京:中国建筑工业出版社,1989.

[2] 肖长发.纤维复合材料:纤维、基体、力学性能[M].北京:中国石化出版社,1995.

[3] 上海化工学院玻璃教研室.合成树脂[M].北京:中国建筑工业出版社,1979.

[4] 赵玉庭,姚希曾.复合材料聚合物基体[M].武汉:武汉工业大学出版社,1992.

[5] 高学敏,黄世德,李全,等.粘接和粘接技术手册[M].成都:四川科学技术出版社,1990.

[6] 宋焕成,赵时熙.聚合物基复合材料[M].北京:国防工业出版社,1986.

[7] 郑明新.工程材料[M].北京:中央广播电视大学出版社,1986.

[8] 黄丽.聚合物复合材料[M].2版.北京:中国轻工业出版社,2012.

[9] BREWIS D M. Surface analysis and pretreatment of plastics and metals[J]. Applied Science, 1982,24(1):69-75.

[10] 张开.高分子界面科学[M].北京:中国石化出版社,1997.

[11] 《合成材料助剂手册》编写组.合成材料助剂手册[M].2版.北京:化学工业出版社,1985.

[12] J.F.拉贝克.高分子科学实验方法:物理原理与应用[M].吴世康,漆宗能,等译.北京:科学出版社,1987.

[13] CARLSSON D J, WILES D M. The photodegradation of polypropylene films. Ⅲ. photolysis of polypropylene hydroperoxides[J]. Macromolecules,1969,2(6):597-606.

[14] 肖长发.高性能纤维发展概况[J].纺织导报,2005(9):50-54.

[15] 宋焕成,张仿.光混杂纤维复合材料[M].北京:北京航空航天大学出版社,1988.

[16] 姚希曾. 有机过氧化物引发剂[J]. 环氧树脂,1986(4):20-26.

[17] 杨颖泰. 我国GY系列厌氧胶的发展[J]. 粘接,1993,14(6):25-28.

[18] 黄欣,董孝卿. 高速铁路车辆噪声标准的研究[J]. 铁道机车车辆,2008,28(4):38-40.

[19] 黄丽,徐定宇,程红原. 聚酰亚胺/聚四氟乙烯合金共混工艺的研究[J]. 高分子材料科学与工程,1999,15(3):81-84.

[20] 吴培熙,沈健.特种性能树脂基复合材料[M].北京:化学工业出版社,2002.

［21］张玉龙,李长德.纳米技术与纳米塑料[M].北京:中国轻工业出版社,2002.

［22］韩冬冰,王慧敏.高分子材料概论[M].北京:中国石化出版社,2003.

［23］周达飞,吴张永,王婷兰.汽车用塑料:塑料在汽车中的应用[M].北京:化学工业出版社,2003.

［24］黄丽.高分子材料[M].2版.北京:化学工业出版社,2016.

［25］张林.片状填料对丁腈橡胶基阻尼材料性能影响的研究[D].成都:西南交通大学,2017.

［26］左孔成.丁腈橡胶杂化阻尼材料的性能与表征[D].成都:西南交通大学,2014.

［27］陈多礼.3-氨基丙基三乙氧基硅烷修饰碳纳米材料增强羧基丁腈橡胶动态力学性能研究[D].成都:西南交通大学,2020.